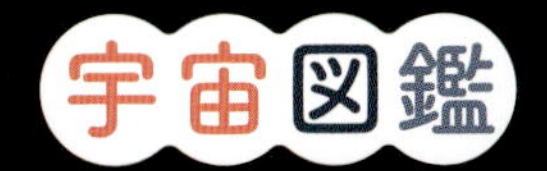

たくさんの謎をひめた宇宙の世界を探検しよう！

▲木星探査機ジュノー
木星の南北の極軌道をめぐりながら、知られていなかった木星の南極や北極領域などのようすを明らかにしてくれています。

太陽系天体たちの素顔をさぐる

太陽系内には、8個の惑星をはじめ、準惑星、小惑星、彗星など、じつに多彩な天体たちが存在しています。その天体たちへ、次々に探査機が送りこまれ、おどろくべきその素顔を私たちに見せてくれています。

▲**真上から見た土星の環**　1997年に地球を出発した土星探査機カッシーニは、20年間にわたって土星の世界をさぐり、土星本体や環のほか、衛星たちの意外な素顔を明らかにしてくれました。この写真は地球から目にすることのできない角度からとらえた、ほぼまん丸な環のようすで、土星本体の影が映るようすや、環の暗いすじカッシーニの溝などがよくわかります。

土星の環

美しくも神秘的な環をもつ土星ほど大人気の天体はありません。望遠鏡のない方は、近くの公開天文台や科学館、プラネタリウムで企画される観望会に参加して、ぜひ一度は実物を目にしてほしいものです。

▲**土星環の微細構造**　環の幅は地球をざっと5個ならべられるほどなのに、厚さはたかだか10数ｍ前後くらいの超極薄のものです。その正体は、おもだっては水の氷で、それがほかの惑星の暗い環にくらべ土星環をあんなに明るく見せてくれているというわけです。また環の中に存在する小さなかけらのような衛星たちのいたずらで、DVDのような無数のすじ模様をつくってもいます。環のできたのは2億年くらい前で、新しいものともいわれています。

▲**裏側から見た土星**　逆光線からの光景で、小さな点のように光る地球の姿も拡大すると見えてきます。土星リングの成因には、氷衛星どうしの衝突や土星本体に近づきすぎた氷衛星が細々に打ちくだかれたりしたという説などさまざまですが、はっきりしたことはわかっていません。ただ遠くかすかなリングは、氷火山の噴出する衛星エンケラドスからの微粒子説が有力です。

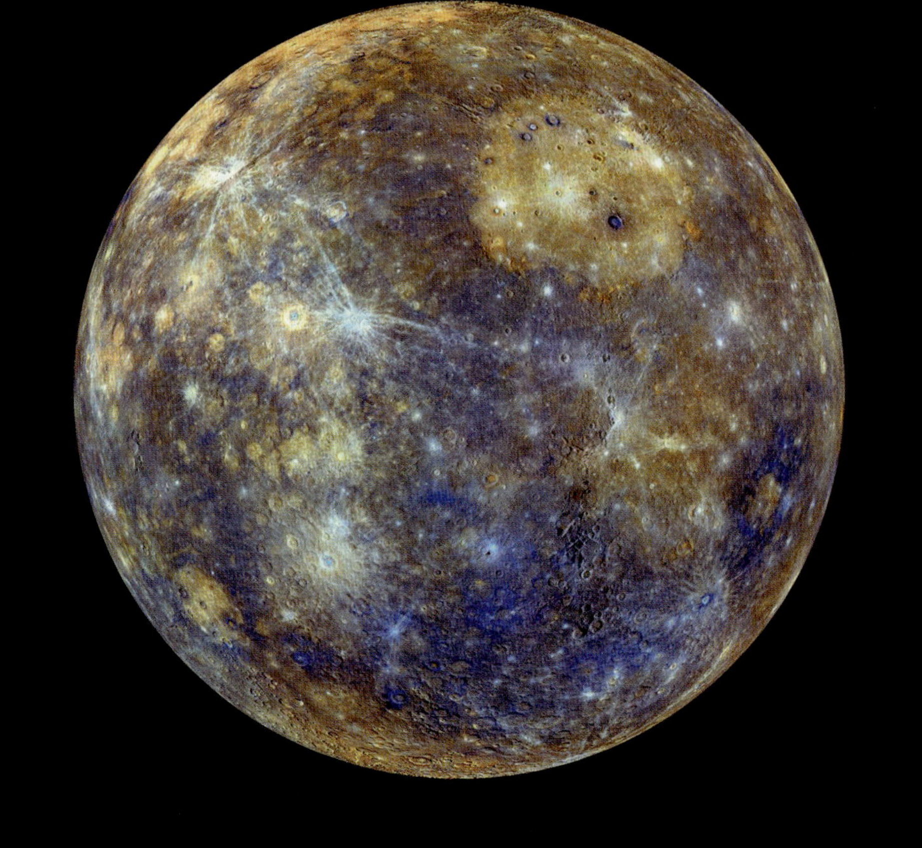

▲水星の姿　表面はクレーターだらけで、月にそっくりですが、溶岩が内部から流れ出してきて固まった海の部分は、月の海ほどには暗くありません。もっとも目を引く地形は、右上方で黄色味をおびて丸く見えるカロリス盆地で、38億年前のころできた太陽系内で最大級の天体との衝突痕です。直径は1500㎞をこえ、あやうく水星が破壊されないほどの大衝突だったと思われます。

水星

太陽系でもっとも内側をまわる水星は、いつも太陽の近くにいて夕方の西天か夜明け前の東天ごく低くでしか見られません。したがって、その姿にお目にかかるのはむずかしく、地動説でおなじみのあのコペルニクスでさえ、目にしたことがなかったと伝えられているほどです。

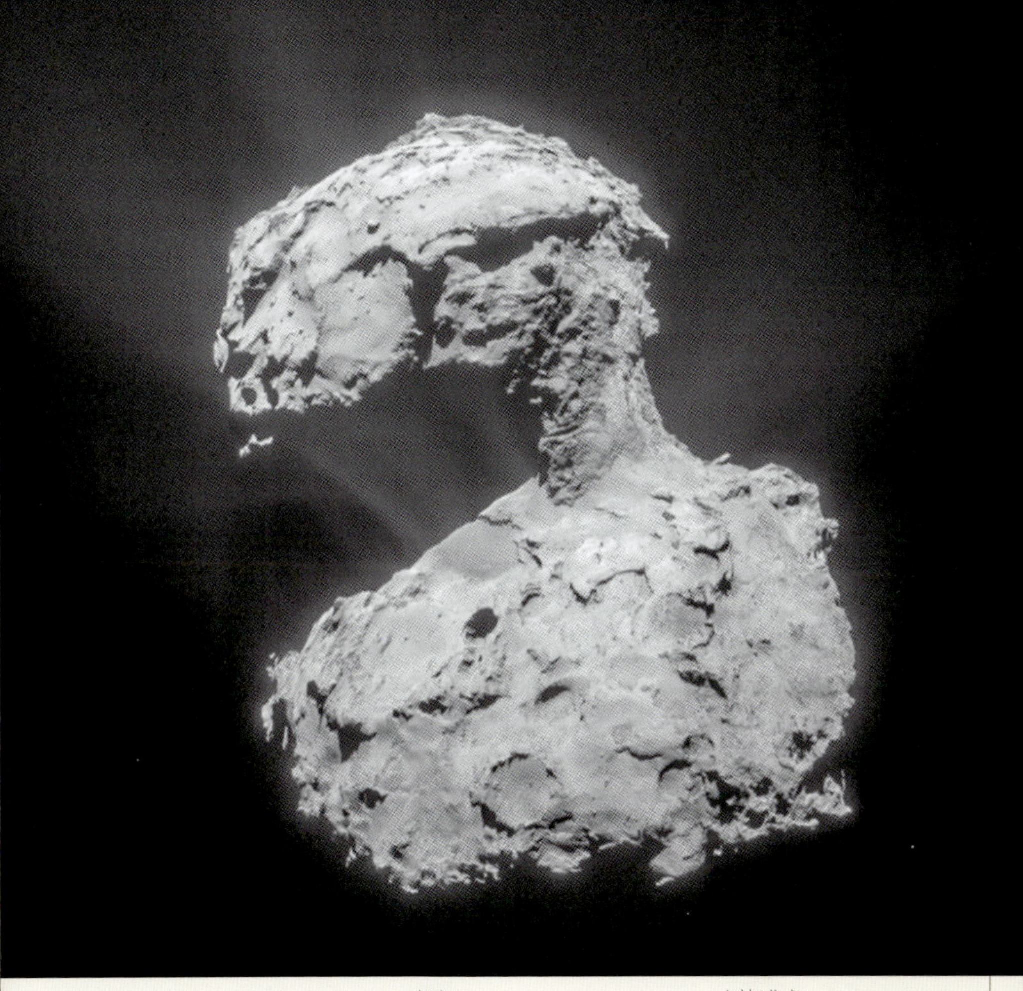

▲67P／チュリュモフ・ゲラシメンコ彗星
6.6年で太陽をめぐる短周期彗星で、直径4㎞と3㎞の2つの天体が合体したような姿をしています。このくびれた形は、別々の起源をもつ2つの彗星がかつて衝突合体したものらしいと考えられています。彗星は、太陽に近づくと温められ、ガスやチリを放出し、長い尾を引くようになってきます。

彗星

長い尾を引く彗星ほど私たちの目を楽しませてくれる天体はありません。ただし、「汚れた雪だるま」にたとえられるほどの氷とチリまみれの小天体というのが実態で、汚れがひどいものほど美しい尾をたなびかせてくれます。

▲**準惑星ケレス**　火星と木星のあいだの小惑星帯にはおびただしい数の小惑星がまわっています。その小惑星の中でとびぬけて大きいのが直径939㎞のケレスで、もはや小惑星ではなく「準惑星」に分類されています。表面の多数のクレーターは、天体との衝突の歴史を物語っています。

準惑星

太陽をめぐりながら、いびつな形の小惑星たちとはちがって丸みをおびていること、惑星ほど強い重力があるわけでもないので近くの天体の運動にはほとんど影響をあたえないこと、そして惑星の衛星でもない天体……、それが「準惑星」とよばれる天体たちです。

▲準惑星冥王星　スプートニク平原とその西の地域の光景で、白く平らなスプートニク平原の隣の暗い地域にはたくさんのクレーターが見られます。冥王星の表面温度は－230℃と非常に冷たく、メタン、窒素、一酸化炭素、水などの氷でおおわれ、ごくごくうすい大気もあります。スプートニク平原は、1000万年前のころ形成された若い氷の地形と見られています。

▶冥王星の衛星カロン　直径約1200㎞、冥王星から2万㎞はなれたところを周期6.4日でめぐっています。かつて冥王星との大衝突事件をおこして誕生した衛星と考えられています。カロンの赤道域を横切る長大な渓谷は、全長1600㎞をこえ、かつてカロンで激しい地質活動があったことをうかがわせます。なお、太陽系の外縁部に存在する準惑星ハウメアやマケマケ、エリスなどは、とくに「冥王星型天体」ともよばれます。

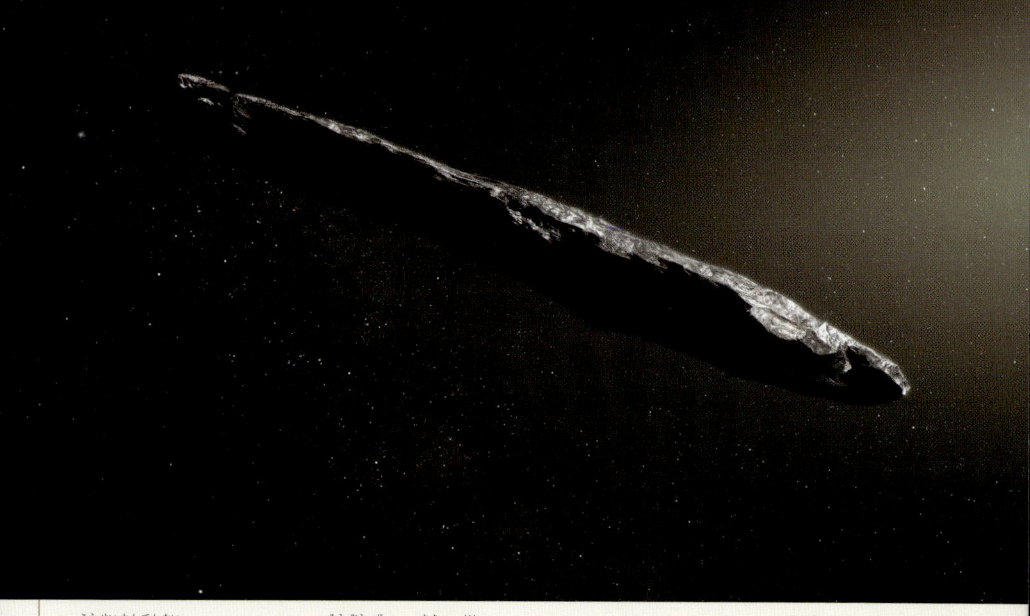

▲恒星間天体オウムアムア（想像図） 天の川銀河の中を移動する長さ400m大のこの葉巻型天体が、太陽系内に侵入してきたのがわかったのは2017年10月で、一時、巨大宇宙船かなどと話題をよびました。現在はペガスス座の方向へ飛行中で、やがて太陽系外へと出ていくことでしょう。オウムアムアとは「初の遠来のメッセンジャー」を意味するハワイの言葉です。

太陽系外からの初の訪問客

太陽系天体の仲間たちは、スクラムを組むようにしてがっちり身内で固まっているわけのものでもありません。太陽系から出ていくものもあれば、宇宙から侵入してくる変わりものの小天体たちもあるのです。

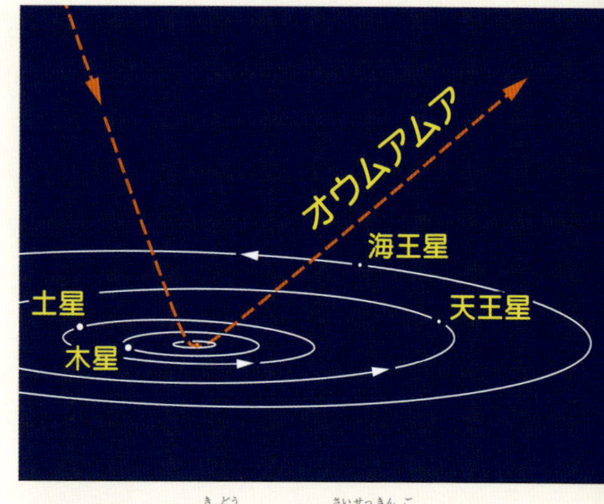

▲オウムアムアの軌道 太陽に最接近後、軌道を大きく変え、系外へ飛び去りつつあります。

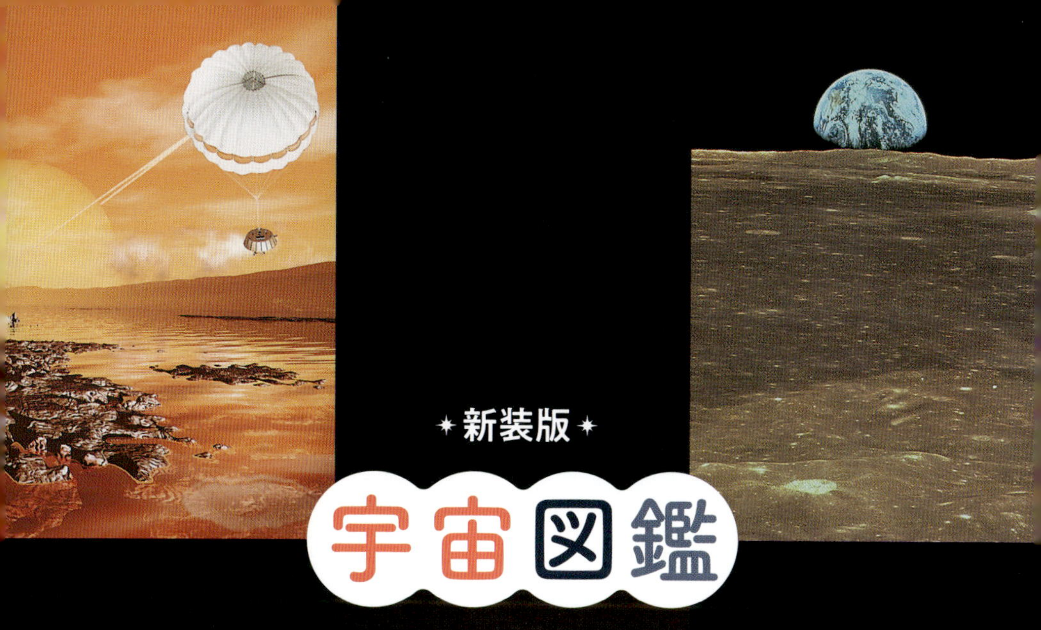

✦新装版✦

宇宙図鑑

藤井 旭

ポプラ社

▲未来の宇宙旅行のイメージ　そう遠くない将来、誰もが楽しめることになります。

はじめに

「宇宙の果てはどうなっているのだろう……」「ビッグバンって何だろう……」「宇宙人はいるのだろうか……」。はるかな宇宙に想いをはせながら、美しい星空をながめていると、次から次へさまざまな疑問が浮かんでくることでしょう。

それは、天文学者たちだってかわりありません。ハワイのマウナケア山頂にあるすばる望遠鏡をはじめとする世界中の大望遠鏡ではるかな深宇宙の観測を続けながら、一方で、身近な太陽系天体たちには次々に探査機を送りこんだりして、精力的に宇宙の謎解きに挑戦し続けています。

そして、それらの最新の宇宙情報の成果は、新聞やテレビ、インターネットなどを通じて毎日のように伝えられ、実生活とは何のかかわりもなさそうな宇宙のできごとが、心わくわくさせられるような日常の話題として、人びとの口に語られるようになっています。

もはや、宇宙とのかかわりあいなしではすごせない時代の到来というわけですが、私たちが宇宙に住む宇宙人である以上、それも、まあ、当然のことといえなくもありません。この本では、現代天文学が明らかにしつつある"最新の宇宙像"を、私たちに身近な太陽系から宇宙のはてまでのさまざまな話題を通して、わかりやすく紹介してあります。自分自身が宇宙に存在する不思議さにしみじみ思いをめぐらせながら、しばし、日常を離れたはるかな時空の旅へとおさそいし、心豊かなひとときをお楽しみいただくことにしましょう。

宇宙図鑑
もくじ

土星

アンドロメダ座大銀河M31

彗星衝突（CG）

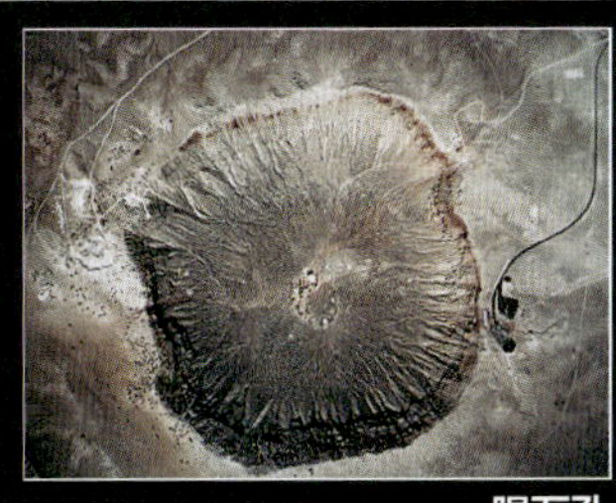

隕石孔

電波銀河

すばる望遠鏡

●天文データについて

数値データは最新のものを採用してありますが、これらの値は新しい観測や発見によって変わることもあります。

●宇宙画について

コンピュータグラフィックスで描かれたイラストレーションには、（想像画）または（ＣＧ）と示してあります。そのほかのものは説明図以外は天体望遠鏡や探査機によって撮影された写真です。

星の一生

日暮れとともに、夜空は美しい星ぼしの輝きでうめつくされるようになります。そんな夜空の星たちは、いつまでも変わることなく、今夜も明日の夜も、そして、来年も同じように輝いて見えることでしょう。しかし、気の遠くなるような宇宙の時間の中では、それも一瞬の輝きでしかありません。宇宙では、今も新しい星が生まれ、年老いた星が生涯を閉じる、星の一生の生々流転のドラマがくりひろげられているのです。

▲**オリオン座大星雲M42**　35ページにあるM42の中心部分で、たくさんの赤ちゃん星たちが誕生してきているのが観測されています。

▶**星間分子雲**（次ページ）　星の誕生の母体になる暗黒星雲は、星間空間いたるところに、大きくひろがって存在しています。

太陽と星を見よう

太陽がゆっくり西の地平線の向こうに姿を消し、日が暮れはじめると、一番星二番星が輝きはじめ、やがて、夜空は美しい星ぼしにうめつくされるようになります。青っぽい星、白っぽい星、オレンジ色の星、赤い星……まるで宝石箱をのぞいているような美しさです。
いつまでも、美しい輝きを失わないように見える星にも、誕生から死までの一生の道のりがあって、宇宙では、今でも、新しく生まれる星もあれば、年老いて消えていく星もあるのです。

▲西へしずむ太陽　私たち地球に住むものにとって、最も大切で最も身近で親しみぶかい星が太陽です。

▲天体ウォッチングを楽しもう　肉眼で夜空を見あげるだけでも、若い星から年老いた星まで、さまざまな年齢の星を観察することができます。

▲恒星と惑星　同じように星空に輝いて見えても、恒星は自分で光っていますが、惑星は太陽の光を反射して光って見えているものです。

▲夏の星座　夜空に輝く星座の星ぼしは、遠くにある太陽で、自分で光と熱を放っているものたちです。それぞれの色あいから、およその年齢が見当づけられます。たとえば、青白い星は元気な若い星、黄色い星は太陽に似た中年期の星、赤い星は年老いた星というふうにです。

星の一生のシナリオ

星の進化

軽く生まれついた星、重く生まれついた星……宇宙には、さまざまな体つきで生まれてきた星が輝いています。それらの星ぼしの一生のお話をする前に、それぞれの体つきの星たちがたどる、一生のようすをまずはじめに、大まかにまとめて紹介しておきましょう。

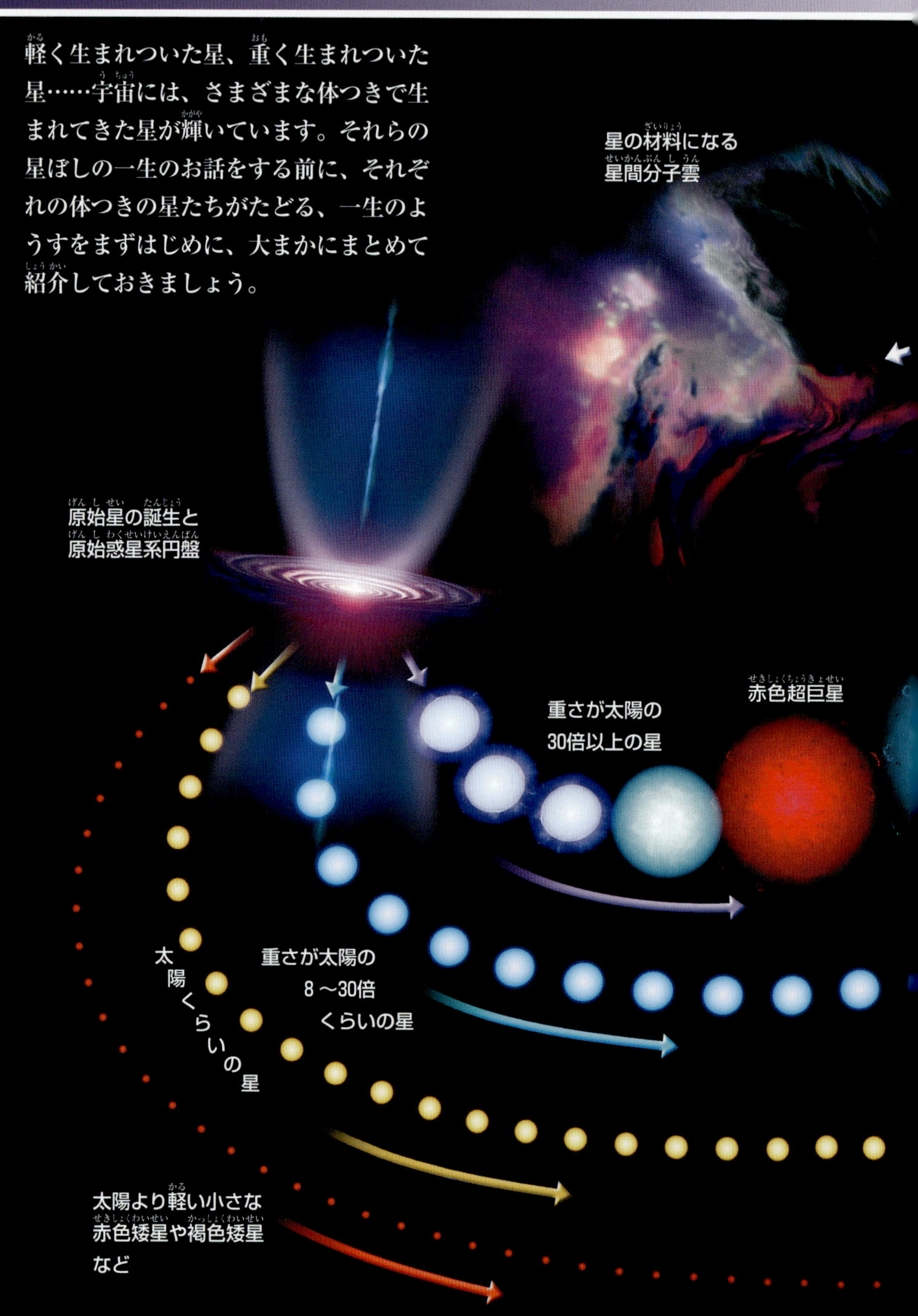

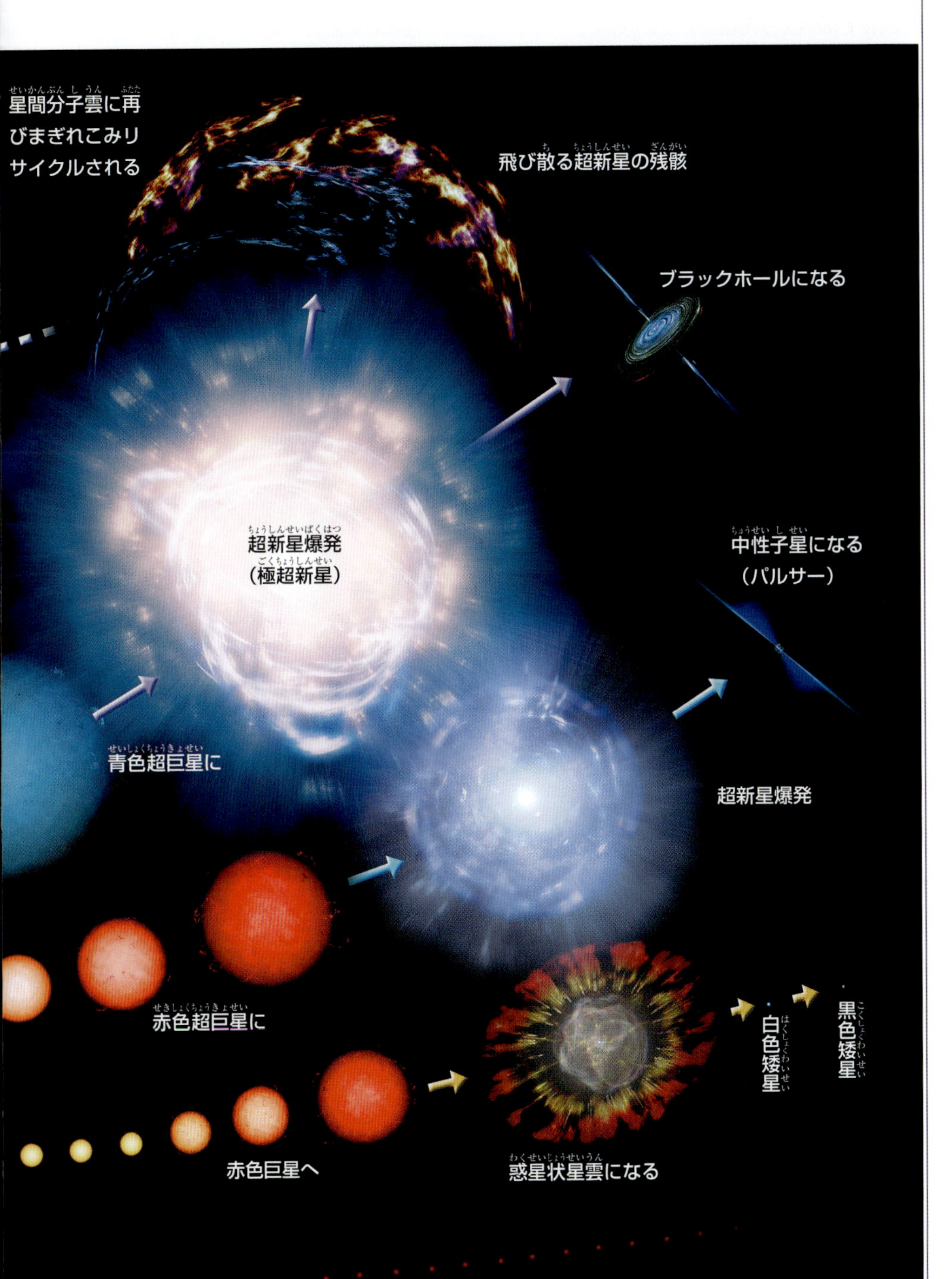
星間分子雲に再びまぎれこみリサイクルされる
飛び散る超新星の残骸
ブラックホールになる
超新星爆発（極超新星）
中性子星になる（パルサー）
青色超巨星に
超新星爆発
赤色超巨星に
白色矮星
黒色矮星
赤色巨星へ
惑星状星雲になる
とても寿命が長く、やがて冷えて消えていく

星の一生を見る　H・R図

夜空に輝く星座の星ぼしは、いつまでも変わることなく、今日も明日も、そして、来年も、数十年、数百年後も、同じように輝いて見えていることでしょう。
しかし、気の遠くなるような宇宙の時間の流れの中では、その輝きもほんの一瞬のことでしかありません。今も宇宙のあちこちで、新しい星が生まれ、年老いた星がその生涯を閉じているのです。
星の一生は、短いものでも数千万年、長いものになると、百億年、一千億年をこえるものも、めずらしくありません。
そんな長い星の一生のようすを、どうやって調べればよいというのでしょうか。

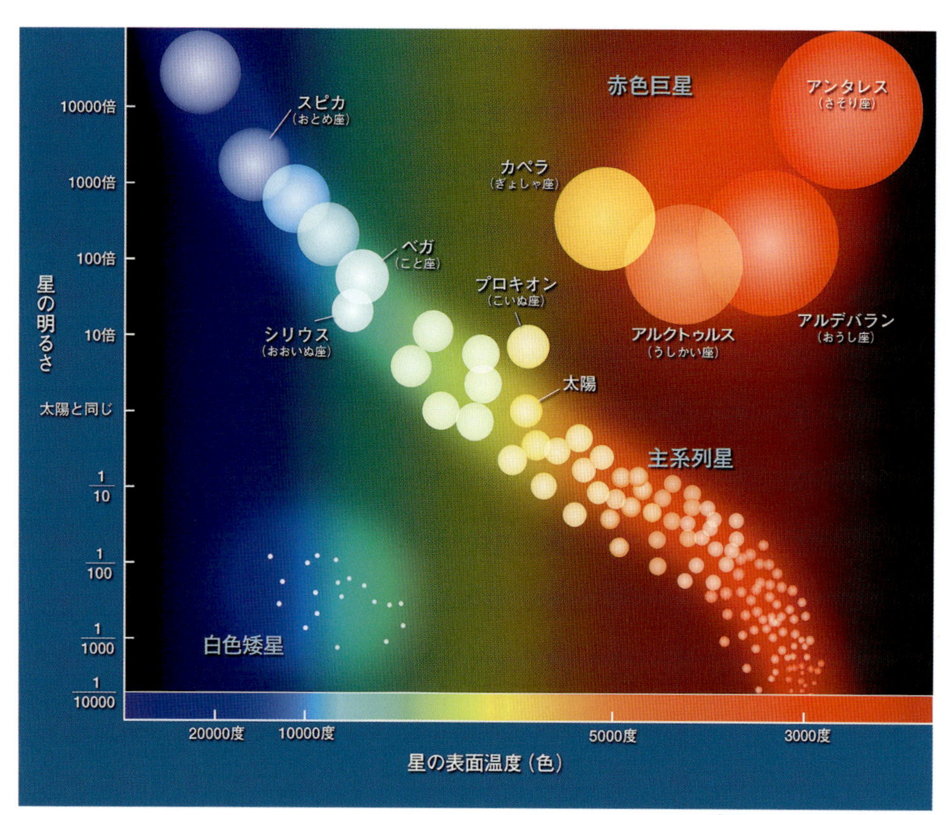

▲ヘルツシュプルング・ラッセル図（H・R図）
デンマークの天文学者ヘルツシュプルングとアメリカの天文学者ラッセルは、ヨコ軸に“星の表面温度”、タテ軸に星の見かけの明るさではなく“星の本当の明るさ”をとってグラフにあらわし、星の一生にかかわる重要な事実に気づきました。それによれば、恒星は一生のほとんどを主系列星として輝いてすごしますが、やがて、そこからズレて、右上の赤い巨体の老人星グループへと移り、さらに左下の、星の亡き骸ともいえる小さな白色矮星へと姿を変えながら、一生を終わることがわかります。

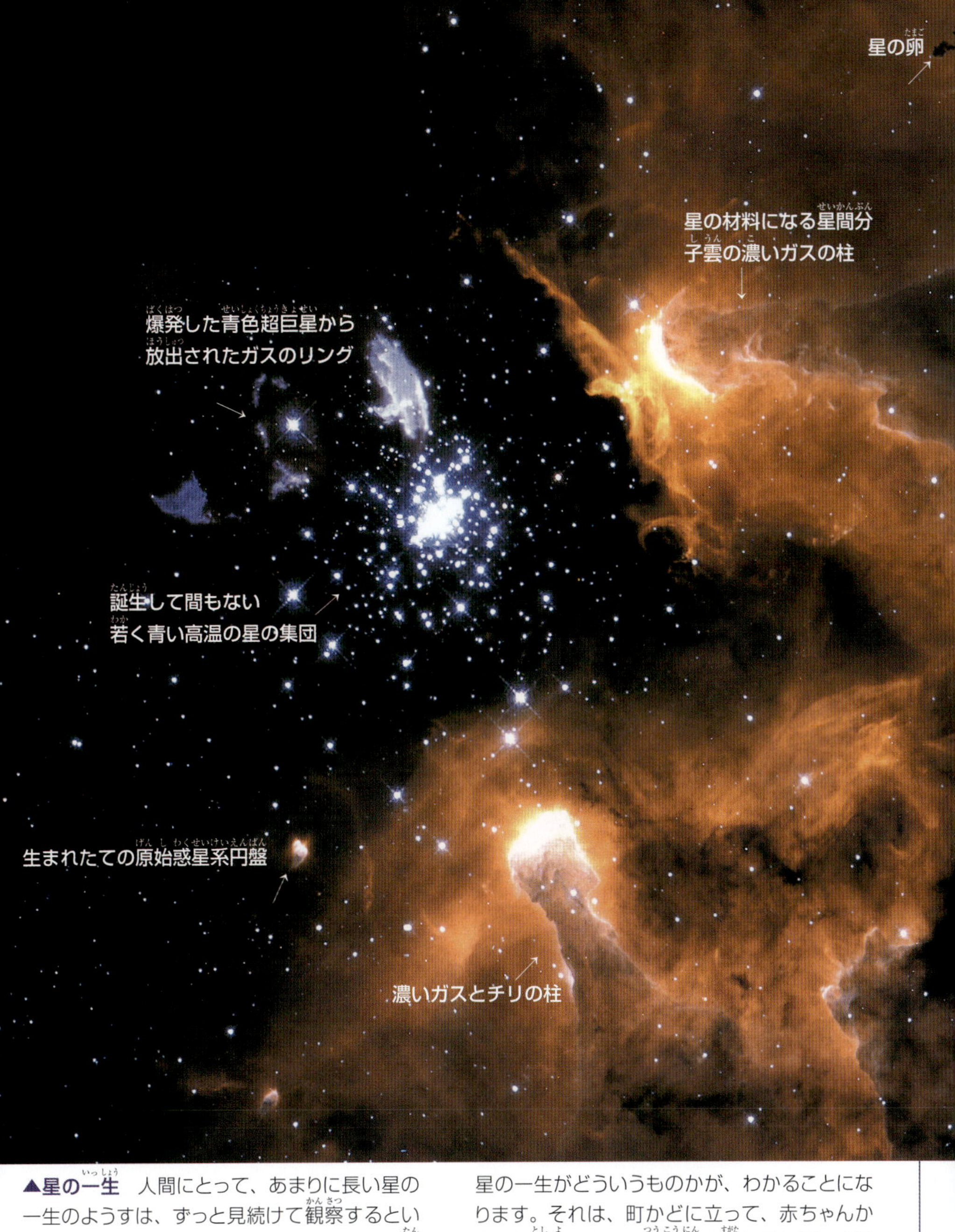

▲星の一生　人間にとって、あまりに長い星の一生のようすは、ずっと見続けて観察するというわけにはいきません。しかし、夜空には、誕生したばかりの星から、年老いた星まで、じつに、さまざまな年齢の星が輝いていますので、それをひとつひとつ調べて結びつけていけば、星の一生がどういうものかが、わかることになります。それは、町かどに立って、赤ちゃんから、お年寄りまでの通行人の姿を見れば、人間の一生のようすがわかるのに似ています。このりゅうこつ座のＮＧＣ3603星雲の周辺には、そのよいサンプルたちがそろってくれています。

宇宙の影絵遊び

暗黒星雲

17ページにある、夏の天の川の写真を見ると、あちこちに暗い部分があるのに気づきます。しかし、そこには、星が存在していないというわけではありません。
“暗黒星雲”とよばれる冷たいガスやチリでできた宇宙のスモッグのような黒雲がただよっていて、遠くにある星の光をおおいかくしているのです。
暗黒星雲は、自分では光らないので、ふつうは見ることができませんが、後ろに、天の川や明るい散光星雲などがあると影絵のように黒いシルエットとなって浮かびあがり、その存在がわかるのです。

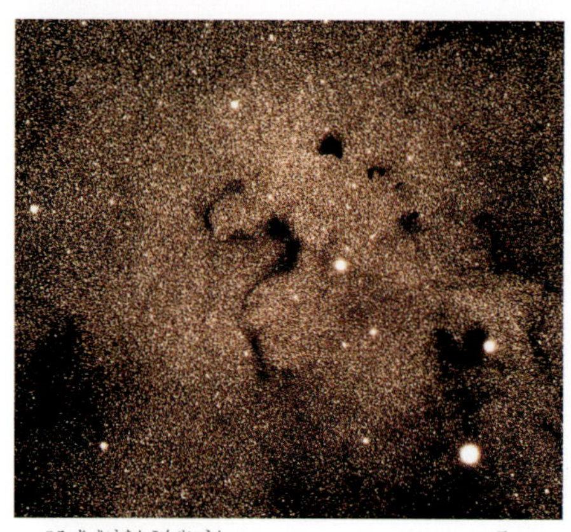

▲S字状暗黒星雲　天の川をバックに、蛇のようにうねる暗黒星雲の存在がわかります。暗黒星雲は、形の面白い影絵遊びのように見えます。

▲バーナード68　マイナス260度という冷たいガスとチリのかたまりで、私たちから500光年のところにあるごく小さな暗黒星雲のアップです。

▲グロビュールＩＣ4628　散光星雲の虫喰い穴のように見えるもので、グロビュールは、暗黒星雲のうち小さく密なものです。

▲オリオン座の馬頭星雲　明るい散光星雲をバックに、馬の頭にそっくりな形に見えるところから、こんなよび名がつけられているものです。距離1100光年のところにありますが、これらの暗黒星雲の正体は、星の生まれる素材となる“星間分子雲”というものです。

ただよう宇宙のスモッグ――星間分子雲

宇宙空間には、冷たいガスやチリでできた暗黒星雲が、大量にただよっています。チリは星間塵、ガスは星間ガスとよばれ、それらの分子のまざりあったようすから、“星間分子雲”とよばれています。
星間分子雲に含まれるガスのほとんどは、水素分子とヘリウムで、チリの方は炭素や酸素などの重い元素からできています。しかし、その割合は、ガスのほうが百倍も重いものです。
そんな宇宙の黒雲“星間分子雲”が、あの美しく光り輝く星の誕生の素材になるというのですからあなどれませんね。

▲**オリオン座** 私たちが冬の夜空に見あげるオリオン座付近は、格別に変わったふうにも見えませんが、赤外線の目で見ると、そのながめは左下の写真のように一変したものとなります。

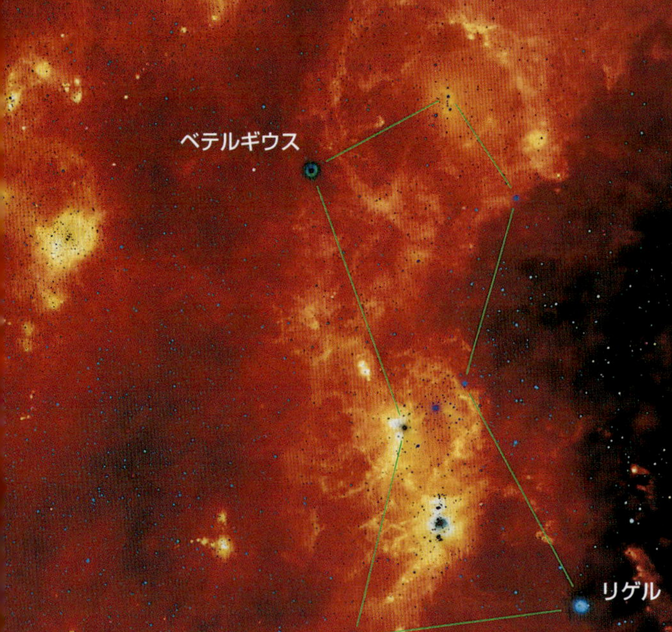

◀**オリオン座付近の分子雲** 上のオリオン座とまったく同じところを赤外線で見ると、星の誕生の素材となる、冷たいガスとチリからなる膨大な星間分子雲がただよっているのがわかります。ただし、これらは濃いように見えても、1立方メートルの中に、1ミクロンのチリが1個というくらいのごくごく希薄なものです。

▲入り乱れる暗黒星雲と散光星雲　へびつかい座からさそり座のアンタレス付近に入り乱れる星間分子雲が、照明役となる明るい星の色を反映して、外灯に浮かぶ夜霧のように、さまざまな色彩の美しい反射星雲としてぼうっと輝いて見えています。

華麗な大変身

散光星雲

星の誕生の素材となる暗黒星雲、つまり、星間分子雲の近くに明るい星があると、その星の強い紫外線のエネルギーなどに刺激されて、暗黒星雲の水素ガスが、まるで蛍光灯が光るように、輝きはじめることになります。

夜空のあちこちにただよう色どりも美しい散光星雲たちは、暗黒星雲が美しい蝶のように変身して姿をあらわしたもので、明るい散光星雲は、見えない星間分子雲がそこに存在するという“見える証人”というわけなのです。

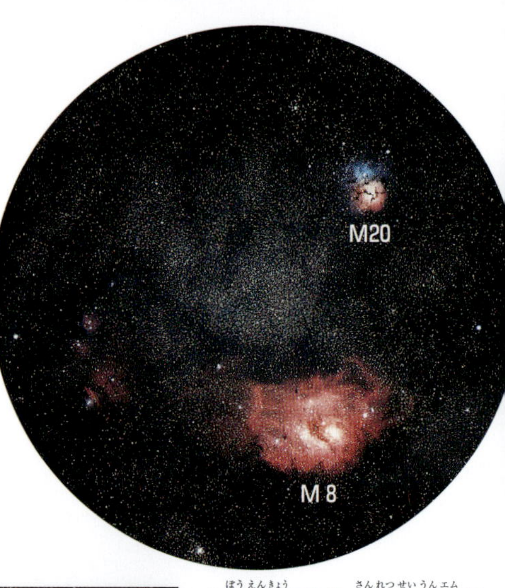

▲望遠鏡で見た三裂星雲M20と干潟星雲M 8　天の川に双眼鏡を向けると、あちこちにぼうっとひろがる、散光星雲の輝きを目にすることができます。肉眼では淡くて色あいまではよくわかりませんが、写真では色あざやかな姿が写し出せます。

◀いて座の三裂星雲M20　中央を横切る暗黒帯によって、ひき裂かれているように見えるところから、この名があります。中央にある高温の星によって輝かされているものですが、上よりの青い散光星雲の方は、周囲のチリが青い星の光を反射して輝いているものです。距離は、干潟星雲M 8 の3900光年より遠い5600光年のところにあります。（34ページの写真も参照）

▶はくちょう座の北アメリカ星雲NGC 7000　距離2000光年のところにある、北アメリカの地図そっくりな淡い星雲で、はくちょう座の１等星テネブのそばに、かすかながら肉眼で見ることができます。この星雲のガスを電離して輝かせる紫外光を放つ高温の星は、濃いチリの後ろにかくれていてよく見えません。

▼いて座の干潟星雲M 8　距離3900光年のところにひろがる、南海のサンゴ礁ラグーンを連想させるような散光星雲で、この付近で200万年前に誕生したばかりの若い星たちの集団が、自らの誕生の母体となったまわりの星間分子雲を美しく輝かせているものです。

星の卵がいっぱい ―― 星間分子雲

冷たいガスやチリでできた星間分子雲には、濃いところや薄いところがあります。濃い部分は、より重力が強いのでまわりのガスやチリをどんどんひきよせ、さらに濃いかたまりへと成長して、星の卵となります。

▶**へび座のM16の中心部**　次ページにあるM16の中央部のあたりを、アップしてとらえたものです。3本の巨大な入道雲のようにそそり立つのは、濃い星間分子雲の柱で、先端のあたりに、星の卵をたくさんかかえこんでいるのがわかります。

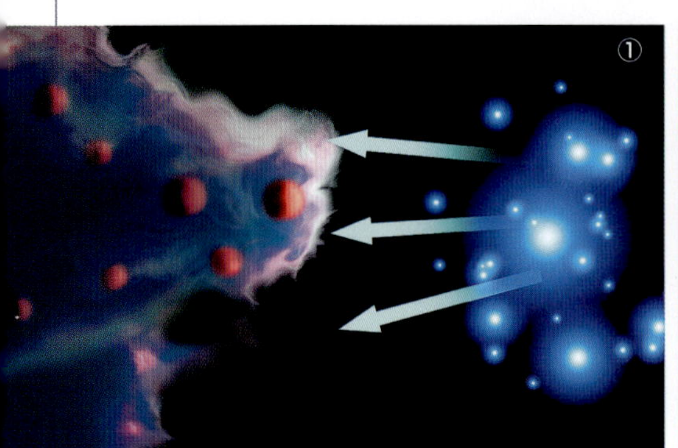

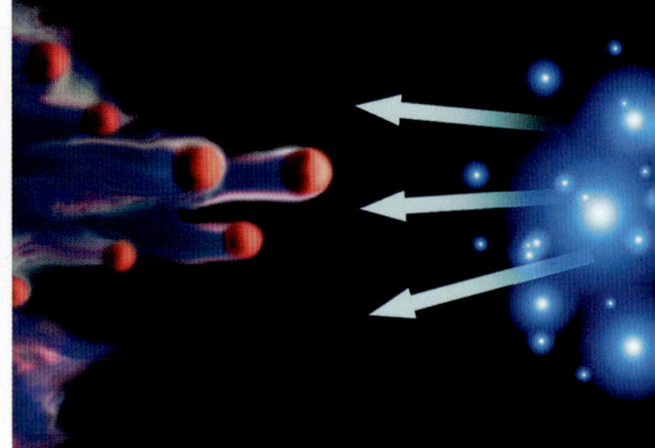

▲**M16の中の星の卵**　中心部でひと足先に生まれた星たちが、強烈な紫外線を出し、母体の分子雲をどんどん電離し浸食していきます。上の写真の分子雲の柱の先端の突起には、いくつもの密度の高い星の卵が姿を見せていますが、鳥の孵化しない無精卵と似て、すべての星の卵が星になるわけではなく、原始星になる前に電離されて消えてしまうものもあります。

▲へび座の散光星雲M16　距離5500光年のところにひろがる散光星雲で、この付近で誕生した若い星たちによって輝かされているものです。中央付近で、象の鼻のようにのびている暗黒部は、ガスとチリのとくに濃くなった分子雲で、直径0.5光年の太さの柱が、長さ 3 光年にものびているものです。この部分を拡大してみたのが前ページ上の写真です。

うぶ声をあげる赤ちゃん星 ── 原始星

星間分子雲のかたまり"星の卵"は、やがて、自分自身の重力でゆっくり縮みはじめ、"原始星"とよばれる赤ちゃん星になります。

原始星のまわりには、ガスやチリがどんどんひきよせられ、やがて、周囲にドーナツのような原始星円盤ができて回転をはじめ、原始星はうぶ声をあげるように、ガスのジェットを上下にはげしく吹き出すようになります。

原始星は、ジェットを吹き出すことによって、自分に必要なガスだけを星の表面に降りつもらせやすくして体つきをととのえ、一人前の星へと成長していくのです。

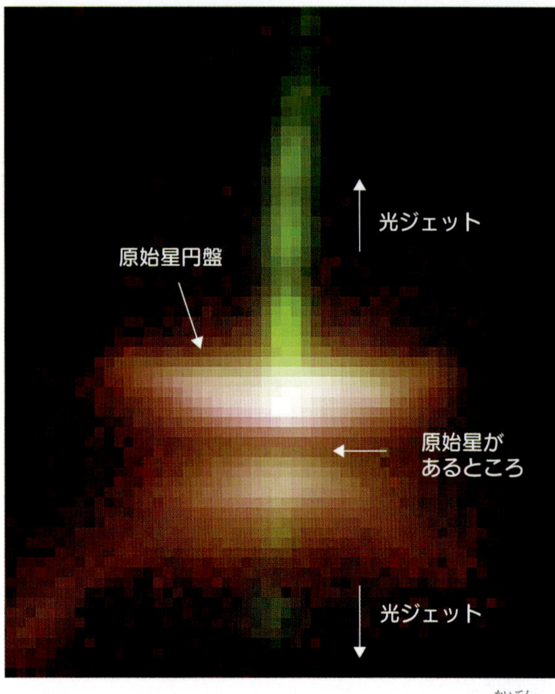

▲原始星から吹き出すジェット 原始星は、まわりを回転する円盤につつまれて、その姿は見えませんが、ジェットを上下に吹き出しているので、その存在がわかります。

▲オリオン座大星雲の中のＨＨ－１とＨＨ－２ 濃い原始星円盤にとりかこまれその姿はよく見えませんが中央の原始星からは、左右にはげしくジェットが吹き出し、まわりの冷たいガスにぶつかって、星雲のように光っています。ジェットは、原始星の円盤から吹き出す"双極分子流"と、原始星の表面近くから吹きだす"光ジェット"の２種類があります。

▲原始星から吹き出すジェット 双極分子流は、秒速10キロメートルで原始星円盤から吹き出し、数光年先まで広がっていきます。一方、光ジェットは、原始星の表面近くから秒速200キロメートル以上の猛スピードで一直線に吹き出しています。星の成長とともに原始星円盤は、薄くなり、ジェットも消えていきます。太陽くらいの星が一人前に成長するのに100万年くらいかかります。

少年期の星 Tタウリ型星

原始星のまわりをとりかこむガスやチリは、栄養分のように原始星の表面にどんどん降りつもり、星の体重を増やしていきます。一方で、ジェットが、原始星のまわりのガスを吹き飛ばしたりしていくため、ガスも次第に晴れて、ガスの原始星への降りつもりも止んでしまうことになります。もう原始星の体重も、これ以上に増えることはなくなります。

つまり、幼年期から少年期の星へと、体つきをしっかり成長させたわけです。

この段階になった星は、おうし座のT型星を代表して“Tタウリ型星”とよばれます。タウリは、おうし座のことです。

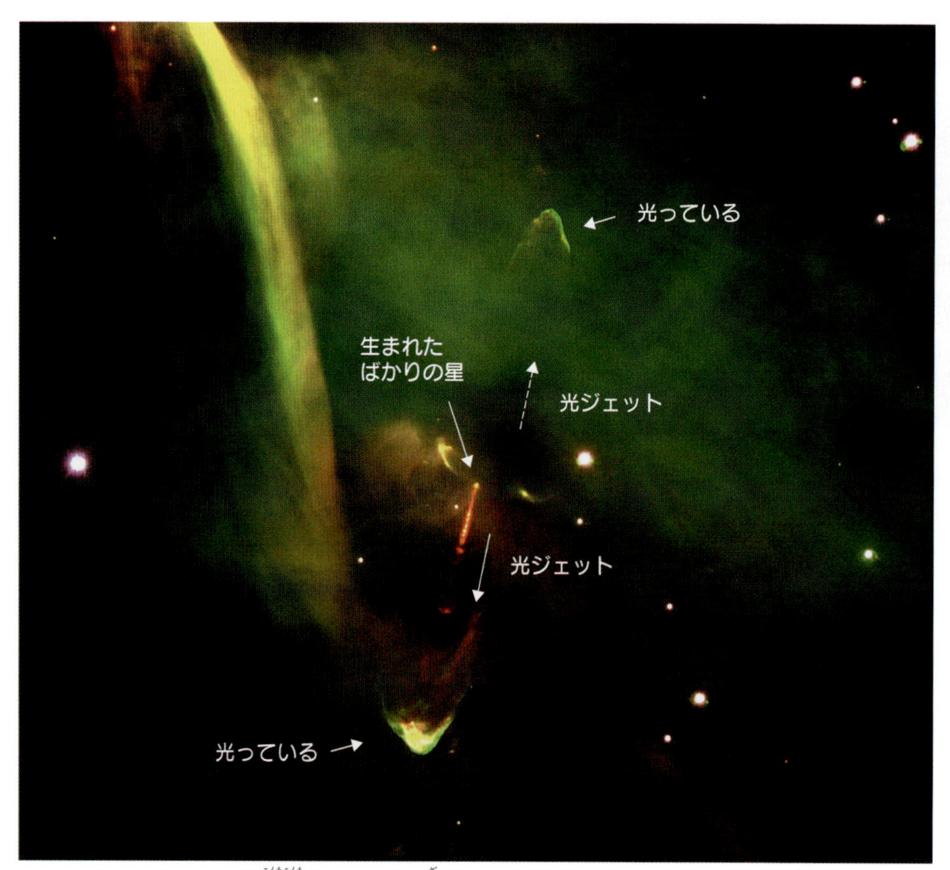

▲**ハービック・ハロー天体HH34** オリオン座大星雲M42の中の原始星が、秒速250キロメートルの猛スピードで、光ジェットを上下方向に吹き出し、遠くの星雲のガスとはげしくぶつかっています。この原始星も、100万年がかりで少年期の星となり、さらに、数千万年かけて、重力で縮んで体をしめ、やがて核融合で光り輝く大人の恒星としてデビューすることになります。

▲Tタウリ型星で誕生する惑星系 “おうし座T型星”とよばれる変光星は、星間分子雲の中から生まれ出ようとしている、太陽クラスのごく平凡な星ぼしを代表するよび名です。そのTタウリ型星周囲のチリの円盤からは、太陽系と同じような惑星系も誕生することになります。（CG）

天体までの距離

天体までの距離はものすごく遠くて、メートルやキロメートルでは、数字が大きくなりすぎて不便です。そこで、１秒間に30万キロメートル進む光のスピードで、１年間かかって届く距離を“１光年”といいあらわす単位を使います。

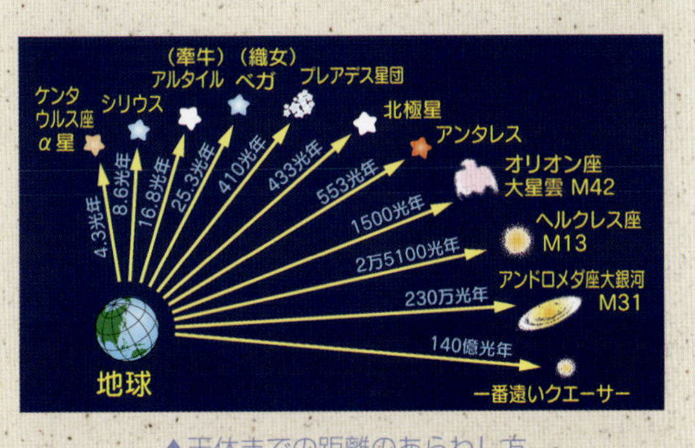

▲天体までの距離のあらわし方

星の誕生現場を見る ―― 成長期の星

冬の夜空に輝くオリオン座は、全天一の人気星座ですが、そのオリオン座の小三つ星の中央に、ぼうっと肉眼でも見えるガス星雲M42は、天文ファンに大人気の天体です。そればかりではありません。M42の中には、できたての星の卵や原始星、原始惑星系円盤をもつTタウリ型の若い星、強烈に輝きだした高温の大質量星まで、星の誕生の研究現場として天文学者にも大人気の領域なのです。

中央に輝くトラペジウムの四重星たちは、100万年前に誕生したばかりの若い星たちで、小望遠鏡でもよく見えます。

▲若い四重星トラペジウム　トラペジウムとは台形にならんだ星という意味の名です。

▲いて座の三裂星雲M20　26ページにあるM20の内部を赤外線で見通したものです。まだ30万年くらいしかたっていない若い星雲なので、高温の明るい星以外の星の姿は、あまり見あたりませんが、急成長中の星が続々生まれ出ようとしているところとして注目されています。

▲オリオン座大星雲M42　太陽くらいの星なら3万個もつくりだせるほどの巨大分子雲のごく一部が、その中から生まれ出た前ページ上のトラペジウムの4個の強烈な紫外線によって輝かされているものです。この星雲からは、あらゆるタイプの星が、続々生まれ出ようとしています。

光り輝く成人式の星 ――― 恒星の誕生

少年期の段階まで成長した星が、早く大人の星になりたいなどとあせることはありません。数千万年がかりでじっくり収縮しながら、中心部の温度を上げ、しっかりした星の体つきへとととのえていきます。そして、それがおよそ1000万度を越えたところで、水素の核融合反応にパッと火がともり、自ら光り輝く“主系列星”とよばれる大人の星に晴れて仲間入りすることになります。

夜空に輝く星たちのほとんどは20ページのH・R図にあるように、最も安定した主系列の段階にある星たちなのです。

▲散開星団ＮＧＣ3293　天の川ぞいに集中して存在する星間分子雲ですが、若い星の集団の散開星団たちも天の川ぞいに1000個以上見つかっています。

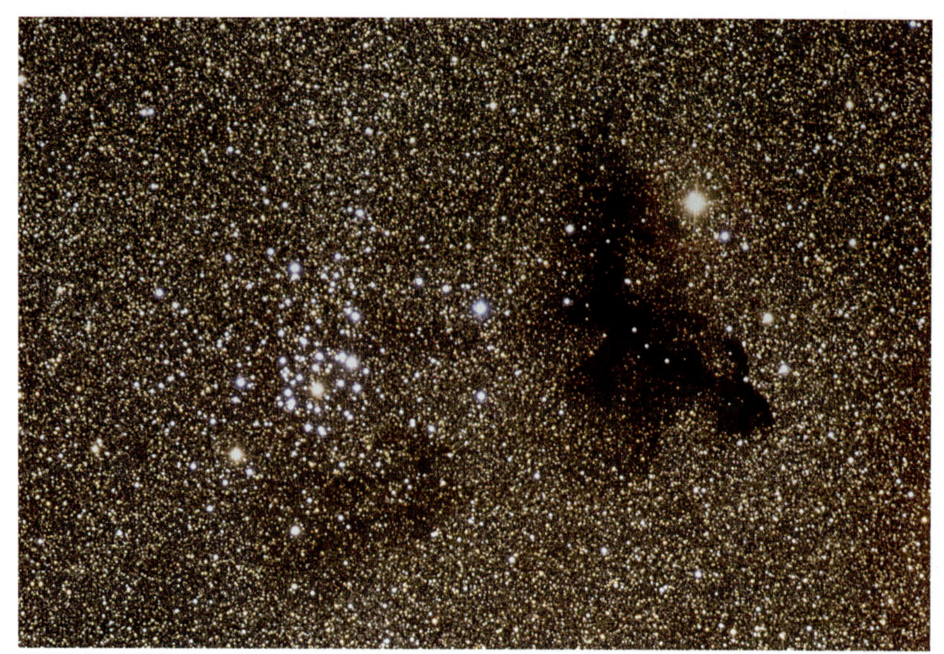

▲いて座の暗黒星雲バーナード86と散開星団

分子雲から星の卵へ、星の卵から、赤ちゃん星へと何段階かの成長期をへて、星は光り輝く成人の日を迎えることになります。暗黒星雲と散開星団がならんでいるこの光景は、そんな星の成長のようすを見せてくれています。

▲いっかくじゅう座のバラ星雲　成人したばかりの若い星たちの息吹きともいえる強烈な紫外線や星間風などが、誕生の母体となった星雲のチリやガスを吹きはらい、中ほどを空洞にさせています。そのようすが、直径80光年もある大輪のバラの花となって見えているものです。

星の明るさくらべ

キラキラ輝く明るい星から、肉眼でやっと見えるかすかな星まで、星の明るさをランクづけしたのが、１等星とか２等星とよばれる星の"光度"、"等級"です。１等星は、肉眼で見える一番暗い６等星の100倍の明るさがあります。

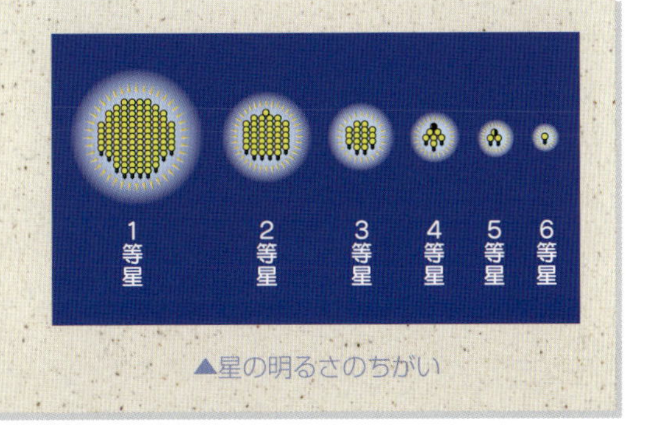

▲星の明るさのちがい

光り輝かない星たち ―― 褐色矮星

私たちの太陽は、みごとに光り輝く安定した主系列星ですが、太陽系最大の惑星の木星は、自分では光りを放っていません。そうすると、太陽と木星の間に恒星として光る限界の大きさの星が存在するらしいことがわかります。

計算してみると、中心部で熱核融合反応を起こし、恒星としてまがりなりにも光を放つ限界の重さは、太陽の0.08倍以上と答が出てきます。木星は、そのためにはあと80倍ばかり体重不足だったのですが、木星の重さの13倍以上ありながら、太陽の重さの0.08倍にわずかにおよばなかったため、一人前の恒星になりそこねた星も、じつは、意外に多いらしいのです。それは“褐色矮星”とよばれるにぶくかすかに暗い光を放つ小さな星たちです。

▲プレアデス星団の中の褐色矮星　すばらしい明るさで輝く星ぼしの中にも、褐色矮星（矢印）がいくつも見つかっていますが、そんな星たちはほかの星のように、長く光を放って輝いていることはできないでしょう。

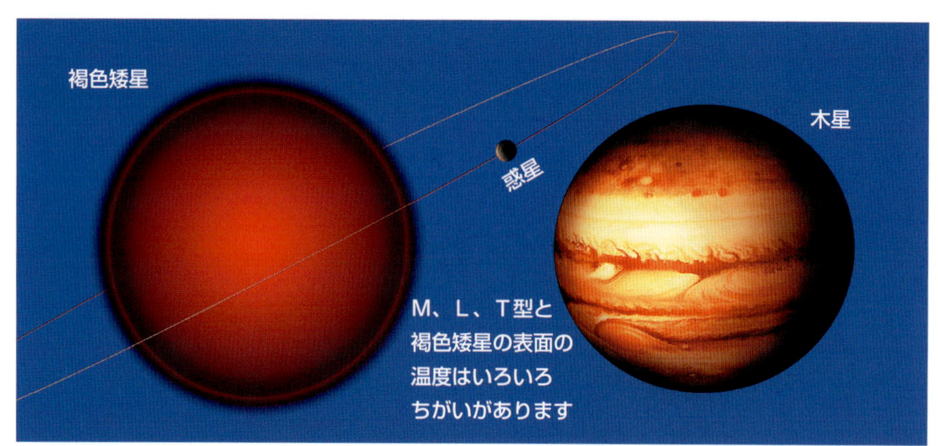

▲褐色矮星の大きさくらべ　褐色矮星は、水素の熱核融合によって熱エネルギーを出すほどの体力がなく、自分自身が縮んで熱エネルギーを出すしかありません。若いうちはその重力の“力み”による熱で、重水素を燃やし、なんとかにぶい褐色の光を放っていられますが、なにしろ、内部に熱源がありませんので、あとはゆっくり冷えてただ暗くなる一方となってしまいます。（CG）

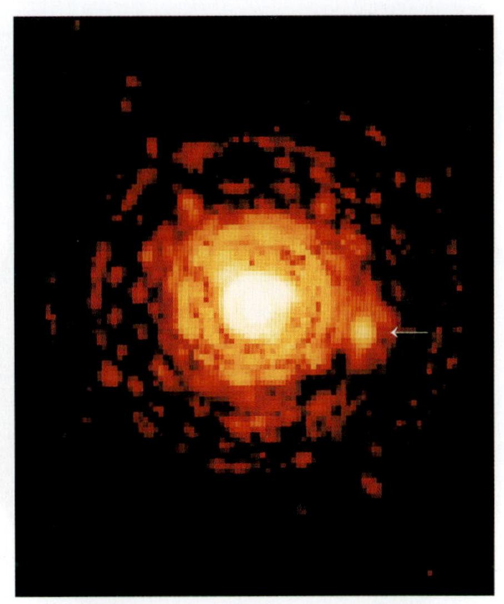

▲赤色矮星グリーゼ623B　明るい主星のまわりを10年周期でめぐる小さな伴星（矢印）は、太陽の10分の１しかない小さな星ですが、それでも、自ら熱と光を放って赤暗く輝く恒星の“赤色矮星”です。褐色矮星は、赤色矮星よりさらに小さく、木星の13倍の重さが自らは光れない天体“惑星”との境界になります。

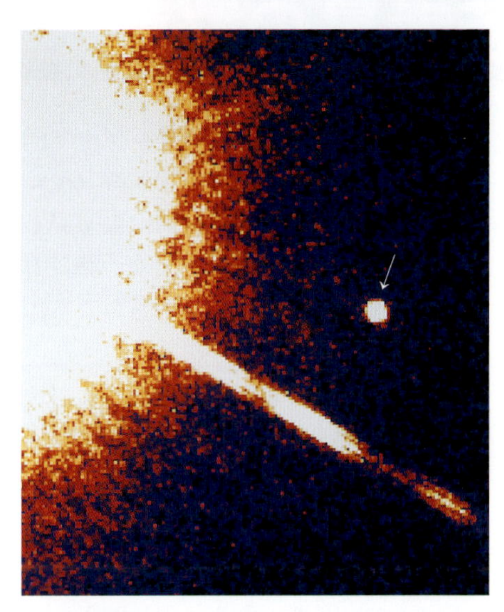

▲褐色矮星グリーゼ229B　右側の赤暗い小さな赤色矮星のまわりをめぐる、さらに小さくて暗い褐色矮星（矢印）です。その明るさはなんと太陽の10万分の１にしかなっていません。このほか地球のように恒星（太陽）のまわりをまわらない孤立した惑星で、さらに小さな準褐色矮星とか亜褐色矮星とよばれる浮遊天体もあります。

絶対等級

星座の星ぼしや天体の明るさは、距離がまちまちなので、本当の明るさを見ていることにはなりません。そこで、すべての星を32.6光年のところにもってきて、明るさくらべをすると、本当の明るさがわかることになります。これが“絶対等級”とよばれるもので、その例をいろいろな天体で右の図に示しておきましょう。

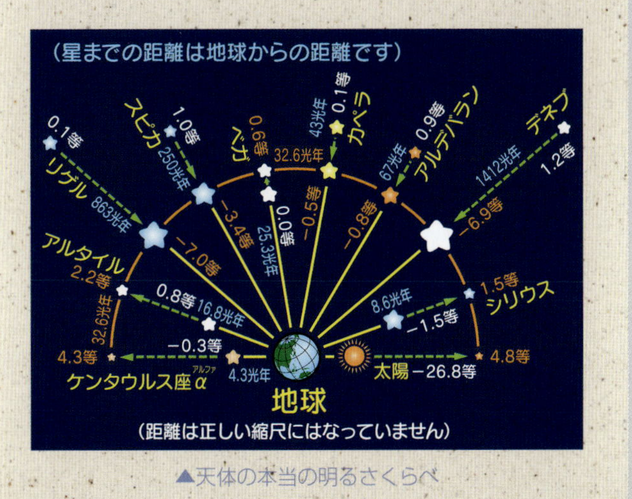

▲天体の本当の明るさくらべ

若者星の群れ

散開星団

星間分子雲が星の誕生の素材となるものですから、星はたったひとつでぽつんと生まれることはなく、数百個の集団で生まれるのがふつうです。星間分子雲の中で、星の卵となる濃い部分があちこちにできるからです。
こうして誕生した若い星たちの群れが、“散開星団”で、天の川ぞいに双眼鏡や望遠鏡の視野を移していくと、いくつもの散開星団を目にすることができます。私たちの太陽も、かつてそんな散開星団のメンバーの一員だったことでしょう。

▲ペルセウス座の二重星団
誕生してまだ1300万年くらいしかたっていない若い星たちの集団で、見かけ上二つの星団が重なって見えているものではなく、本当に同じ星間分子雲の中からほぼ同時に生まれたものです。

◀たて座の散開星団M11
星間分子雲の中からたくさんの若い星たちが生まれると、まわりのチリやガスは吹きはらわれ、散光星雲は姿を消し、若い散開星団の星ぼしだけが残されることになります。

▲おうし座の散開星団M45　冬の夜空のおうし座の肩さきに群れる美しい散開星団で、ギリシャ神話では“プレアデス星団”、日本では“すばる”のよび名でおなじみのものです。およそ5000万歳のごく若い高温の星たちの群れで、周囲にただようチリが、青い星たちの輝きを反射して、夜霧のようにぼうっと、青白く浮かびあがってみえています。

▶ふたご座の散開星団M35　はじめのうち、ひとかたまりになっている散開星団の星ぼしも、数億年たつころにはそれぞれ独立して離れていき、星座を形づくっている星ぼしのように見えることになります。右下の小さいのはＮＧＣ2158です。

軽量級と重量級の星

一人前の星となって輝きだした恒星が、どれくらいの寿命があるかは、すべて誕生したときの重さによってきまります。太陽と同じくらいの星は、100億年くらい輝き続けられますが、太陽よりずっと重い星は、水素の燃料をどんどん使って、太陽の10万倍も明るく輝くため、数千万年もしないうちに使いはたし、輝きを失ってしまいます。
では、星の世界でギネスブック入りできる、最も軽い星と、最も重い星には、どんなものがあるのでしょうか。

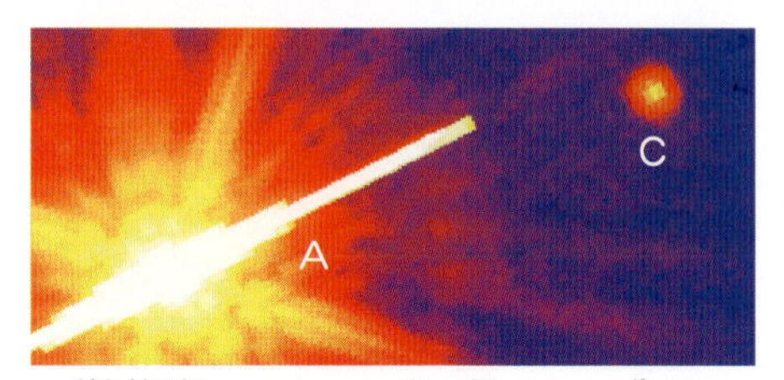

▲赤色矮星グリーゼ105AとC くじら座にあるこの小さな赤く弱々しい輝きのペアのうち、Cは太陽の重さのわずか8～9パーセントしかありません。これは恒星として輝ける限界の小ささですが、省エネ星だけに数千億年くらいは生きられそうです。赤色矮星をめぐる惑星も見つかりだしていますが、生命の存在する可能性が最も高いのは、赤色矮星をめぐるおだやかな環境のそれらの惑星上ではないかともいわれます。

▲南十字星付近の星空 南天の明るい天の川の中に、太陽系の隣人のケンタウルス座のアルファ星（左端）や南十字星や石炭袋が見えています。右端の赤い星雲は、りゅうこつ座エータ星雲で、中央に太陽の100倍もの超重量級の連星エータ星があって、爆発寸前の状態となっています。

▲ピストル星 いて座の銀河系中心付近にある超重量級の星で、太陽のざっと100倍も重く、1000万倍もの明るさを放っています。あまりの巨体のため、老化しないうちから表面温度が下がり赤ら顔になっています。肥満しすぎは、星にとっても寿命を縮めるだけのようです。

星の距離のはかり方

近くの恒星の場合は、地球の軌道の直径、およそ3億キロメートルを基線とする三角測量で直接はかることができます。ずっと遠くの銀河などの場合は、宇宙の灯台的な役目をはたしてくれているケフェウス座デルタ星型変光星の明るさの変わりようを見て、距離を知ることができます。さらにもっと遠くのものは、291ページのようにⅠa型超新星の明るさで推定したり、290ページの赤方偏移の値をスペクトルで観測して推測しています。

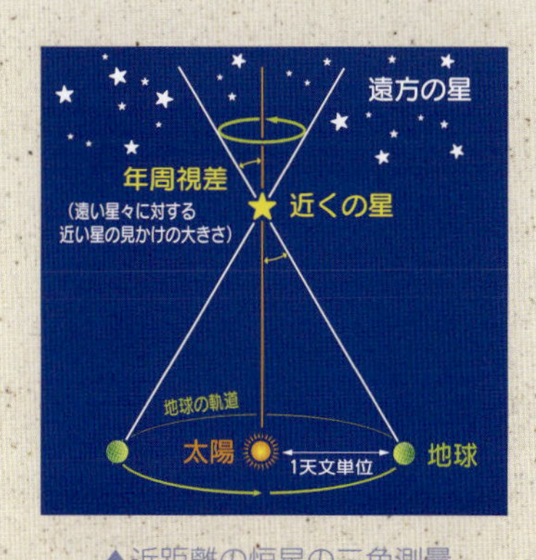

▲近距離の恒星の三角測量

めぐりあう仲よし星たち――連星

夜空に見える星のほとんどは、単独で輝く星のように見えます。しかし、望遠鏡で見ると、二つ以上の星がめぐりあう“連星系”をなしているものが意外に多いのに気づかされます。というよりは、宇宙では、むしろ太陽のような単独の恒星は、少数派といっていいくらいなのです。

ガス雲から星が生まれるとき、母体の大きいものは、縮むにつれて自転速度を増し、二つとか三つとかに分裂、それぞれが星となって輝きだして連星系を形づくることになるらしいのです。

▲**ふたご座**　冬の頭上に輝く仲よし双子の兄弟カストルとポルックスのうち、カストルの頭に輝くアルファ星は、なんと六重連星です。

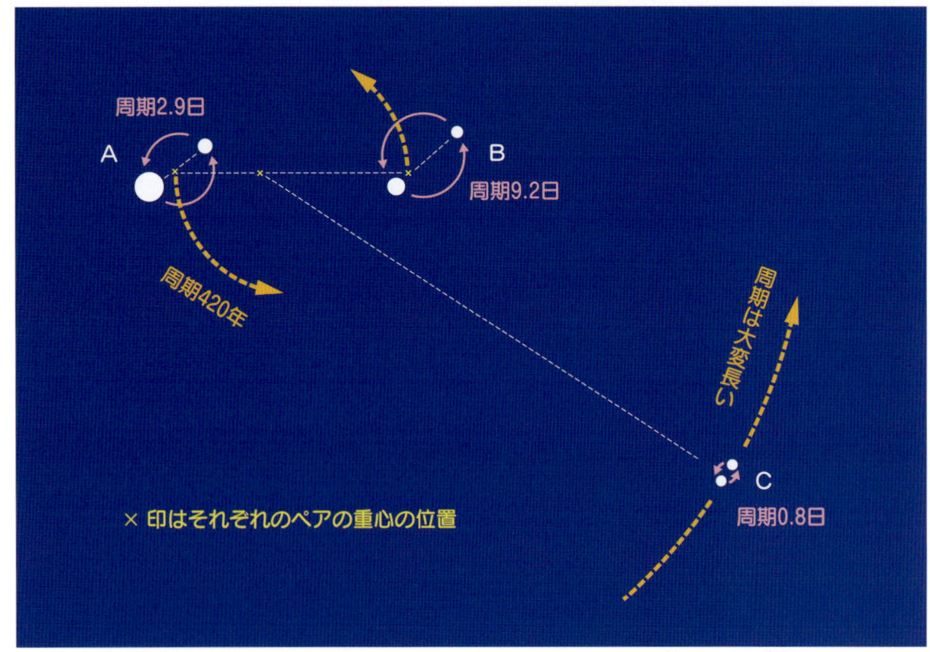

▲**ふたご座の六重連星カストル**　六重連星のペアのうち、AとBは小さな望遠鏡でも明るい二重星として見えますが、そのAとBは、それぞれが連星としてめぐりあっているものです。これに小さなCのペアが加わって、全体で六重連星系というややこしさです。AとBのペアは、一人前の恒星に成長した星どうしですが、Cのペアは、小さすぎてまだ幼児期の段階の星のようです。

▲近接連星系のながめ　二つの星がめぐりあう連星系でも、おたがいが顔をくっつきあわさんばかりにしてグルグルまわりあっている“近接連星”は、相手の星のガスをはぎとったり、一方の星が大爆発したり、静かな環境で輝いているというわけにはいきません。（想像図）

▶ケンタウルス座アルファ星の軌道　わずか4.4光年のところで輝くこの星は、太陽系に一番近い恒星としておなじみですが、太陽によく似た0.0等星と1.4等星が約80年の周期でめぐりあい、もうひとつ、遠く離れてまわる11等星の小さな赤色矮星プロキシマとで三重連星系となっています。（頭上にかざして見る図なので、東と西がふつうの地図の場合と逆になっています）

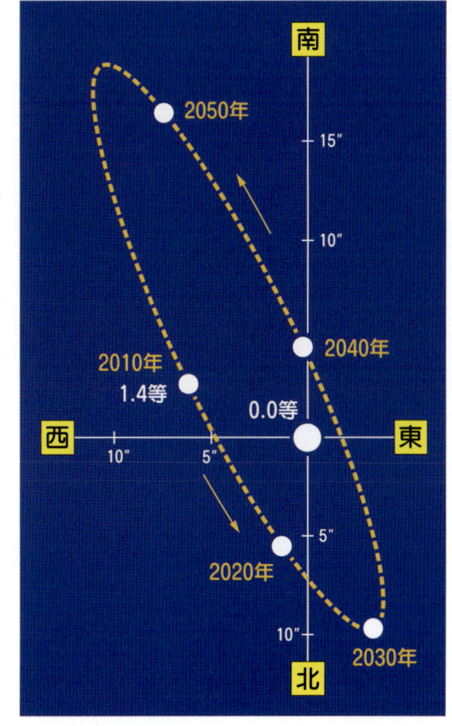

◀ケンタウルス座の連星アルファ　42ページの写真にあるこの星は、肉眼では１個の１等星にしか見えませんが、望遠鏡では、二つの明るい星のペアだとすぐにわかります。

太陽系の誕生 ── 原始惑星系星雲

46億年前、星間分子雲が縮んで、原始太陽とその周囲をとりかこむ円盤状の"原始太陽系星雲"ができあがりました。
その原始太陽系円盤が冷えてくると、星雲内のチリの細かな粒子たちは、赤道面にしずんで、薄い膜をつくりました。
その薄い層の中では、チリが寄り集まり、大きさ10キロメートル前後の無数の"微惑星"ができ、それらが、さらに、衝突合体をくりかえして成長、惑星が形づくられていくことになりました。

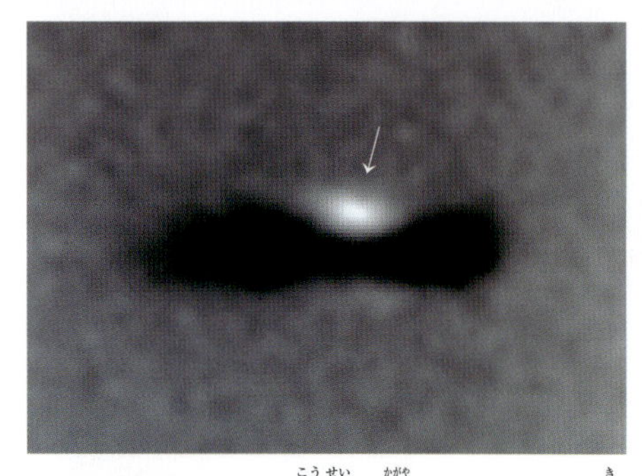

▲**原始惑星系円盤と恒星の輝き**　ジェットの消えたころのチリ円盤を真横から見ているところで、誕生した星の輝きがチリの中に見えています。

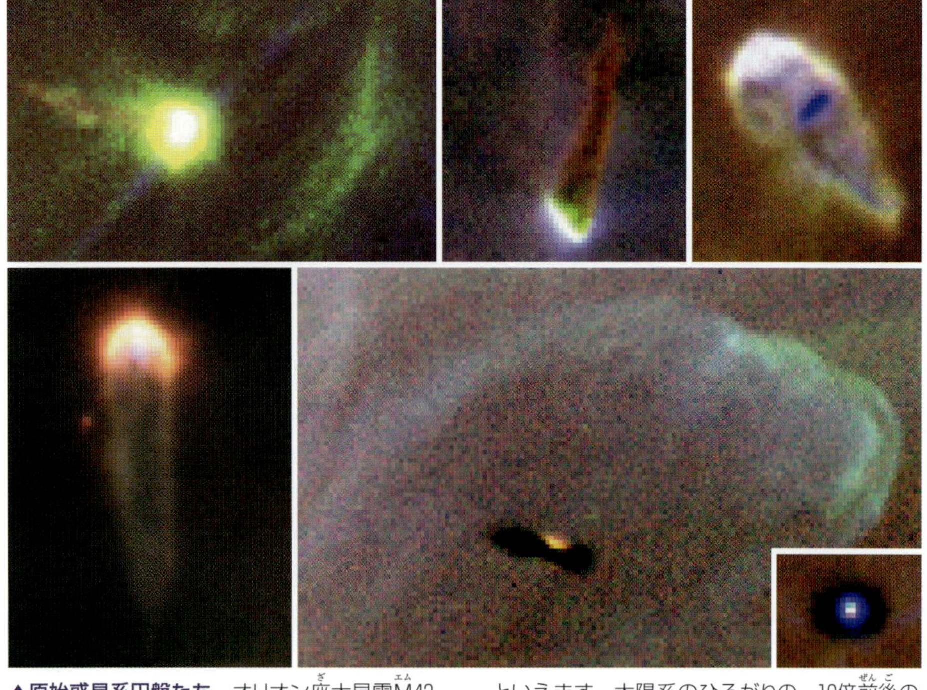

▲**原始惑星系円盤たち**　オリオン座大星雲M42の中の原始星をとり囲む円盤で、姿形は異なっても、それぞれが太陽の10000分の１の質量の原始惑星系円盤をもつことでは似たものどうしといえます。太陽系のひろがりの、10倍前後の大きさのこれらの円盤は、惑星たちを誕生させるのにちょうどよく、私たちの太陽系がめずらしい存在ではないことがよくわかります。

▲太陽系惑星の誕生　チリ円盤の中でできた隕石から、それらが合体してできた微惑星、さらには、その微惑星どうしの衝突合体によって大きく成長した原始惑星の誕生まで、100万年から1000万年という、ごく短い時間しかかからなかったとみられています。（想像図）

▶太陽と惑星たち　その昔、太陽の放つ紫外線が、今の太陽より100倍も強い期間が1000万年も続いたことがあったとすれば、原始惑星系円盤のガスはすべて吹きはらわれ、きれいに晴れあがった太陽系が完成することになるといわれます。

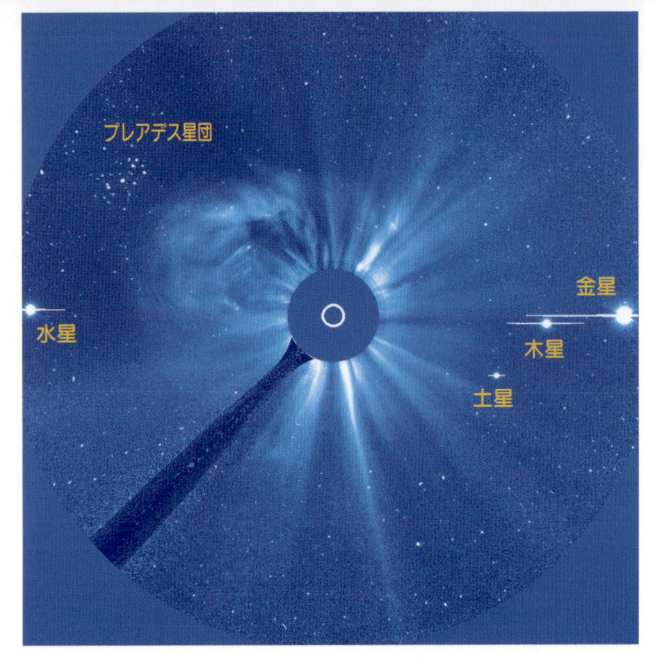

惑星をつれている星 ── 太陽系外惑星

私たちは、生命に満ちあふれた太陽系の第三惑星“地球に”住んでいます。では、この宇宙の中で、地球だけが特殊な存在なのでしょうか。星の誕生のシナリオによれば、恒星のまわりをめぐる惑星系の誕生は、けっしてめずらしいものではなさそうです。

というわけで、ほかの星をめぐる惑星系さがしが始められてみると、なんと、次次と見つかりだしたのです。現在、およそ3600個の星について、惑星系の存在がたしかめられ、まだまだ見つかりそうです。もはや、惑星系は宇宙ではごくありふれた存在となったわけです。

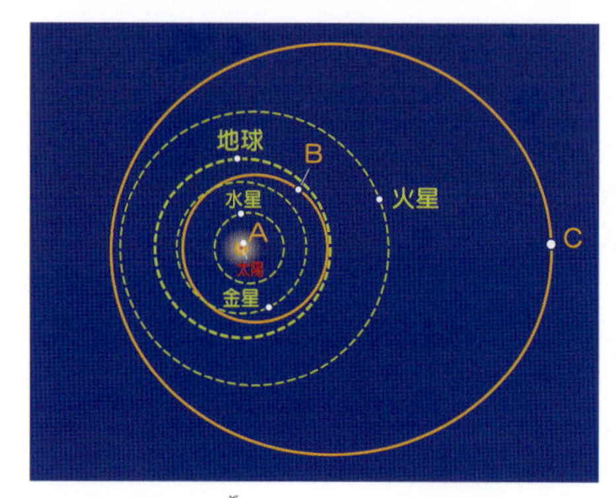

▲アンドロメダ座ウプシロン星の惑星系　太陽系惑星の軌道とくらべると、大きな惑星が主星のすぐ近くをめぐっていたり、極端に細長い軌道の惑星があったり、大きなちがいがわかります。太陽系外惑星たちは大きさも軌道も多彩といえます。

▲系外惑星のさまざまな姿態　中心にある星が太陽くらいの星の場合、惑星をつくりだす原始惑星系星雲のチリやガスの量のちがいで、どんな惑星系が生まれ出るのかを、理論的に見たものです。太陽系とは、ずいぶんちがった惑星系が誕生することがわかりますね。現在は、中心星のすぐ近くをめぐる異形の巨大な系外惑星たちだけが多く見つかっています。

▲よその惑星系のながめ　中心星に近づいたときと離れたときの距離の差が大きく、表面の温度がものすごく変わる“楕円軌道巨大惑星エキセントリック・プラネット”と、中心星のすぐ近くをまわり、表面温度が1000度を越える“灼熱巨大惑星ホット・ジュピター”の二つのタイプのものが多く見つかっています。これは観測しやすく発見されやすいためですが、水が液体として長期間存在できるなど、地球のような生命が生存可能な領域、いわゆる“ハビタブル・ゾーン”内にあるような地球クラスの小さな惑星も発見されだしていて、宇宙生命の見つかる可能性も高まっています。

宇宙人への絵手紙 ―― E.T.との交信

太陽系以外にも、続々と系外惑星が発見され、もはや、惑星系をもつ星ぼしの存在は、少しもめずらしいものではなく、天文学者たちは、惑星の半分以上は、地球型のものではないかと考えています。だとすると、生命の存在する惑星は、銀河系の中だけでも、数百万個から、数億個もあることになります。その中には、当然、地球人型の知的宇宙人へと進化した生命もあることでしょう。そんな期待を胸に、宇宙人へのメッセージもすでに発信されているのです。

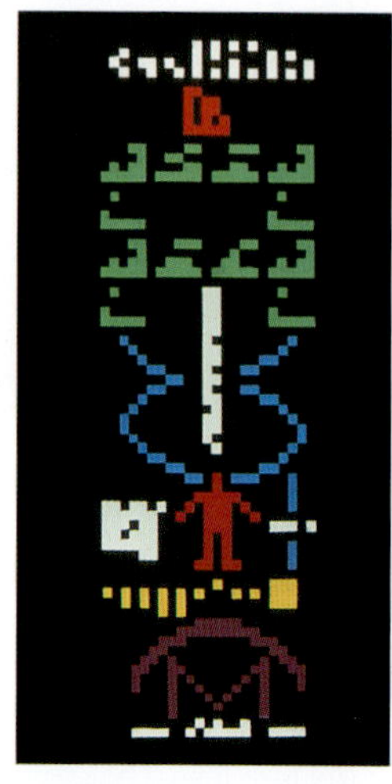

▶**M13へ送られたメッセージ**　1974年に発信された絵手紙には、人間の姿や世界の人口、遺伝子DNA、太陽系の配列などの情報が描かれています。

▲**アレシボ電波望遠鏡**　球状星団M13の宇宙人へ向けてのメッセージは、プエルトリコにある300メートルの大電波望遠鏡から発信されました。現在、宇宙人からのメッセージを受けとろうと、世界中の電波望遠鏡が耳をかたむけていますが、今のところまだ受かっていません。

▲ヘルクレス座の球状星団M13 距離は２万5100光年もあります。この球状星団中に住むかもしれない宇宙人が、地球人からの絵手紙を受信してすぐ返事を送りかえしてくれたとしても、届くのはおよそ５万年後のことになります。気の遠くなるようなメッセージのやりとりですね。

未知との遭遇

SETI計画

太陽以外の星の周囲をめぐる系外惑星がたくさん発見されるようになって、いよいよ、海や大気や生命をもつ第2の地球型惑星発見も現実のものとなりつつあります。そして、宇宙人E.T.との未知との遭遇に期待をふくらませ、さまざまなプロジェクトも動きだしています。

太陽系を離れる惑星探査機たちに、絵手紙のメッセージを搭載したり、“地球外知的生命体探査ＳＥＴＩ計画” による宇宙人からの電波信号の受信に、天文学者たちも本腰を入れはじめています。

宇宙人との交信が、現実になったとき、地球人のカルチャーショックは、どんなものでしょうか。

▲**パイオニア10号のメッセージ** 宇宙人へのメッセージをたずさえた惑星探査機パイオニア10号は、すでに太陽系を離れ、地球人からの絵手紙のメッセージをたずさえ、果てしない宇宙への旅を続けています。

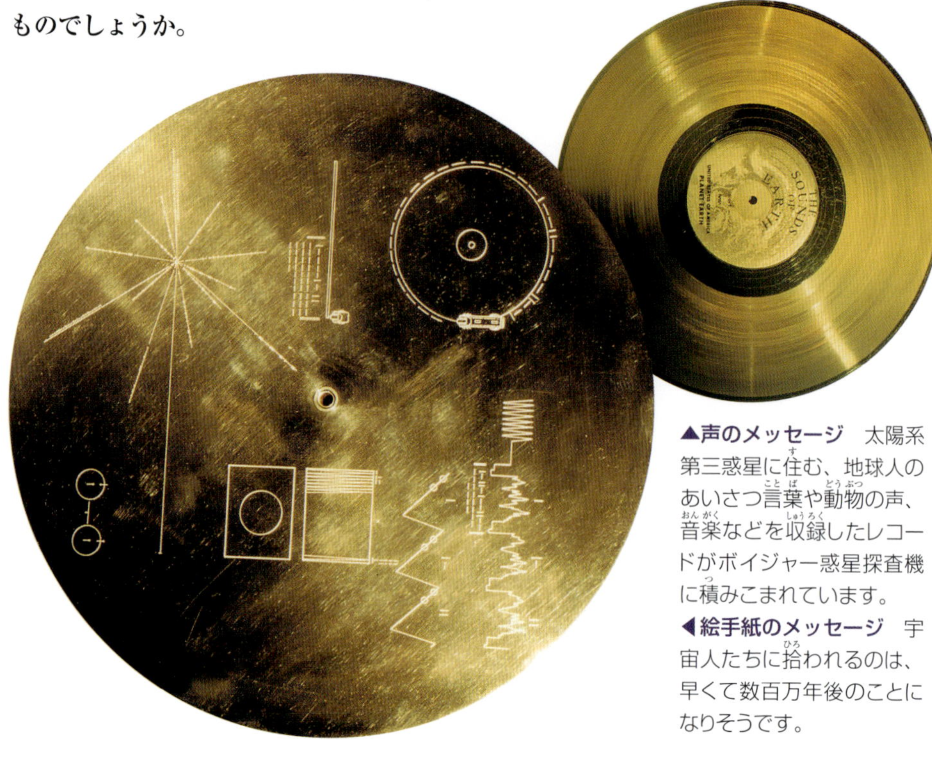

▲**声のメッセージ** 太陽系第三惑星に住む、地球人のあいさつ言葉や動物の声、音楽などを収録したレコードがボイジャー惑星探査機に積みこまれています。

◀**絵手紙のメッセージ** 宇宙人たちに拾われるのは、早くて数百万年後のことになりそうです。

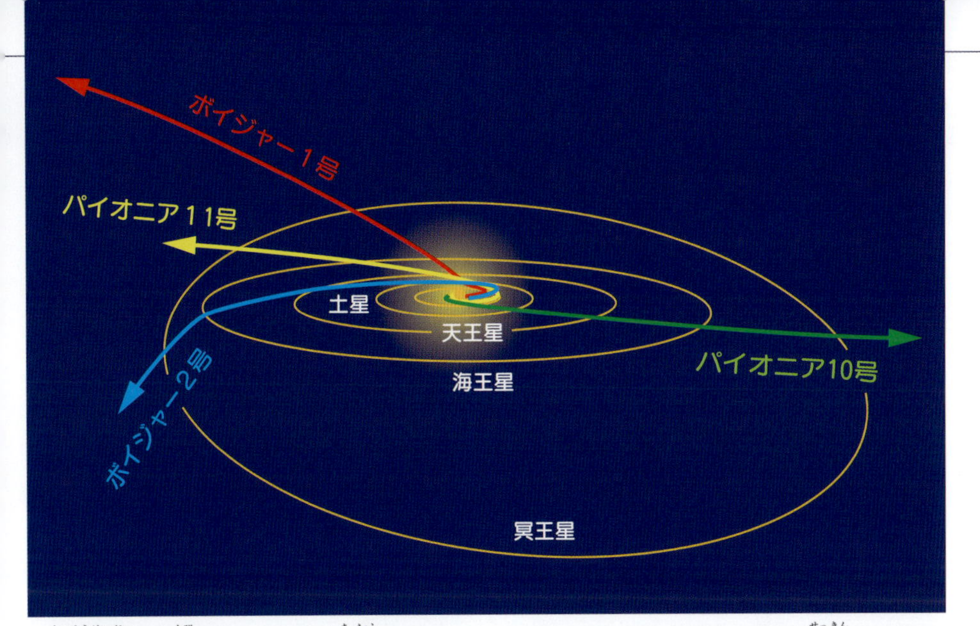

▲太陽系外への旅だち 1972年に地球を出発したパイオニア10号は、前ページ上の絵手紙をたずさえ、おうし座の１等星アルデバランの方向に飛行中で、およそ200万年後に接近します。うまく宇宙人と出あうことができるのでしょうか。楽しみですね。

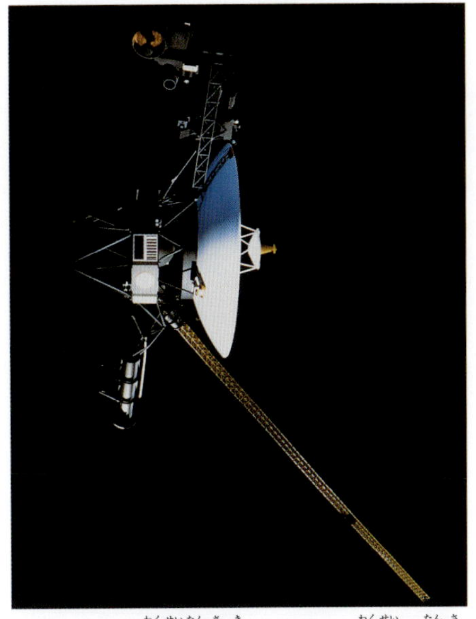

▲ボイジャー惑星探査機 太陽系の惑星の探査を終えた１号と２号は、すでに太陽系を離れ、あてのないはるかな宇宙への旅路をたどって飛行を続けています。

オズマ計画

1960年、アメリカの天文学者Ｆ・ドレークは、"オズマ計画"という、太陽系外からやってくる知的生命の発する信号をとらえようという試みを始めました。しかし、サポーターたちが、「時間のムダ」と資金の提供をやめたため、夢の計画は数か月しか続きませんでした。

◀オズマ計画
18メートルの電波望遠鏡が使われました。

安定した暮らしの時代 ――――主系列星

一人前の星になって輝く恒星は、右の図にあるように、“主系列星”とよばれて水素の燃料を燃やしてヘリウムに変えるという安定した核融合反応を起こして輝いています。

恒星は、主系列星の段階のときが、最も安定してそれが長く続きます。私たちの太陽も、その段階にある大人の恒星で、人生半ばの現在の年齢は46億歳です。

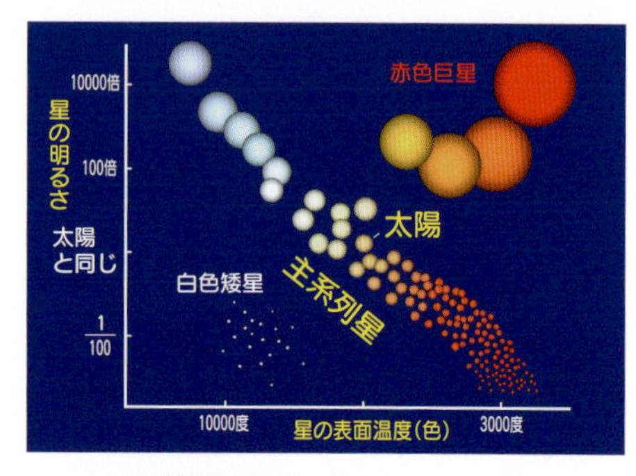

▲主系列星のH・R図 (20ページ参照)

▲冬の大三角 夜空に輝く星ぼしのほとんどは、“主系列星”の安定した段階のものです。しかし、全天一明るいシリウスなどは、燃料消費が大きいので、あと数億年で主系列星からはずれて不安定な赤色巨星へと姿を変えていくことでしょう。重い星の寿命は、とても短いのです。

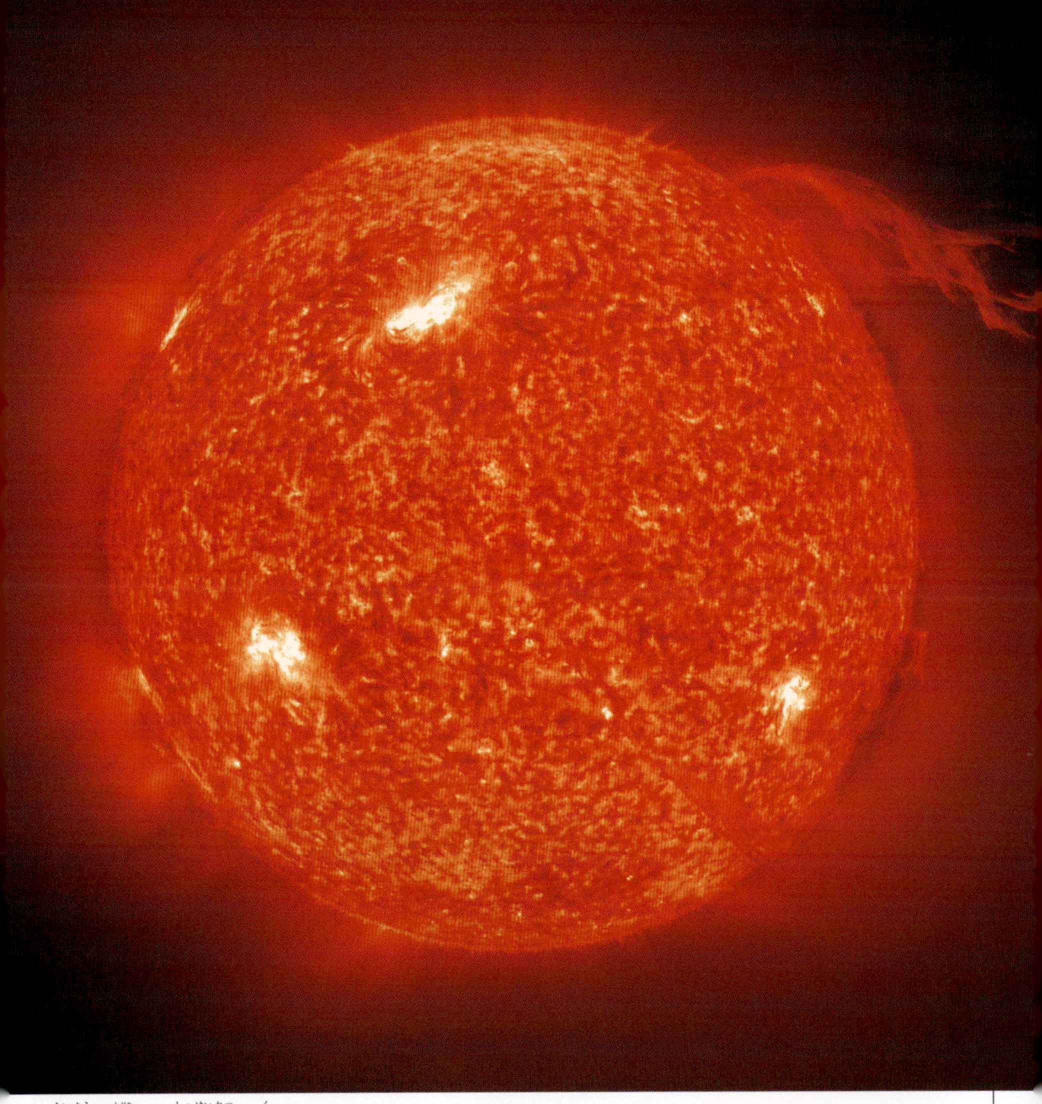

▲太陽の輝き　主系列で暮らせる持ち時間は、ざっと100億年ですが、太陽より10倍も重く生まれついた星の主系列での滞在時間は、せいぜい2000万年くらいしかありません。逆に、太陽の10分の１の軽い赤色矮星だと、省エネがきいて、１兆年も主系列にじっと滞在できることになります。その赤色矮星は、銀河系の中に膨大な数、3000億個くらいあるとみられています。

▶昇る太陽　あと50億年は、主系列星として安定して輝き続けてくれます。

赤ら顔の老人星 ―― 赤色巨星

安定した“輝ける主系列”の時代をすごした星は、やがて、老境への道をたどりはじめることになります。

水素の燃えカスのヘリウムが中心にたまってくると、そのヘリウムさえ燃やして、輝きを保とうとするのです。ところが、ヘリウムは燃えカスなので、往年の元気な輝きは保てず、ほうっておくと、自分自身がつぶれてしまいかねません。そこで、残された体力で、せいいっぱい外側をふくらませながら、バランスを保とうとして星はしだいに大きくなっていきます。ふくらんだ星の表面の温度は下がり、赤ら顔の老人星へと姿を変えていくことになります。

▲くじら座のミラ　秋の宵の南の空に横たわるお化け鯨の心臓に赤く輝くミラは、2等星から10等星まで明るさを変えています。6等星より暗くなると肉眼では見えなくなります。ミラは太陽の直径の520倍くらいにふくらんだ老人星なのです。

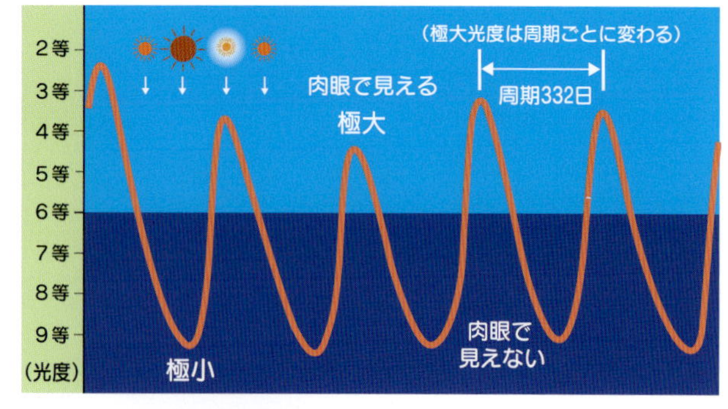

▶ミラの変光　332日の周期で、2等星から10等星まで、大きく明るさを変える“ミラ型”の長周期変光星の代表格の老人星です。ミラ自身が、風船のように大きくなったり、小さくなったりして明るさを変えているためです。

◀明るさを変えるミラ　2等星まで明るくなることもあれば4等星どまりのこともあって、極大光度は周期ごとにまちまちです。最近は3等星台になることが多くなっています。ミラとは“不思議なもの”という意味で名づけられたものです。

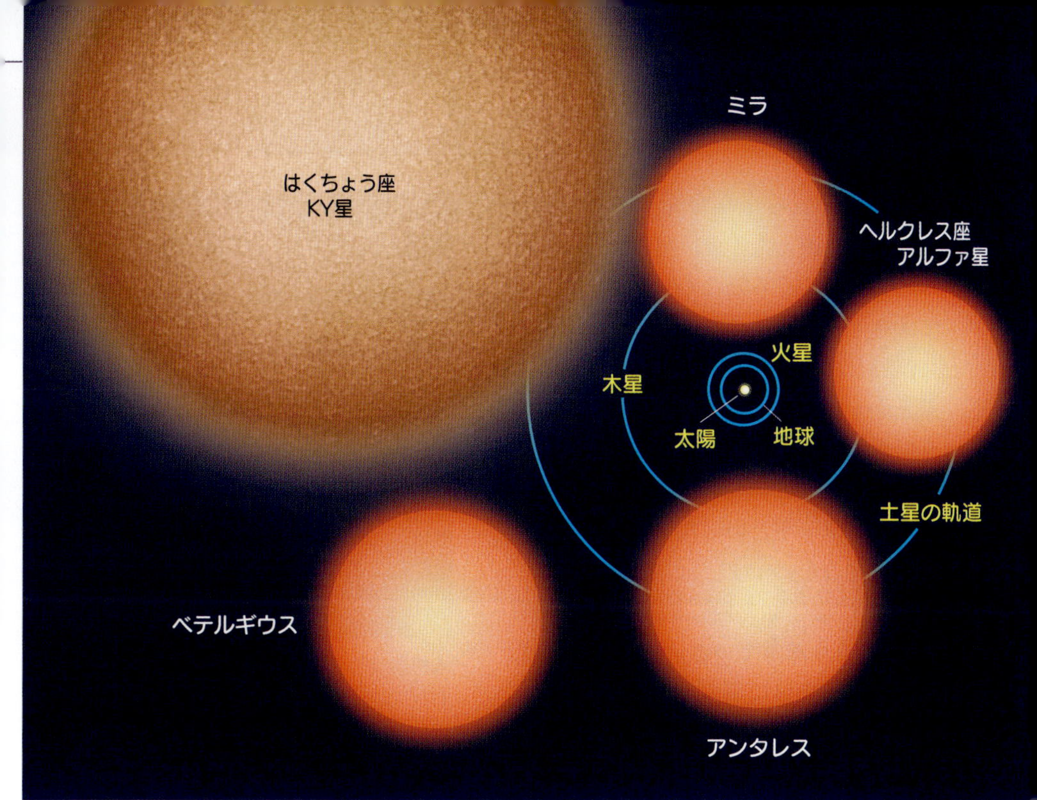

▲**赤色超巨星たちの大きさくらべ**　恒星が歳をとると、しだいに大きくふくらんで表面の温度が下がり、赤い輝きに変わっていきます。しかし、赤色超巨星は、なりが大きいばかりで、ふくらんだ外側は、ほとんど真空に近いような、星とは名ばかりのような希薄な状態となっています。

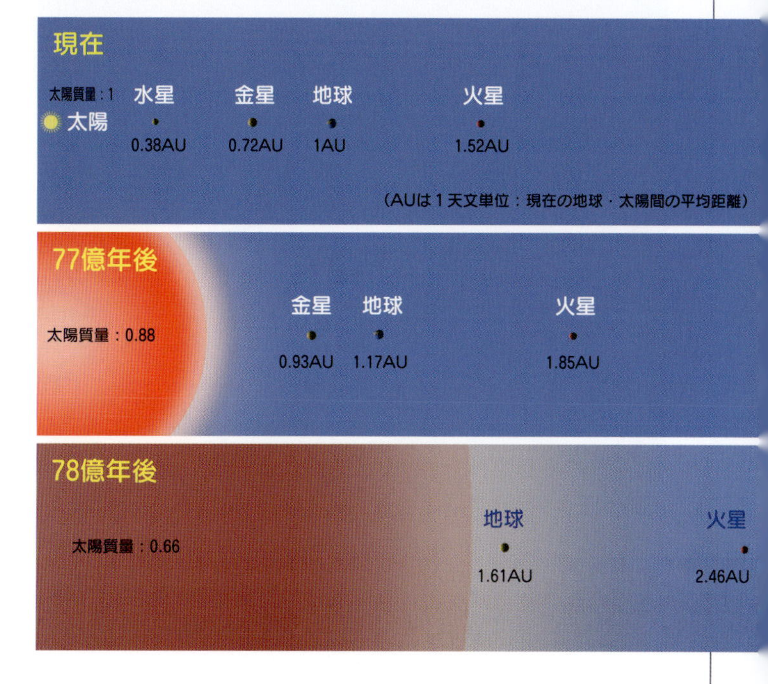

▶**太陽と地球の最期**　太陽もやがては、赤色巨星となり、水星や金星をのみこみ、地球のあたりまでふくらんできます。地球も火星も、焼きつくされながら今の軌道から外側へ後ずさりしてしまうことでしょう。

華麗なる死の大変身 ――惑星状星雲

くじら座の真っ赤な変光星ミラのように、晩年を迎えた赤色巨星は、中心が縮み、外側がふくらむため、不安定になって大きくなったり小さくなったりしながら震動し、あたり一面に、大量のガスや燃えかすの重い原子などをまき散らすようになります。それは、まるで肥え太った赤色巨星のぜい肉落としというか、無理なダイエットといったふるまいのようにもみえるものです。

こうして激しく大量に放出された物質は、ゆっくり離れていき、中心に残された高温の小さな星に照らされて輝く惑星状星雲へと姿を変えていくことになります。

▲惑星状星雲ＮＧＣ2440 中心の星の周囲に流れだしたガスが、大きくひろがり始めています。

▲惑星状星雲のよび名 望遠鏡では、丸みをおびた惑星のように見えるところから、昔の天文学者たちは、この種の天体を"惑星状星雲"とよびました。しかし、その正体は、死にゆく星たちの最期の姿で、太陽系の惑星とはなんの関係もありません。まぎらわしいよび名といえますね。

▲りゅう座のキャッツアイ（猫目）星雲ＮＧＣ6543　中心部のまわりに大きくひろがる星雲の輝きが、美しい宝石のように見えます。

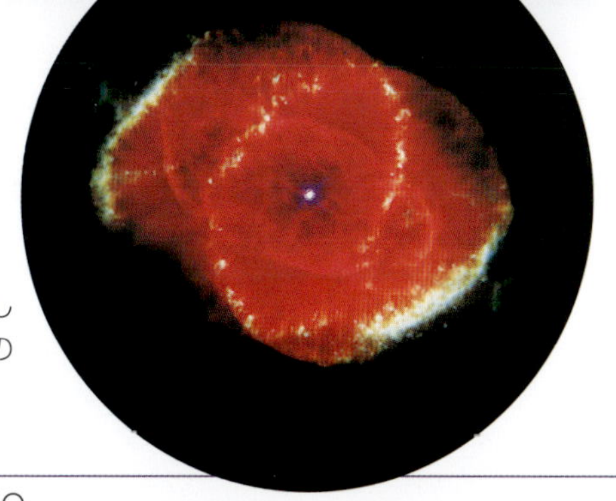

▶ＮＧＣ6543の中心部　上の中心部をアップして見たもので、二つの星がまわりあう連星なので、こんな複雑な構造となっています。

美しき死に装束

太陽くらいの重さの星が、不安定な赤色巨星となり、やがて、外層部からガスがゆっくり流れ出すと、星の中心部だけがとり残されることになります。

このとり残された小さな高温の星が“白色矮星で”、星間空間へ広がっていくガスが、この白色矮星の紫外線によって明るく照らしだされているのが、惑星状星雲の正体というわけです。

太陽のような単独の星の場合や連星系の場合など、それぞれの星の事情や環境のちがいなどによって、美しい星の死に装束ともよべる惑星状星雲の姿は、個性的なものになっていきます。

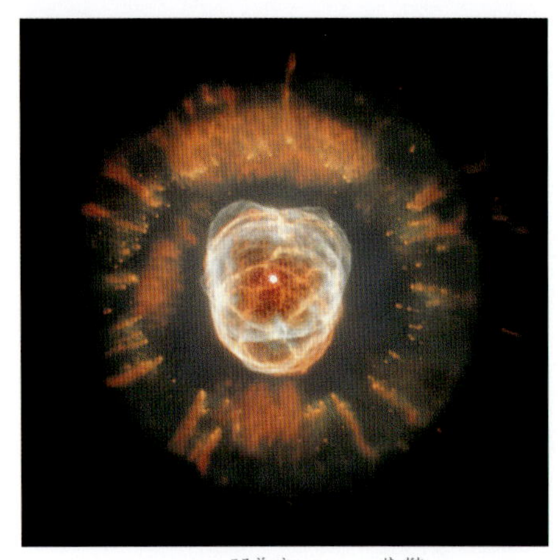

▲エスキモー星雲NGC2392 毛皮のフードをかぶるエスキモー（イヌイット）の人の顔に、そっくりに見えますね。

▲アリ星雲Mz 3 アリの姿そっくりに見えますね。惑星状星雲は、太陽の重さの８倍以下の星の最期の姿ですが、私たちが目にする美しいルビーやサファイアなどの宝石のもとになるチリは、これら美しい惑星状星雲がつくりだして宇宙にまき散らしたものといわれています。

▲土星状星雲ＮＧＣ7009　中心の星の両側に押し出されたガスが、土星の輪に似ています。

▶砂時計星雲　ガラス製の砂時計のようですね。

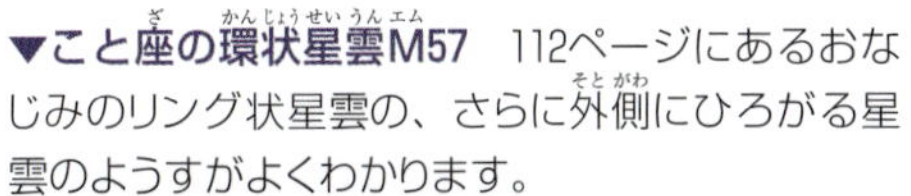

▼こと座の環状星雲M57　112ページにあるおなじみのリング状星雲の、さらに外側にひろがる星雲のようすがよくわかります。

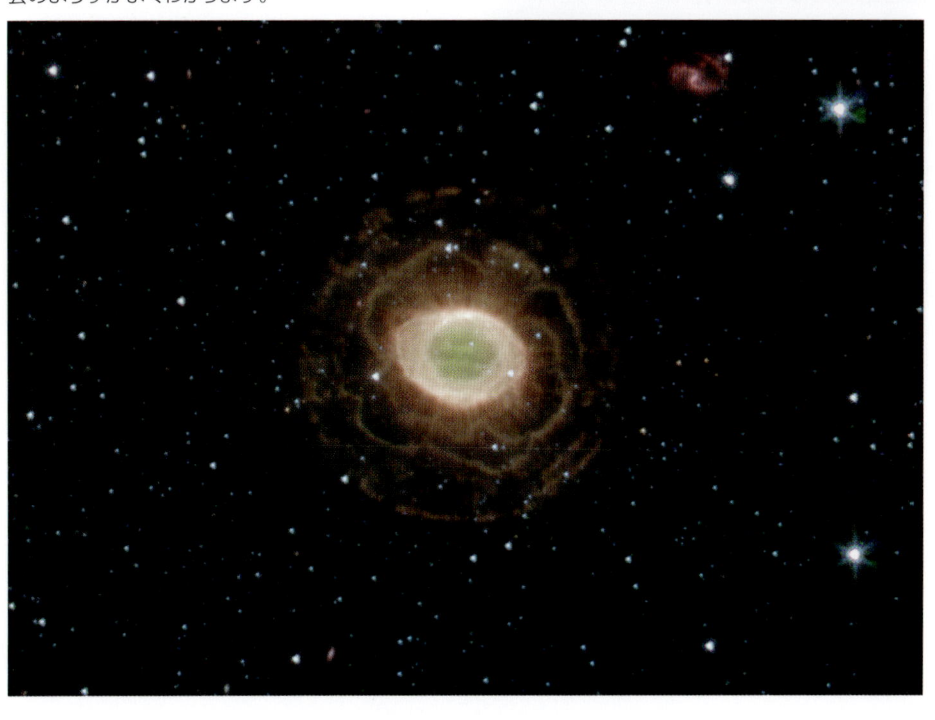

星の残り火　白色矮星

太陽くらいの重さの星が、赤色巨星となり、その外層がはがれて惑星状星雲になると、その中心には、星の芯ともいえる“白色矮星”が残されることになります。“矮”とは、小さなという意味ですが、白色矮星は本当に小さく、地球くらいの大きさしかありません。ところが、重さときたら、なんと太陽と同じくらいもあるというのですから驚かされます。
白色矮星は、年老いた星の中心核が自ら縮んで、なにもかもがぎゅうぎゅう詰めになった、おそるべき高密度の星というのがその正体だからです。ただし、余熱で光っているだけなので、やがて冷えて黒色矮星となって消えていきます。

▲**地球と白色矮星の大きさくらべ**　小さなくせに超高密度の星なので、むちゃくちゃに重く、白色矮星のスプーン１杯ほどのかけらは、およそ１トンに近い重さになってしまいます。

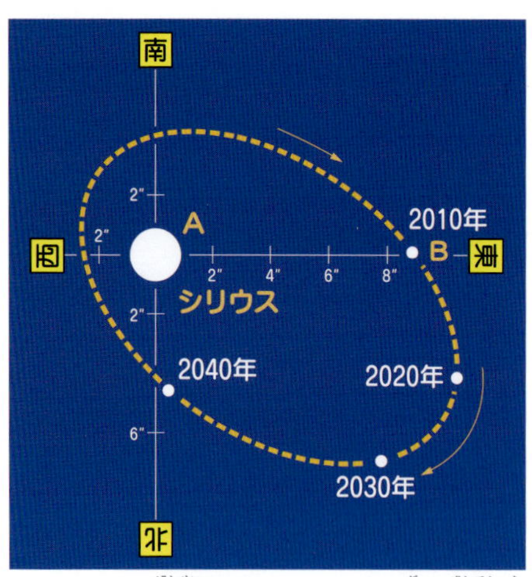

▲**シリウスの伴星の軌道**　おおいぬ座の全天一の輝星シリウスには、８等の小さな白色矮星の伴星がめぐっています。シリウスよりひと足おさきに進化して、星の残り火ともいえる燃えカスでできた星の死骸の白色矮星になりはててしまったものです。

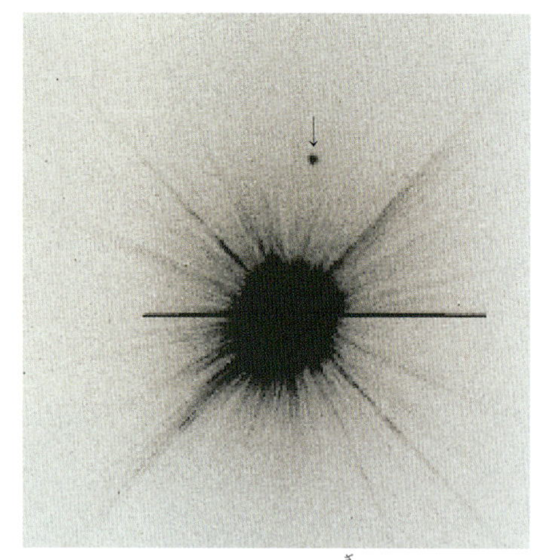

▲**プロキオンの伴星**　こいぬ座の１等星プロキオンにも、周期41年でめぐる白色矮星の伴星があります。白色矮星の明るさは、太陽の100分の１から1000分の１しかなく、かつては、プロキオンなみの輝星として見えていたはずのこの伴星も、今では11等星としてしか見えていません。

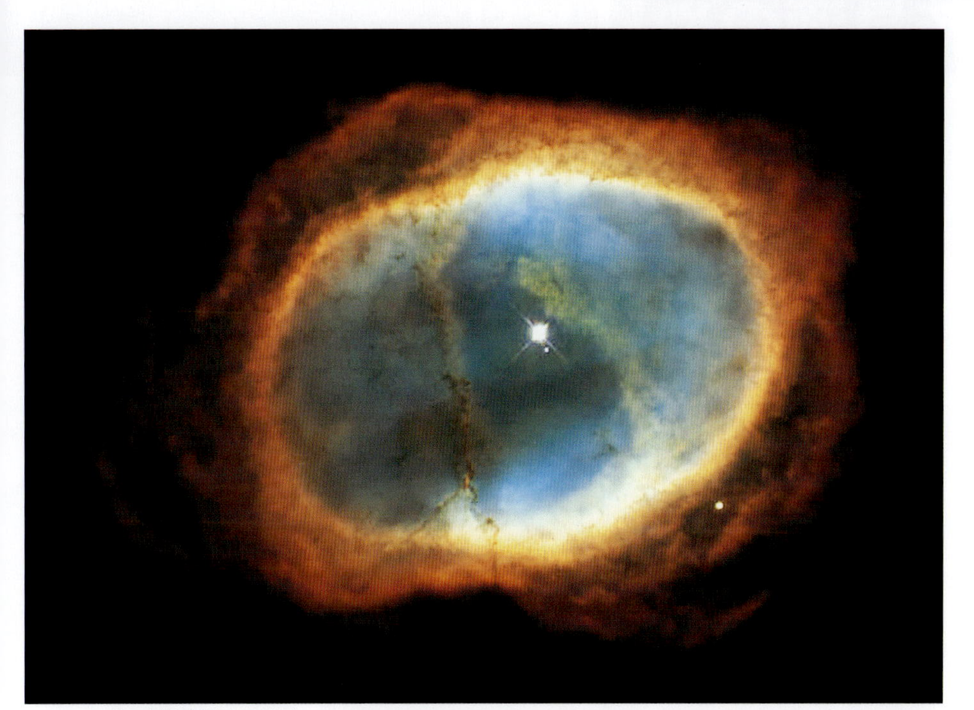

▲ポンプ座の惑星状星雲ＮＧＣ3132　中心に見える二つの星のうち、小さい方がこの惑星状星雲を輝かせている白色矮星です。太陽の最期も、こんな惑星状星雲となることでしょう。惑星状星雲は、１万年もたつと拡散して淡くなり姿を消してしまいます。

▶惑星状星雲ＮＧＣ6369の中心に残された白色矮星　表面温度が１万度と高いため、あんなに白く光っているものですが、もう核融合反応を起こすこともないので、あとはただゆっくり冷えていくだけで、やがて黒色矮星となって消えていきます。

花見酒のやりとり ―― 近接連星

夜空に見える星のうち、太陽のような単独の星はむしろ少数派で、二つ以上の星がめぐりあう連星系の方が多いといわれます。その連星系の中で、顔をくっつきあわさんばかりにしてめぐりあう“近接連星”たちのふるまいは少々変わっていて、お客と店番が交互に役目を入れかわって同じお金をやりとりしながらとうとう酒を飲みつくしてしまうという、あの落語の「花見酒」そっくりに、お互いの質量をやったりとったりしながら奇妙な最期を迎えることになります。

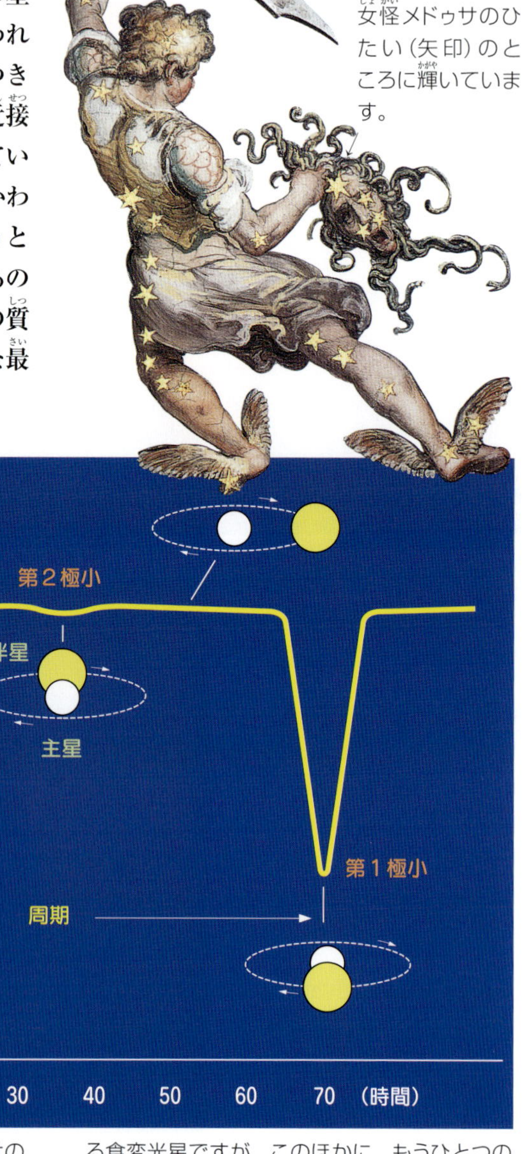

▼ペルセウス座と食変光星アルゴル 女怪メドゥサのひたい（矢印）のところに輝いています。

▲アルゴルの変光 ペルセウス座のメドゥサのひたいに輝く変光星アルゴルは、２つの星がめぐりあってお互いをかくしあうため明るさの変わる食変光星ですが、このほかに、もうひとつの星が加わって、全部で３個がめぐりあう複雑な近接連星系であることがわかっています。

▲**近接連星系ＳＳ433**　わし座の１等星アルタイルの近くにあるこの近接連星系は、小さな伴星の方のまわりにドーナツのようなガスのトーラス（円環体）がとりまく風変わりなものです。近接連星系では、星の一生の終わりに奇妙なできごとが、さまざま起こっているようです。

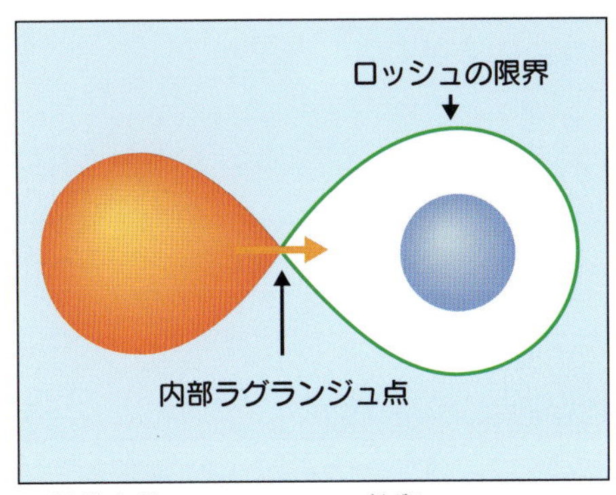

▲**半分離型の近接連星系**　満杯の伴星のガスは、一方の空いている主星の方へ流れこんでいくことになります。

▲**接触型の近接連星系**　ガスをやりとりして、主星も伴星も限界いっぱいになるまでふくらんだ超巨星となってしまっています。

よみがえる星の死骸 ── 新星

二つの星が、顔をくっつきあわさんばかりにしてめぐりあう“近接連星”のペアのうち、一方が白色矮星の場合は、話がややこしくなってきます。
もうひとつの星から白色矮星に流れこんできたガスが、その表面に降りつもって、やがて核融合反応を起こし、爆発してしまうからです。その輝きが私たちには、突然、明るい星が夜空にあらわれる“新星”となって見えるわけです。死んだ星のはずの白色矮星が、近接連星のペアだったばかりに星がよみがえって輝くのですから、まるで、中国のあの幽鬼キョンシーみたいなふるまいといえますね。

▲ペルセウス座新星GK　1901年に、ふだんは13等星にしか見えない淡い星が爆発、0等星の明るさとなって見えたものです。

▲はくちょう座新星V1500　1975年夏、はくちょう座の1等星デネブの近くで2等星の明るさになって見えました。現在は21等星までに減光していますが、低温の大きな星と高温の白色矮星が、わずか3.3時間でめぐりあう近接連星で、そのペアのうち、大きな星からの新鮮な水素ガスが、小さな星にどんどん降りつもって爆発したものとみられています。

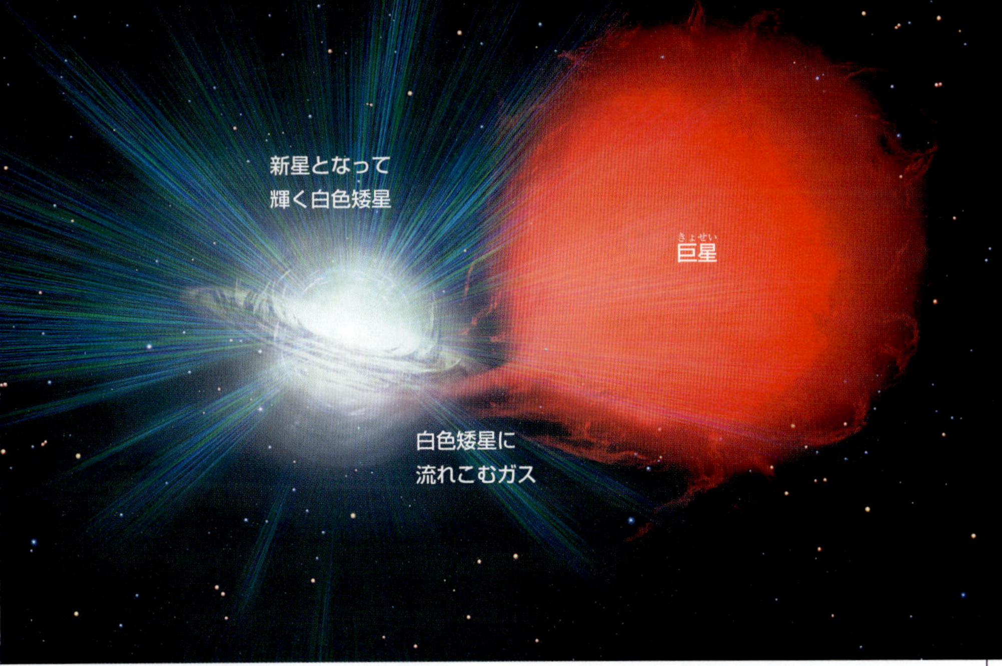

▲くりかえされる新星爆発　二つの星が近接連星の場合、先に進化して白色矮星になってしまった星の表面に、もうひとつの星から水素ガスがどんどん流れこみ、それが大量にたまると、一気に核融合反応の爆発が起きてしまうことになります。こういったタイプの星のことを“激変星”ともよんでいますが、新星として見える白色矮星の表面の爆発は、星をこなごなに破壊してしまうほどのものではないため、再び一方の星から白色矮星の表面にガスが流れこんで、新星爆発はくりかえされることになります。こんな新星を“反復新星”ともよんでいます。

新天体の発見

突然、夜空に現れる新星や超新星、新彗星の発見には、日本人のアマチュア天文家たちのめざましい活躍が続いています。岡山県倉敷市の幼稚園の園長だった本田実さん（1913～1990）は、1942年（昭和17年）に戦地で新彗星を見つけるなど、生涯に12個の彗星と11個の新星を発見したことで知られています。

▲本田実さんとその観測所“星尋荘”

元素の製造工場

赤色超巨星

星の一生のすごし方は、軽く生まれついたか重く生まれついたかの体質のちがいで、大きな差がでてくることになります。
太陽の8倍より軽い星の場合は、長く輝いた末に白色矮星となって静かに一生を終えることになります。それ以上の重さで生まれついた星の場合は、重くなるほど激しく輝いて、たちまち、一生の終わりに近い赤色超巨星への進化をたどることになります。
重量級の星の場合、燃料の水素がなくなると、その内部で燃えカスのヘリウムが核融合反応を起こして炭素に変化、さらに、炭素や、酸素、カルシウム、鉄などの新しい元素が次々に生まれてくるというふうにして、まるで、元素の製造工場のようになるのです。

▲**パソコンも星がつくりだした** 車をつくる鉄や私たちの命をささえる酸素、コンピュータチップのシリコンなど、この世の中のありとあらゆる元素は、すべて星の内部でつくり出されてきたものというわけです。

▲**オリオン座の赤色超巨星ベテルギウス** 57ページのように、木星の軌道をのみこむほど巨大にふくれあがった超新星爆発間近の老人星です。

▲**オリオン座の1等星リゲル** 太陽の重さの18倍もある若い青白色の超巨星で、間もなく赤い老人星の仲間入りをすることでしょう。

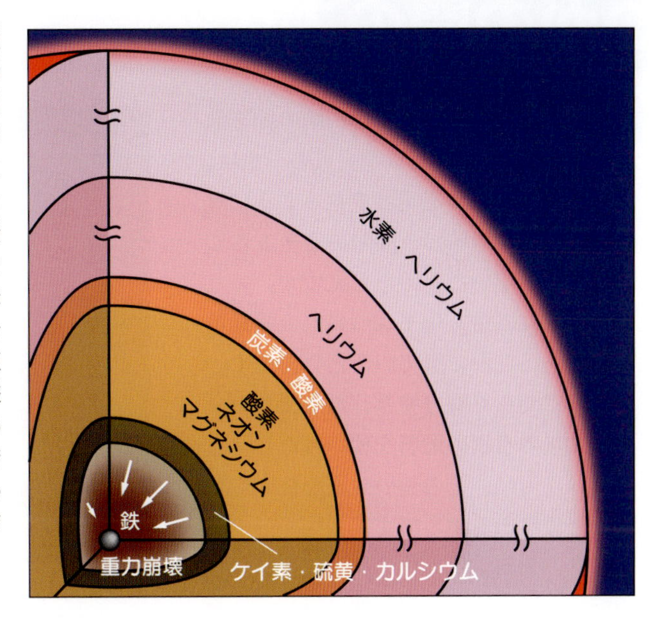

▶赤色超巨星の玉ねぎ構造 重量級で生まれついた星の寿命は、その重さの2.5乗に反比例するため、燃料の水素の消費がものすごく、わずか1000万年くらいで使いはたしてしまうことになります。ヘリウムから炭素、酸素ができるところまでは、太陽くらいの星の末期の赤色巨星と同じようなものの、それよりはるかに巨大な赤色超巨星の場合は、体内でさらに多様な元素を生みだし、重い鉄から軽い水素までの元素が、まるで玉ネギのような層状構造になってつくりだされることになります。

▲ウォルフ・ライエ星 あまりに大きすぎる星のため、自分自身の放つ強烈なエネルギーの恒星風によって、自らの表面のガスを吹き飛ばして丸裸の"青色超巨星"になっているものです。やがて大爆発を起こし、自らがつくりだした60種類もの元素を宇宙にまきちらすことになります。

つかの間の人生 ―― 巨大質量星

中国のことわざで「人生は白駒の隙を過ぐるが如し」といわれます。人の一生は、白馬が戸のすき間を走りすぎるように短いものという意味で、歳月の過ぎ去ることが非常に早いことのたとえです。
ケタはずれに重く生まれついた大質量星の一生も、これに似ているといえます。あまりに明るく輝きすぎ、たちまちのうちに大量の水素の燃料を使いはたし、あっという間に、その短い生涯を終えてしまう運命にあるからです。
ただし、大質量星の生まれる割合は少なめで、太陽クラスの星20個に対して、その10倍の重さの星はわずか1個程度です。

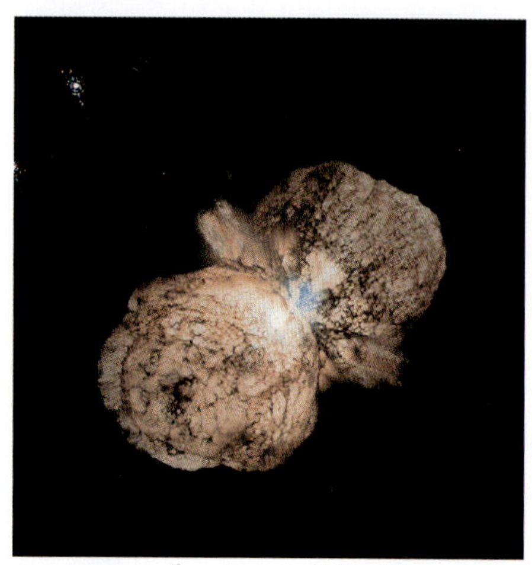

▲りゅうこつ座エータ星 巨大な袋のような雲が、もくもく両方向に広がり、爆発寸前といえます。距離8000光年のところにあります。

▲りゅうこつ座エータ星雲 太陽の重さの70倍と30倍もある超重量級の連星エータ星付近にひろがる散光星雲です。エータ星は、1827年には、なんとシリウスなみのマイナス１等星に輝いて見えたこともありました。いつ大爆発してもおかしくない巨大質量の連星というわけです。

▲タランチュラ星雲ＮＧＣ2070　毒グモそっくりの巨大散光星雲の中では、たくさんの巨大質量星が生まれてきています。この種の星の寿命は、たったの数千万年くらいと非常に短く、生まれたそばから死んでいくといっていいくらいの、かげろうのような短命な星たちばかりです。

まるで花咲爺さん ― 超新星大爆発

星の一生の最終段階に入った赤色超巨星は、内部にたまった燃えカスを再利用、しぶとく燃やしながら輝き続けますが、それも鉄ができたところでアウトとなります。鉄になるともう核融合反応を起こすことができないからです。
そうなると、鉄の芯に星全体の重さがかかって、中心部が小さく縮み、星全体が一気に大崩壊しはじめます。そして、その反動の衝撃波が外側に伝わると、ついに超新星の大爆発が起こって、星はこなごなに吹き飛んでしまいます。
まるで、花咲爺さんのように、自分がつくりだしたさまざまな元素を、景気よくパッと宇宙にまき散らすわけです。

▲超新星の輝き オリオン座のベテルギウスが、超新星爆発で明るく輝くようすの想像図です。万一、地球の近くで超新星爆発が起こったら、その爆風で私たちの生命は、危険にさらされることでしょう。実際、ベテルギウスの超新星爆発は間近に迫っているといわれます。

▲大マゼラン雲の超新星出現前 タランチュラ星雲の近くの矢印の先にある、青色超巨星サンドリューク60°202の爆発前の明るさです。

▲大マゼラン雲に出現した超新星1987A 1987年2月23日に爆発、その2か月後には、肉眼で見える2.9等星の明るさに達しました。

▲**超新星爆発M１かに星雲**　1054年におうし座にあらわれた超新星の、およそ950年後の姿です。飛び散る凸起が望遠鏡では、かにの足のように見えるところからこんなよび名でよばれているものです。この超新星の解説は76ページにあります。

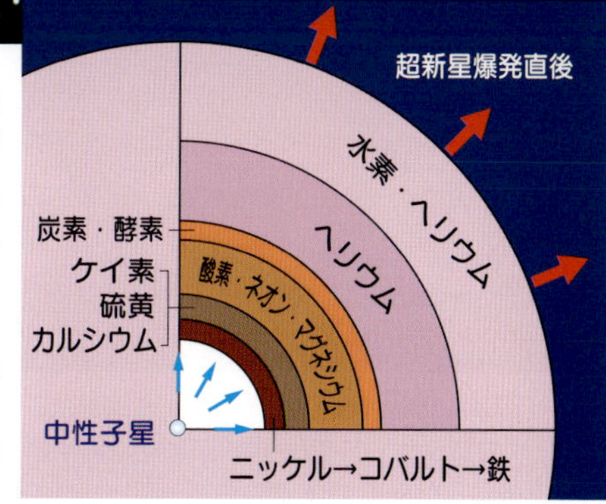

▶**超新星爆発直後の大質量星の玉ネギ構造**　超新星の大爆発の巨大なエネルギーは、どさくさまぎれのようにして、瞬時に金や銀、ウランなどさまざまな元素をつくりだし、宇宙へばらまきます。

ノーベル賞の超新星

超新星の大爆発といわれれば、誰だって明るく輝く星を連想することでしょう。ところが、肉眼で見える超新星は、1604年にケプラーが観測して以来、一度も出現しなかったのです。それが、1987年の春さき、大マゼラン雲の中に出現、2.9等星の明るさで輝いて見えたのです。この超新星から放たれたニュートリノの検出に成功された小柴昌俊博士が、2002年にノーベル物理学賞を受賞されたのは記憶に新しいところです。

▶**超新星1987A**　新彗星のウィルソン彗星が、近くにやってきたときの光景です。

◀**ノーベル物理学賞受賞の小柴昌俊博士**（1988年に写す）

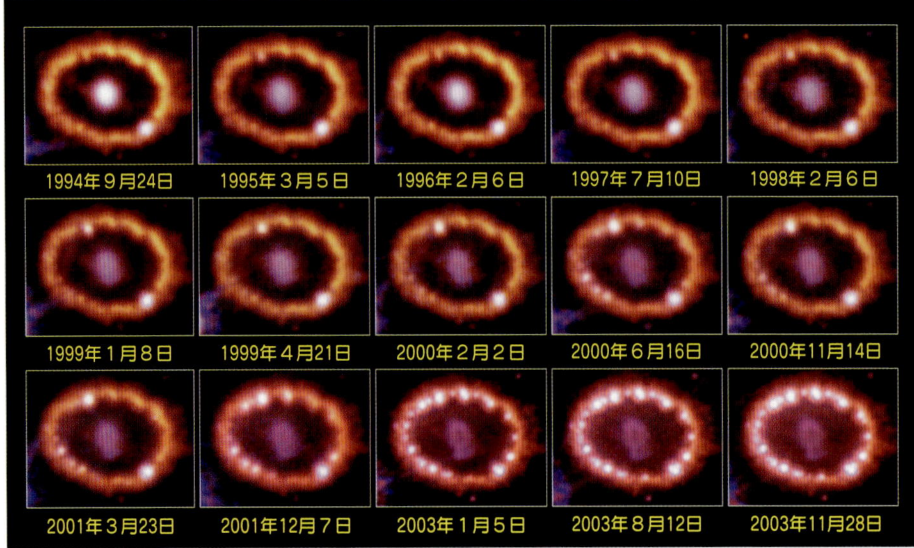

▲**ＳＮ1987Ａ超新星残骸の輝き**　秒速3000キロメートルの猛スピードでひろがる中央の超新星の爆風が、次ページの写真にある三重リングのうちの内側リングに次々に衝突、１億度を越える高温となった部分がまるで星のイヤリングのように美しく輝いています。

▶大マゼラン雲に出現した超新星SN1987A　明るくなったようすは、72ページに写真がありますが、これはその輝きがおさまったときの姿です。二つの赤いリングの大きさは、直径0.2光年ほどで、超新星爆発の数万年前の超巨星時代に星から放たれたガスでできたものとみられています。そのうち、内側のリングに中央の超新星の爆風が衝突してリング全体が明るく輝きだしたのが、前ページ下の写真です。なお、超新星はスーパー・ノバの意味で、ＳＮの記号を頭につけ、出現年と出現順の符号でよばれます。

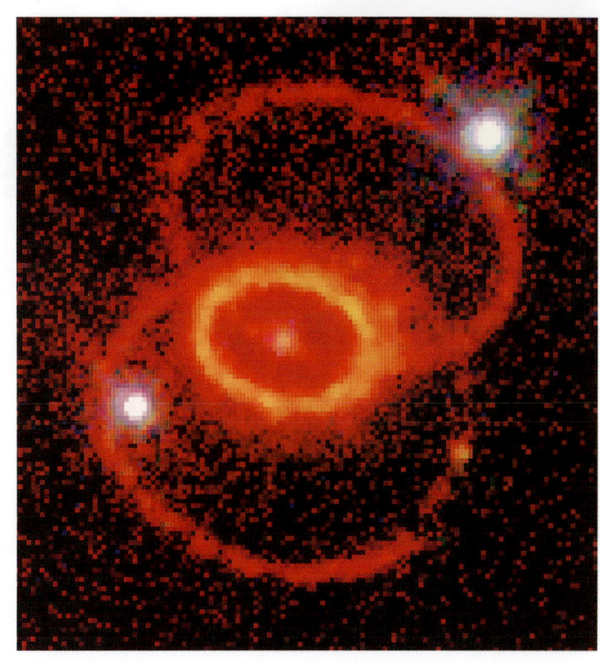

◀超新星1987Ａのアップ　大マゼラン雲は、私たちから16万光年のところにあります。超新星1987Ａの輝きは、16万年の時間をかけて到達したというわけです。超新星爆発のときに大量発生する素粒子の一種ニュートリノは、爆発と同時に光のスピードで広がり、超新星の輝きとともに地球はもちろん、私たちの体の中も通りぬけていきました。そんな幽霊のような、ニュートリノを捕らえ、その実在を証明するのはむずかしいとされていましたが、小柴博士らは、地下の巨大水タンク内の神岡陽子崩壊実験装置カミオカンデで、13秒間に1987Ａからやってきた膨大な量のニュートリノのうちの11個のニュートリノの検出に成功されたのでした。

小つぶでピリリとからい――中性子星

超新星の大爆発には、二つのタイプがあります。ひとつは、近接連星の白色矮星に、もうひとつの星から大量のガスが流れこみ、その重みで、白色矮星があとかたもなく吹きとんでしまう“Ｉａ型超新星”の大爆発です。
もうひとつは、太陽の８倍以上の重い星が年老いて、赤色超巨星や青色超巨星となって大爆発を起こす“Ⅱ型超新星”です。Ｉａ型のものでは、あとになにも残りませんが、Ⅱ型の場合には、小さなつぶれた星の芯“中性子星”が残されることになります。中性子ばかりでできた、小さな小さな球です。

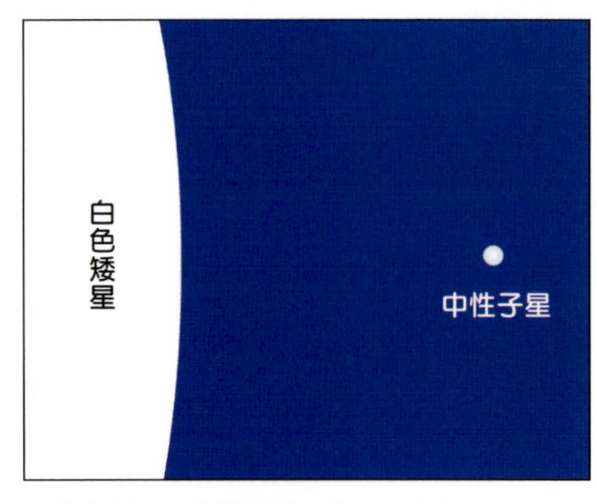

▲**白色矮星と中性子星の大きさくらべ**　太陽くらいの重さの星の最終的な姿は白色矮星ですが、太陽の８倍以上の重さのある星の最終的な姿は中性子星です。中性子星の半径は、10キロメートルくらいしかありませんが、スプーン１杯分でなんと10億トン以上の重さがあります。

▲**藤原定家**　小倉百人一首の撰者としても有名な鎌倉時代の歌人で、日記『明月記』の中に、1006年のおおかみ座超新星や1054年のおうし座の超新星Ｍ１の記録を古記録の中から書き写して残してくれました。

◀**Ｍ１の中性子星**（矢印）

▲おうし座の超新星残骸M１かに星雲　藤原定家の『明月記』にある、木星ほどの明るさで輝いた1054年の超新星爆発の現在の姿です。飛び散る凸起が、望遠鏡ではかにの足のようだというので“かに星雲”のよび名で親しまれているものです。今も秒速1300キロメートルでひろがっており、距離7200光年のところで、10光年ほどの大きさになっています。中央に、この超新星の大爆発を起こした、巨大な星の芯がつぶれてできた中性子ばかりのかたまり“中性子星”が残されています。ぎゅうぎゅう詰めのあまり、原子核はみんな融合して中性子ばかりとなったもので、まるで重力で固められた“ひとつの原子核”のような天体というわけです。

星のフィギュアスケーター――パルサー

太陽の重さの８倍から30倍もあるような星が、その最期に超新星の大爆発を起こすと、直径がたったの20キロメートルくらいしかないのに太陽の1.4倍もの重さの超高密度の星“中性子星”が、その中心に残されることになります。そして、このできたての中性子星は、１秒間に数百回転という猛スピードで回転しており、電波のビームが地球側に向くと、まるで灯台やパトカーの赤色灯の点滅そっくりに、パッパッと規則的なパルスを放つ天体“パルサー”となって見えることになります。これは、フィギュアスケートの選手が腕を縮めながら、目にもとまらぬ速さでまわるのとよく似ています。

▲Ｘ線で見たかに星雲Ｍ１の中心部　中心の中性子星は、太陽の10万倍ものエネルギーを放って、かに星雲全体に供給しています。

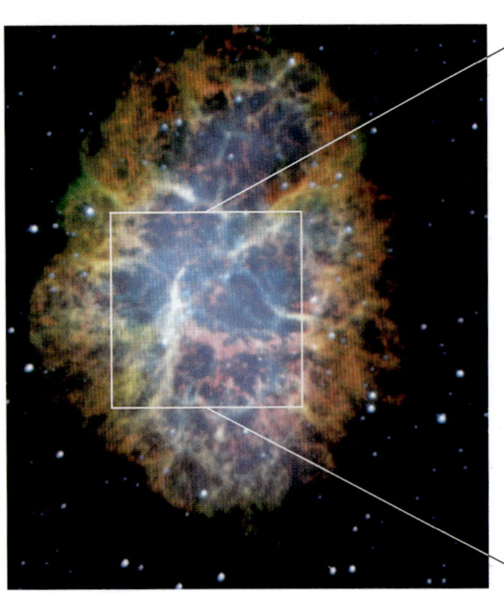

▲超新星残骸Ｍ１かに星雲　1054年の超新星の大爆発でできたかに星雲の中心部には、直径19キロメートルの中性子ばかりでできた、中性子星が残されています。

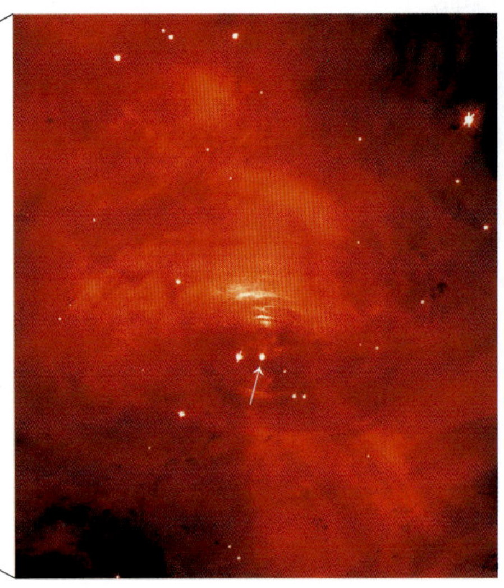

▲かに星雲の中心部に残された中性子星　中心に残された中性子星（矢印）は、１秒間に33回転という猛スピードでぐるぐるまわりながら、脈を打つようなパルス状の電波を放っています。

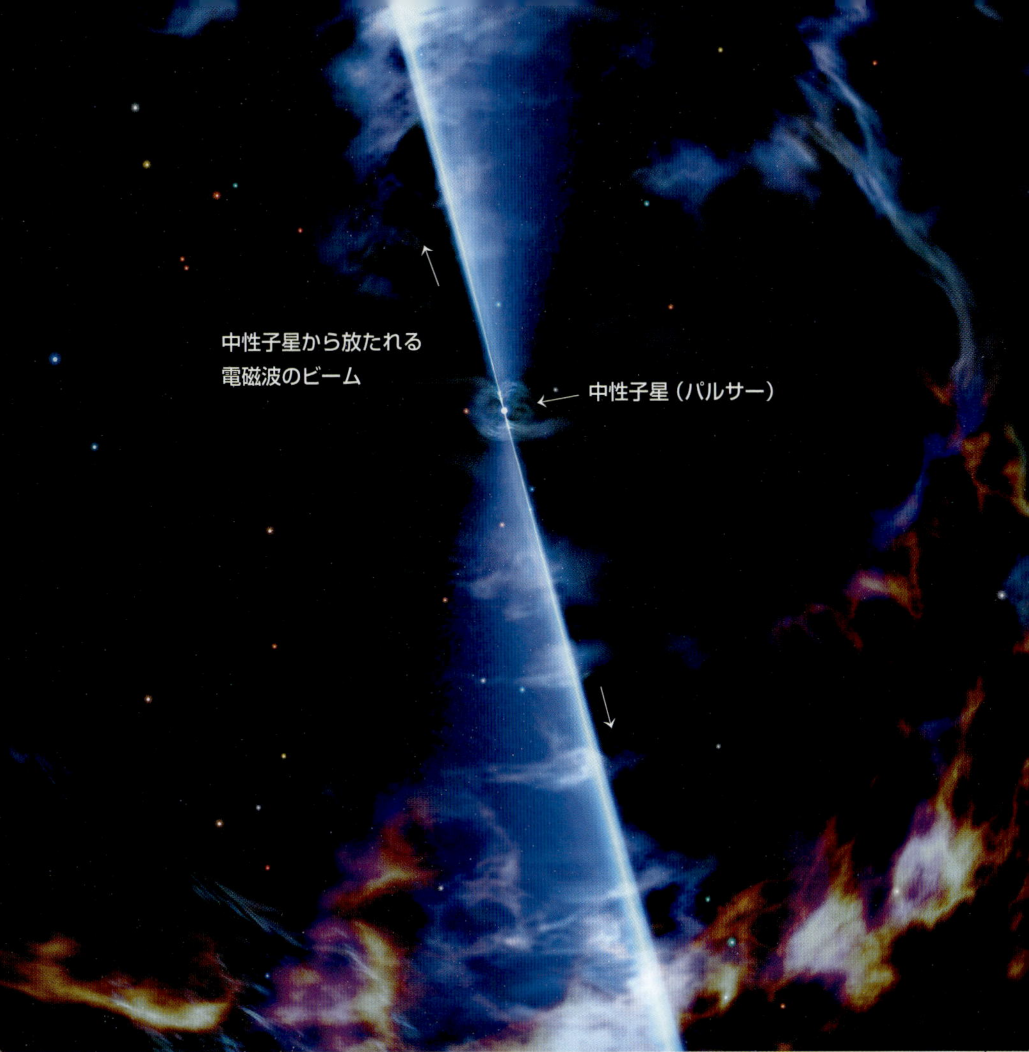

▲中性子星パルサー　自転している大きな星が小さな中性子星になると、回転がものすごく速くなれるのは、フィギュアスケートの選手が、身をちぢめて回転するのとそっくりです。中性子は細い電磁波の強いビームを放っているため、それが中性子星の自転につれ、地球側に向くとチカチカ点滅するパルサーとなって見えることになります。速いものでは１秒間に600回以上も回転するものがあります。中性子星の回転があまりにも速すぎると、ふつうのパルサーどころではない、とんでもなく、強い磁場をもつマグネター（超強磁場星）となってしまいます。そして、地震でいえば、マグニチュードが20を越えるような、猛烈なエネルギーのスタークエーク“星震”をくりかえし起こし、その膨大な磁気エネルギーが、火の玉の大爆発となって、強力なソフト（軟）ガンマ線を放って、見えることになります。そこでこの種の天体は、ソフト・ガンマ・リピーターという意味で、ＳＧＲと略称されています。さらにまた、中性子星よりさらに小さくつぶれて、クォークばかりになってしまった、“クォーク星”というのも見つかっています。こんなふうで、銀河系内には、さまざまな星の死体が、いたるところにごろごろしていて、死体自身が存在をアピールするかのように、時おりピクリと動いたり、奇妙なふるまいを見せつけてくれているらしいのです。（想像図）

宇宙の落とし穴 ―― ブラックホール

巨大な星が、超新星の大爆発を起こし、その短い一生を終えるとき、中心部に小さな中性子星が残されることは、76ページでお話ししました。しかし、中性子星として、その形を保っていられるのは、太陽の重さの3倍くらいまでで、それをこえるとむちゃくちゃに固く縮んだ中性子星でさえ耐えきれなくなって“重力崩壊”を起こし、際限なくつぶれ続けていくしかないことになってしまいます。

その結果、重力があまりに強くなりすぎて、そこからは、もう光さえぬけ出せない別世界となってしまいます。

光が出てこられないのですから、その姿は、私たちには見ることができません。これが“ブラックホール”で、太陽の重さの30倍以上の超重量級の星がたどる最後の姿です。

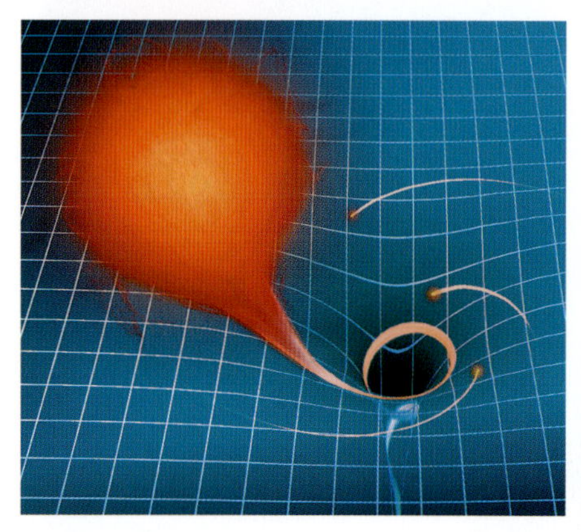

▲ブラックホールのイメージ あまりにも強い重力のため、ブラックホールからは、光も電波もＸ線も何も出てこられないので、その姿を直接見ることはできません。つまり、私たちの側からは見ることはもちろん、そこから、何かをとりだすこともできないわけです。ところが、ブラックホール側からは、私たちの姿が見え、いくらでもモノを受けとることができるのです。まるで、宇宙の落し穴といっていいような天体ですね。

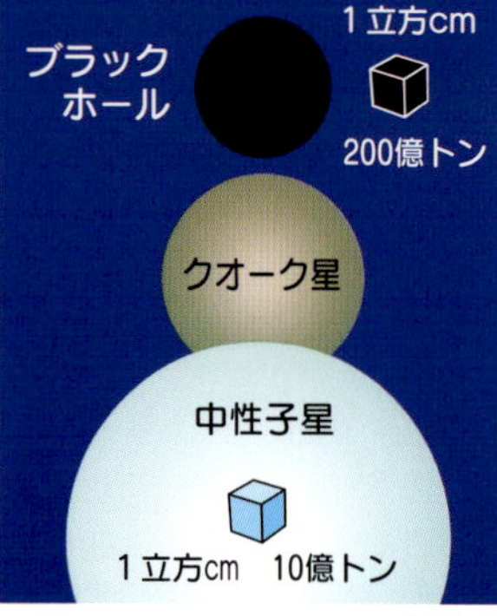

▲超高密度のミニ天体たちの大きさくらべ 中性子星までの天体には、ちゃんとした表面がありますが、ブラックホールには、そんな表面というものがありません。重力があまりに強いため、光さえぬけだすことができない範囲をもつ面が存在する天体なのです。この面のことを、“事象の地平面”とよんでいますが、その面を境にして、その内側からは、何も出てこないので、292ページの宇宙の背景放射をバックに、黒い穴（ブラックホール）として見えることになるわけです。

▲はくちょう座のブラックホールX－1　見えないブラックホールとはいえ、連星となっている場合などでは、見える星の怪しいふるまいから、ブラックホールの存在がわかることがあります。夏の夜の頭上にかかるはくちょう座の長い首の途中にあるＨＤＥ226868星は、９等星なので、小さな望遠鏡なら見ることができますが、この星をめぐる姿なき伴星が、じつは、ブラックホールX－1らしいと見られています。ブラックホールは、その強大な重力で、相手の星から物質をはぎとり、その引きよせられた物質は、ブラックホールの中にらせん状に渦巻ながら落ちこんでいきます。このとき物質どうしが衝突し、高温度になり、断末魔の悲鳴のような強いX線を放つので、ブラックホールの存在がわかることになるというわけなのです。（CG）

金銀ウランがざっくざく――極超新星

妖しくも美しい金の輝きに、人びとは魅了され続けてきました。もし、この世に金がなければ、古代エジプトのツタンカーメン王の黄金のマスクもつくられず、スペイン人によるアメリカ大陸での略奪事件も起こらなかったことでしょう。ごく身近なものでは、金の指輪や金のイヤリングなどというものもあります。

では、いったい、その金は、どこで誰が初めにつくりだしたというのでしょうか。じつは、金ばかりでなく、銀やウランなどを大量につくりだしたのは、超新星の大爆発をしのぐ"極超新星"のしわざらしいといわれています。

大量の中性子から、金銀ウランなどを一気につくりだして宇宙にばらまくには、大きいエネルギーの大爆発が必要だからです。

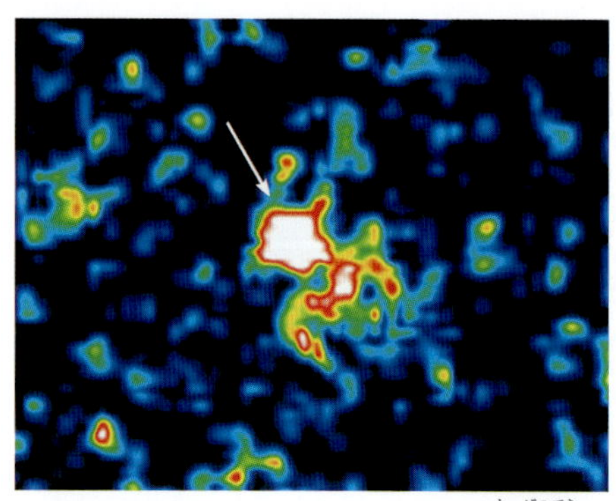

▲ガンマ線バースト　バーストとは、突発的に光ることですから、これはガンマ線を放って突発的にほんの数秒間ほど輝く天体というものです。これは太陽の10億倍の、さらに10億倍ものエネルギーが放出されるものすごい現象ですが、どうやら、大質量星が極超新星（ハイパーノバ）の大爆発を起こしたとき、私たちの方に向かって吹き出すジェットを見ているものらしいといわれます。この種のガンマ線バーストは、ＧＲＢの記号であらわされます。（79ページも参照）

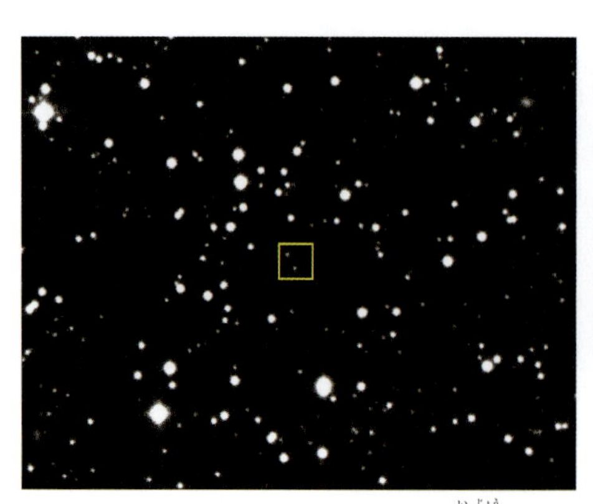

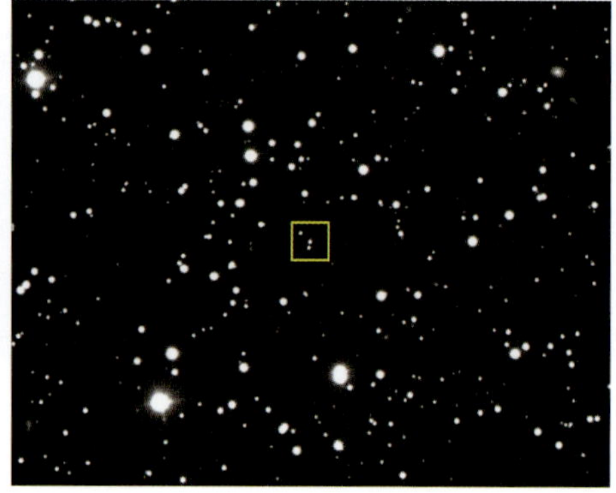

▲極超新星ハイパーノバ　太陽の30倍以上もあるような重い星が、一生の終わりに、自らの体重をささえきれなくなって「ぐしゃっ」とつぶれてしまうと、なみの超新星（スーパーノバ）どころではない、とてつもない大爆発が起こってしまいます。そこでこんな超新星は、スーパーを越えるハイパーノバ（極超新星）とよばれることになりました。極超新星の大爆発では、金銀ウランのほかに、亜鉛やチタンが大量につくりだされ、宇宙にどっとばらまきちらされます。

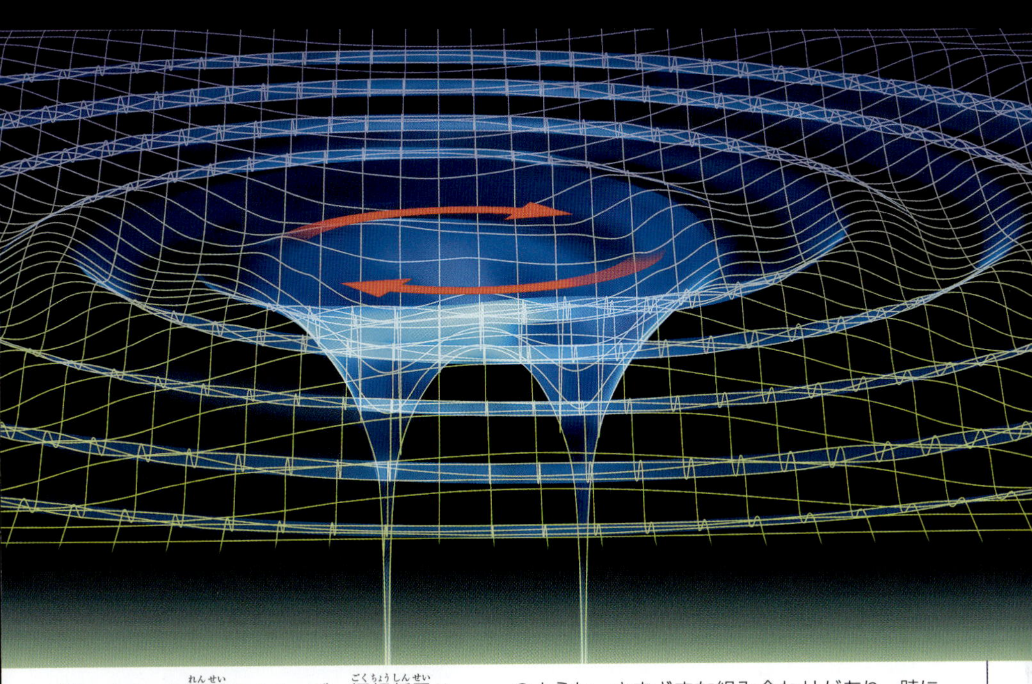

▲ブラックホール連星のイメージ　極超新星ハイパーノバの中心には、もちろんブラックホールが残されますが、長い宇宙の歴史の中でつくられ続けてきたミニブラックホールから恒星質量大のブラックホールの数は、もしかしたら、目で見える星の数より多いかもしれないといわれます。44ページでお話ししてある連星系の中には、白色矮星と中性子星のペアや、中性子どうしがめぐりあう中性子連星、中性子とブラックホール、あるいはブラックホールどうしのペアのような、さまざまな組み合わせがあり、時には衝突合体して300ページのような強い重力波を発生させたりもしています。なお、あの世とこの世をわける、三途の川のようなブラックホールの“事象の地平面”の内側に、一歩でも足を踏み入れたら、再び戻ってはこられませんが、地平面のすぐ外側はまるっきり無関係なので、万一のときは、ひょいと身をかわせばよく、闇夜にカラスのようなブラックホールの落し穴にはまりこむ心配はまずいりません。

地球をブラックホールにする

おにぎりを強くにぎりつぶすようにして、もし、地球をおよそ2センチメートルほどの小さな球にしてしまうことができれば、地球はブラックホールとなって、この宇宙から姿を消してしまいます。右の図の指でつまんだ地球が、その実物大の大きさですが、私たちの住む地球を、こんなに小さく押しつぶしてしまうことが、どんなにたいへんなことか、いいかえれば、ブラックホールが、いかにとんでもない天体かが実感してもらえることでしょう。

天女の羽衣

超新星残骸

超新星の大爆発でくだけ散ったなごりの超新星残骸には、次の世代を誕生させるためのさまざまな元素が含まれています。そして、その噴出物と星間物質が衝突すると、衝撃波加熱が起こり、発光して天女の羽衣のように美しい輝きを見せてくれるようになります。
また、超新星残骸のその衝撃波は、宇宙線にパワーを与える“宇宙線の加速器”にもなっているらしく、地球に降りそそぐナゾの宇宙線のふるさとのひとつかもしれないとみられ、天女の羽衣の妖しいふるまいに注目が集まっています。

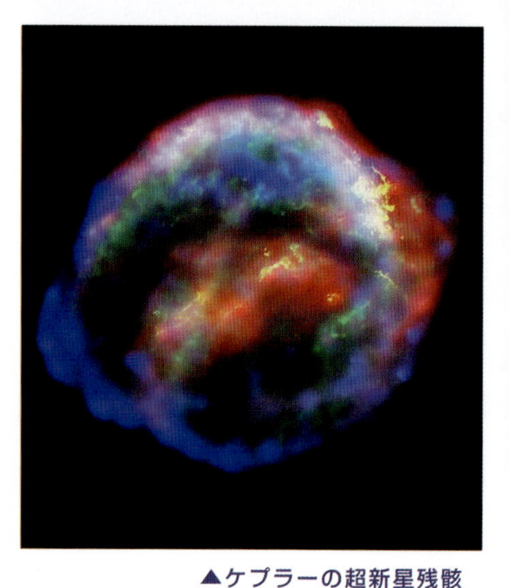

▲ケプラーの超新星残骸
1604年にへびつかい座に出現して、マイナス2.5等星となって輝いた超新星で、ケプラーが熱心に観測したところからこのよび名があるものです。近接連星の一方の星から、もう一方の白色矮星にガスが降りつもって核爆発を起こして吹っ飛ぶ“炭素爆弾”ともよべるⅠa型の超新星でした。このタイプのものは、重量級の星が爆発するⅡ型の超新星の10倍も多い大量の鉄をつくって宇宙にばらまきます。

◀ふたご座の超新星残骸ⅠC443　超新星の大爆発による強烈なガンマ線やX線などの爆風にさらされるのは地球の生命にとって危険ですが、とりあえず、近くで超新星爆発の迫った星はありません。

▲ほ座の超新星残骸ガム星雲　この星雲の研究者C・S・ガム博士の名をとったこの超新星残骸は、およそ1万年前の重量級のII型超新星爆発によってできたもので、直径は2600光年にひろがっています。その中心にはパルサーがあって、重い元素が星間空間にまき散らされています。爆風の外側は、すでに太陽系の300光年のところまで近づいてきています。

星のリサイクル

重い星が短い生涯を終え、超新星の大爆発を起こすと、星の内部は「ぐちゃっ」とつぶれパニック状態におちいります。そして、そのどさくさまぎれに、金、銀、銅、鉄、ウラン、プラチナなど、私たちになじみ深いものを、次々にすばやくつくりだして、大爆発とともに星間空間に景気よくまき散らします。
まるで、花咲爺さんそっくりなふるまいですが、その前世代の星の遺灰ともいえる新しい元素は、次の世代の新しい星の再生の材料としてリサイクルされ、使われることになるのです。

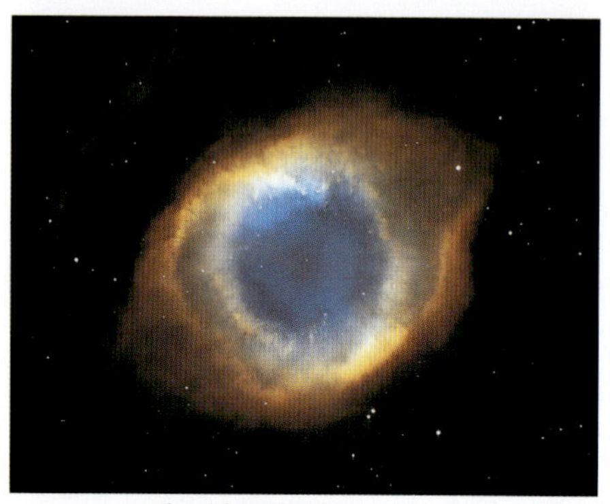

▲**みずがめ座の惑星状星雲ＮＧＣ7293**　中央の星の残り火の白色矮星から離れたガスが、ゆっくり広がっていくところで、ダイヤモンドやルビーなどの宝石の素材がまき散らされているともいわれます。

▲**大マゼラン雲のタランチュラ星雲**　超重量級の星たちの誕生現場です。宇宙は、ビッグバンの誕生直後には“陽子と中性子と電子”の３種類の粒子しかもちあわせていませんでしたが、やがて、水素とヘリウムの原子核をつくりだし、それを使って第一世代の星を誕生させ、極超新星の大爆発を起こさせました。そのまき散らされた新しい元素を使ってさらに次世代の星を誕生させるというふうにして、現在、私たちが目にする多様な宇宙の姿をつくりだしたのです。宇宙は手品師というか、名料理人というか、おみごとな物づくりの名ディレクターといえましょう。

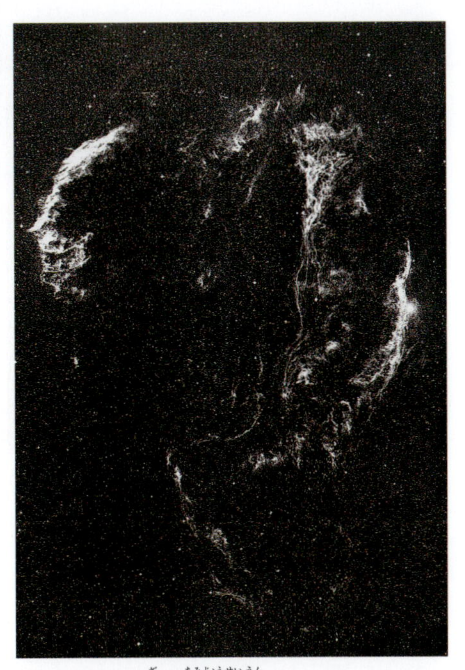

▲**はくちょう座の網状星雲**　２万年前のころ、太陽の25倍の重さのⅡ型超新星爆発によってつくられた残骸です。距離1600光年のところで、直径100光年の球状にひろがり、今も秒速80キロメートルのスピードで膨張を続けています。

▲**網状星雲のアップ**　私たちの太陽や惑星は、前世代に生きた極超新星をはじめ、さまざまなタイプの超新星、ウォルフ・ライエ星や惑星状星雲などがつくりだしてくれた元素のまざりあったガス雲のおかげで誕生できたものです。

◀**さんかく座の銀河M33中の散光星雲ＮＧＣ604**　私たち人間も夜空に輝く星も、前世代の星のおかげで宇宙に生まれ出ることができたという点で、ルーツは同じといえます。それは、なにも私たちの住む銀河系にかぎったことではなく、よその銀河でも、同じような星の一生のドラマがくりひろげられているのです。

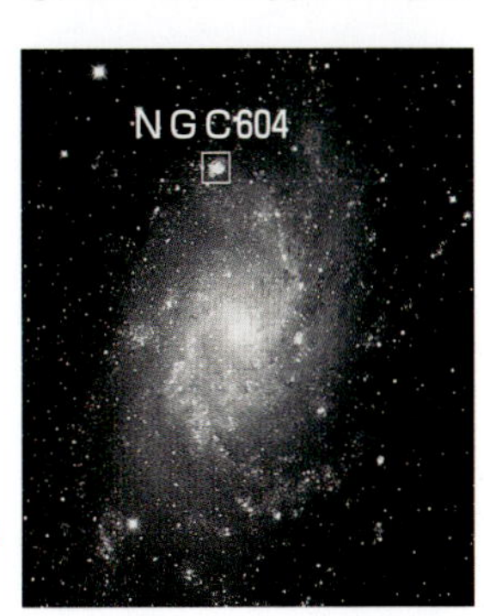

▶**さんかく座の渦巻銀河M33**

超高齢化社会

世界中の国々で大きな問題となっているのは少子高齢化ですが、超高齢化社会の到来も話題になってきています。銀河系周辺にも、宇宙年齢なみの高齢の星ぼしの大きな集団があちこちにあります。数十万個の星が、ボールのようにびっしり群れ集まっている“球状星団”です。
星の素材となるチリやガスはもちろん、若い星がひとつもないという、じつに地味な存在の古い天体なのです。

▲NGC104

▲球状星団NGC6397 宇宙の年齢の138億歳に近いという超高齢の星ぼし数十万個が、まるでマリモのように丸くびっしり群れているものです。228ページの図のように、平たい銀河系円盤の外側におよそ200個ぐらいがめぐっているとみられています。これらの星たちには、重い元素の金属の量がごく少なく、球状星団の星たちが誕生したころの銀河系は、超新星爆発による環境汚染がまだほとんど進んでいなかったため、「若くてきれいだった」ことがわかります。

▶若返りの星　球状星団の中は、見かけほどには混雑していませんが、それでも秒速10〜100キロメートルぐらいで動きまわる星どうしの接近で近接連星ができたり、惑星状星雲や白色矮星、中性子星などの天体のほか、中性子星と白色矮星どうしのペアの爆発現象なども見られます。なかでも、超高齢化の星団の中にいる、若い星とみられる"青色はぐれ星"の存在が注目されています。とくに、南天の小マゼラン雲の近くに肉眼で見えるNGC104（前ページか236ページの写真）の中に多く見つかっています。これは混雑した球状星団の中で、古い星どうしが衝突合体し、活発化して若返ったものとみられています。球状星団の老人星たちも、なかなかどうして老いてますます盛んな星たちというわけです。右は球状星団の一部をアップして見たものです。

▲ケンタウルス座のω星団　南半球の夜空に肉眼でも存在のわかるみごとな大球状星団ですが、いささか素性のちがう球状星団です。250ページにある"矮小銀河"が、銀河系に衝突して、その中心部の星の密集した部分だけが残されたものらしいのです。

▲若い球状星団　大マゼラン雲の中には、まだ重い元素の量が少なく、銀河系の昔の状態に似ているためか、今も新しい球状星団が続々生みだされています。このほか256ページのような銀河どうしの大衝突によっても、新しい星の大集団が生まれることもあります。

輝く太陽

樹木を育て、花を咲かせ、果物を実らせ、毎日、私たちに限りない光と熱をプレゼントし続けてくれる天体が太陽です。私たちにとって、それがあんまり当たり前のことなので、太陽の存在について、日ごろ考えさせられるようなことはありませんが、あんなに明るく熱い天体がすぐそばにあるのは、そらおそろしくもありますね。太陽のあのまぶしい光とあたたかい熱の正体は、いったい何なのでしょうか。

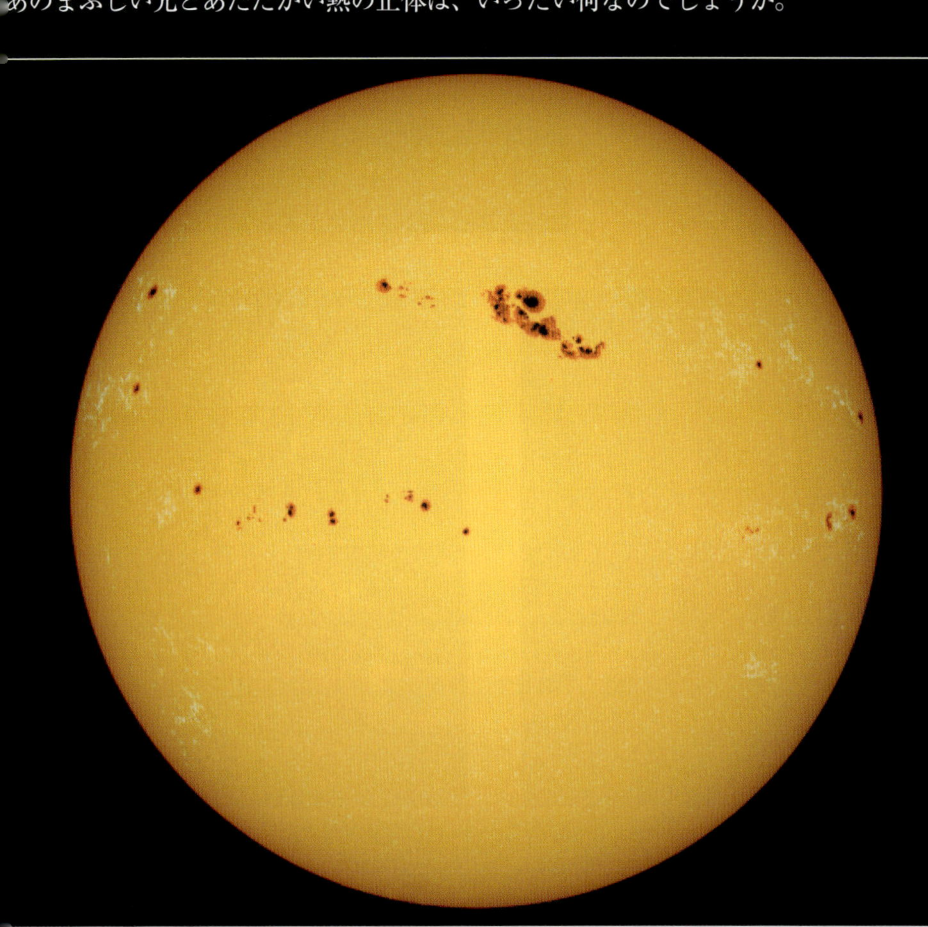

▲**太陽黒点**　天体望遠鏡の太陽投影板上で太陽を見ていると、たくさんの黒点があって、11年の周期で増減をくりかえすのがわかります。

▶**活動する太陽**（次ページ）　さまざまな波長の光で見ると、おだやかそうな太陽も、エネルギッシュに活動しているのがわかります。

巨大な熱いガスの球

太陽は、地球や月のように、岩石質のものでできている天体とはまったくちがいます。太陽の正体は、夜空に輝く恒星たちと同じように、自分で明るい光と熱を放つ巨大なガスの球なのです。
太陽の直径は、地球の109倍もあり、体積はなんと130万倍にもなります。しかし、重さは33万倍にしかなりません。つまり、太陽と地球の一部を同じ大きさだけ切りとって重さくらべをすると、地球の方がずっと重いというわけです。これは、もちろん、地球が岩石でできており、太陽がガスでできた天体だからです。太陽は、私たちの生活に深いかかわりをもつ天体として、詳しい研究が進められています。

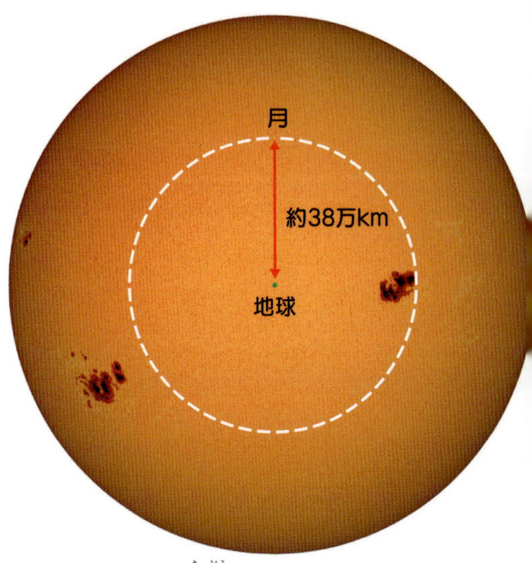

▲太陽と月の軌道　こうしてくらべてみると、太陽がいかに大きなガスの球かが、よくわかりますよね。

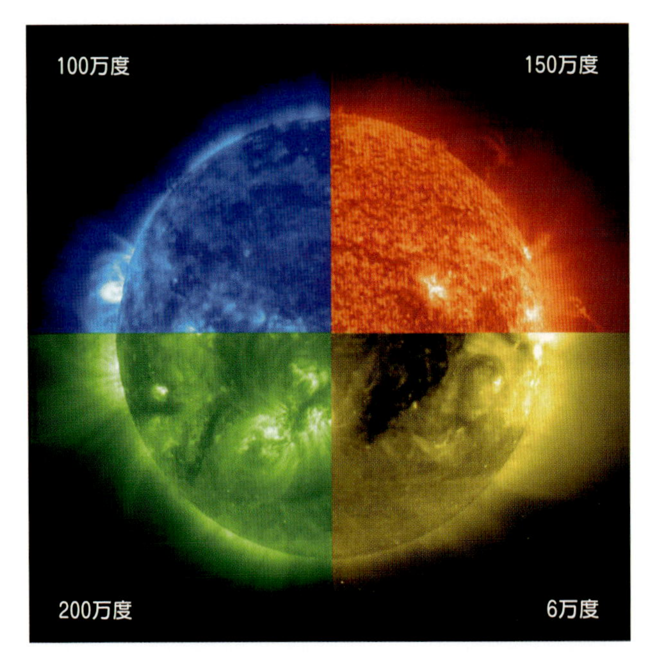

◀いろいろな種類の波長の紫外線で見た太陽の姿　私たちに最も近い恒星のモデルとしても、太陽の実態の詳しい調査が続けられていますが、これらの写真は太陽の表面をつつむ、超高温の大気“コロナ”を、いろいろな波長で見たようすです。コロナの温度別に、太陽の姿がちがって見えることがわかりますね。

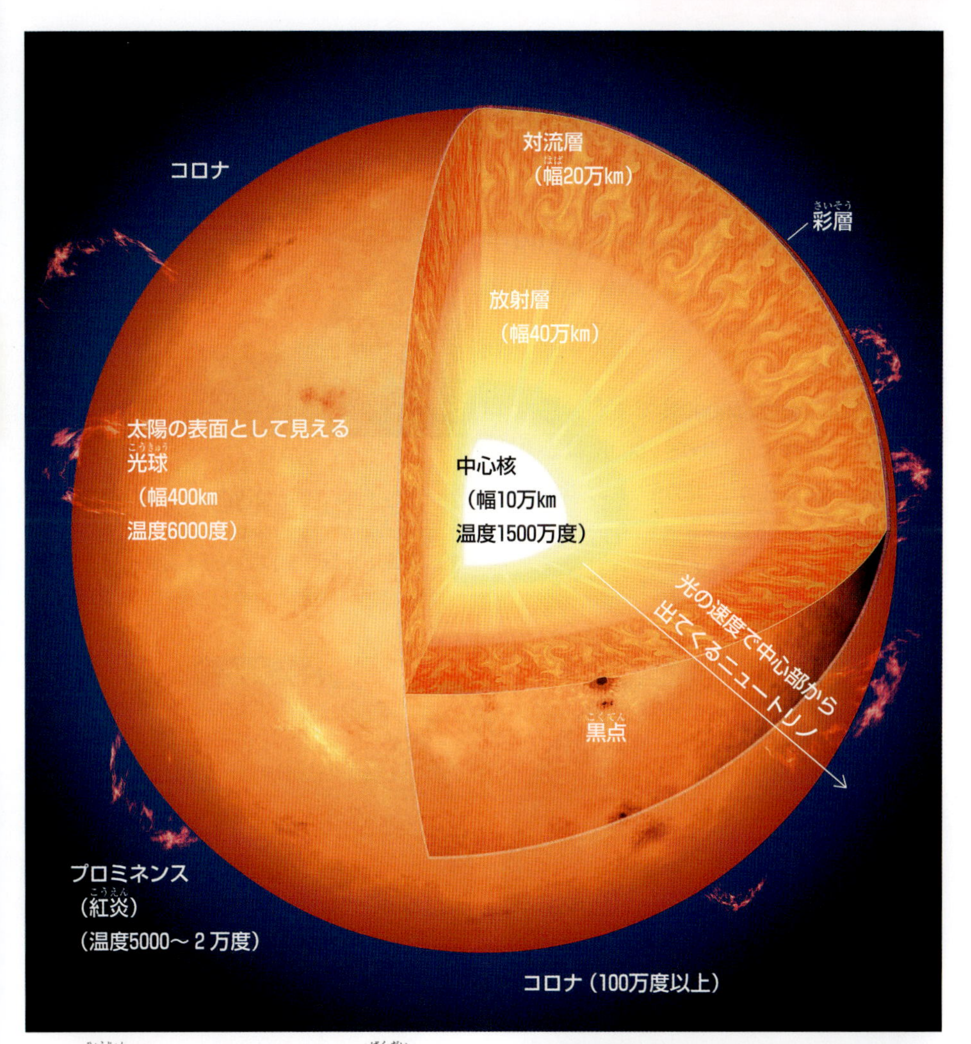

▲太陽標準モデル　太陽の体つきは、莫大な熱を生みだす“中心核”と、その熱を放射で外側へ伝える“放射層”、さらに、それを対流で表面に運びだす“対流層”の三つの層からなっています。なお、中心核でつくられたエネルギーは、ラッシュアワーの電車から出るときのように押しあいへしあいしながら、100万年以上もかかって、やっと太陽表面に出てこられることになります。

▶太陽をさぐる探査機　太陽の正体をさぐるため、SOHOやTRACE、ユリシーズなどの探査機が大気圏外から常時監視を続けています。

増減する太陽のホクロ　黒点

太陽の表面の現象で、誰もがすぐ気づくのがホクロのような“黒点”の存在です。真っ黒に見えるため、光も熱も放っていない部分のような印象を受けてしまいがちですが、黒点の温度は、4000〜4500度もあるというのが本当のところですから驚かされます。

太陽の表面の温度は6000度ですが、黒点の部分は、それより1500〜2000度ばかり低く、その温度差が、見かけ上、黒点をあんなに黒く見せているというのですから、びっくりさせられることでしょう。

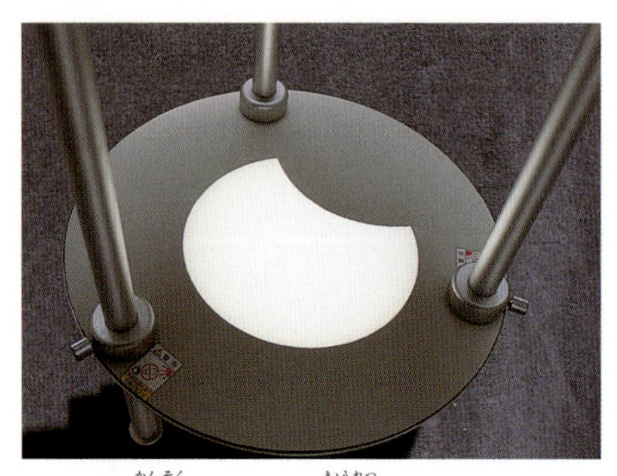

▲太陽の観測　光と熱の強烈な太陽面を、目で見るのは危険です。望遠鏡では、太陽投影板上での観測が安全でおすすめです。これは、投影板に投影した部分日食のようすです。

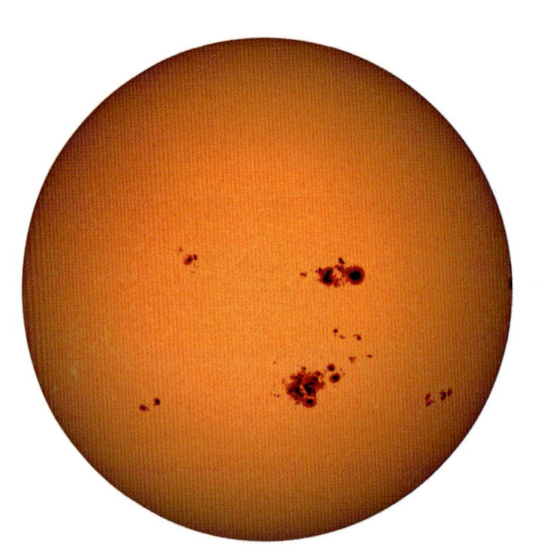

▲黒点のにぎやかな太陽面　黒点の数は、いつも同じというわけではありません。およそ11年の周期で、増えたり減ったりしているのです。太陽全面が、黒点におおわれてしまうようなことは絶対にありませんが、もし、仮りにそうなったとしても、太陽は、赤みをおびた、表面温度4000〜4500度の恒星として、やはり明るく輝いて見えることになります。

▲黒点の見あたらない太陽面　温度の低い黒点が増えると、太陽の活動がおとろえているようなイメージをもたれるかもしれませんが、実態はそれとは逆で、黒点が増えるほど、太陽活動は活発になっているのです。黒点のほとんど見あたらないときの太陽は、とても静かで、活動のおとなしい時期なのです。ただし、黒点の全くない太陽面というのもめずらしいものです。

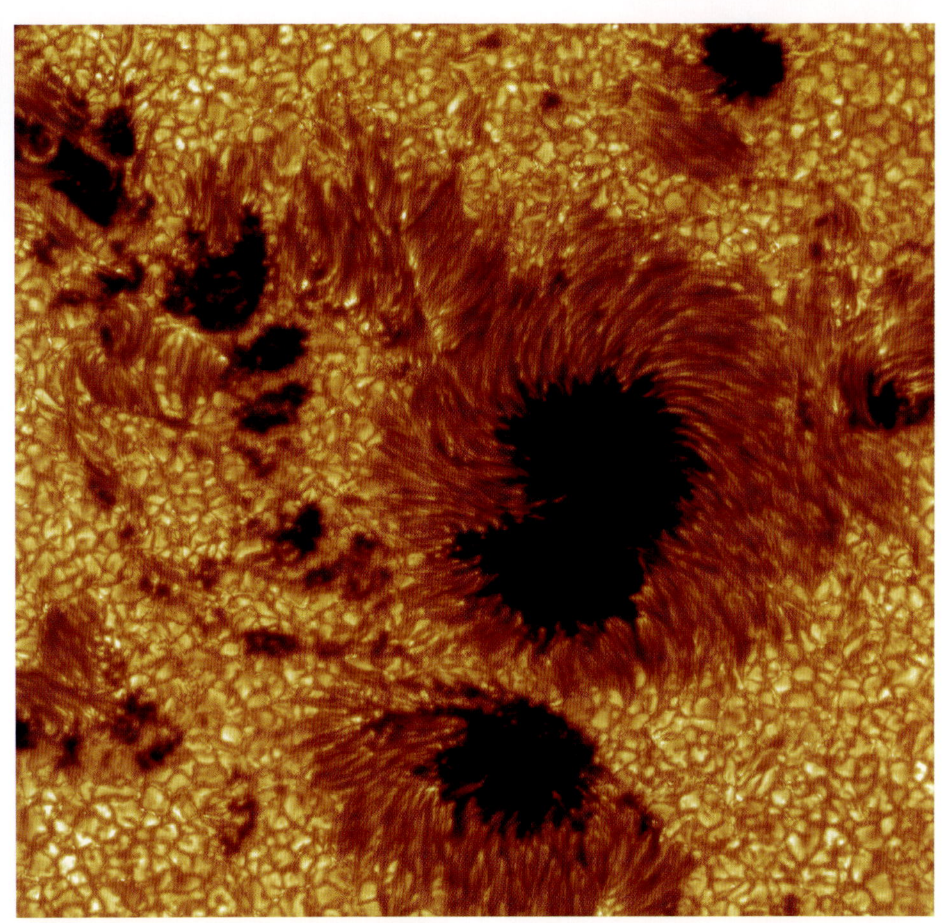

▲黒点の微細構造　真っ黒な“暗部”と薄暗い“半暗部”からなっているのがふつうです。黒点のまわりのガスの流れは、黒点が強い磁石の性質をもっていることをうかがわせてくれます。

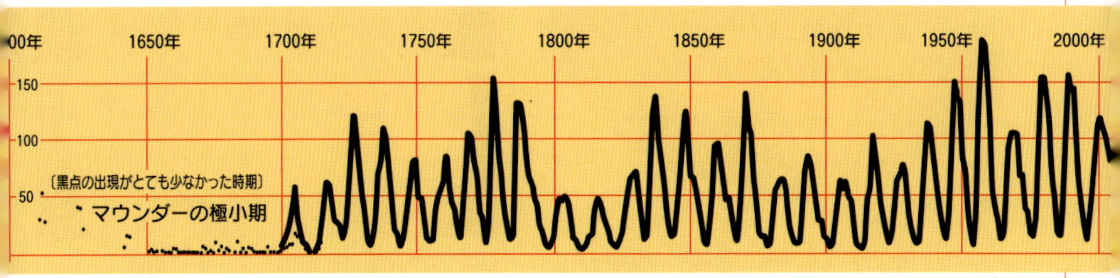

▲黒点の増減　黒点の数が多い“極大期”と、少ない“極小期”は、およそ11年の周期でくりかえされていますが、時には、1645年から1715年にかけてみられた「マウンダーの極小期」のような太陽の活動が、異常に静かなときもあり、地球の気候などに大きな影響がでることもあります。

ねじれてまわるガスの球 ―― 太陽の自転

私たちの住む地球が、１日に一回転して自転しているように、太陽も平均で27日かけて自転しています。
しかし、ガスでできている太陽の自転は、地球の自転とは大ちがいです。
太陽の自転は、中央の赤道付近では、約25日で一回転するのに、太陽の南極や北極付近では、およそ30日もかかってしまいます。つまり、場所によって、自転のスピードがちがっているわけです。
このため、太陽はねじれるように、自転していることになり、そのねじれによるひずみの“ストレス”が、太陽の内部に少しずつたまってくることになります。

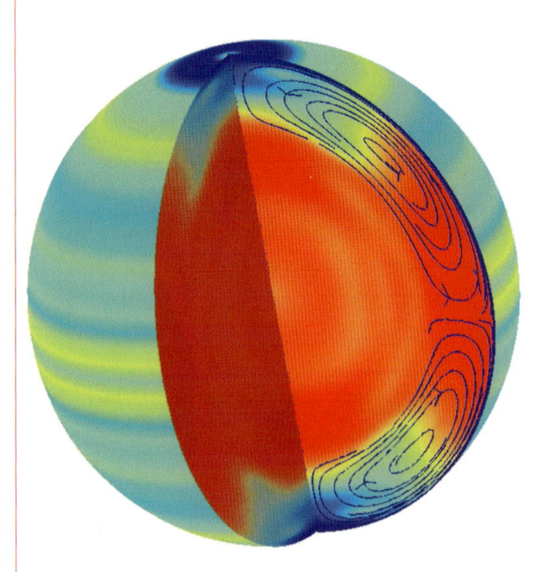

▲太陽の内部のガスの流れ　表面の自転ばかりでなく、内部にもガスの大きな流れがあり、地球のような固体でないガス天体、太陽の体つきは複雑なものとなっています。

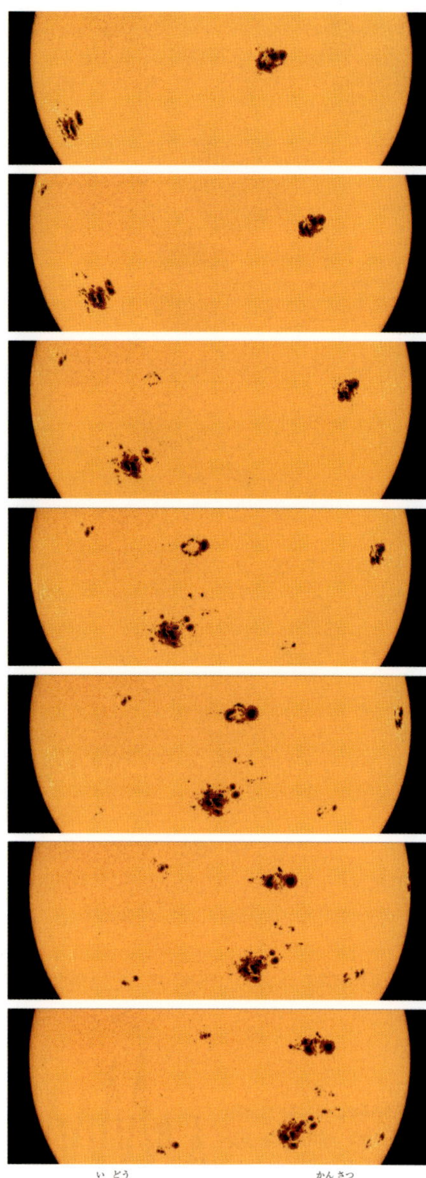

▲黒点の移動と太陽の自転　毎日観察していると、少しずつ黒点の位置がずれていくため、太陽がゆっくり自転していることがわかります。その間に、黒点の形も数も変化していきます。

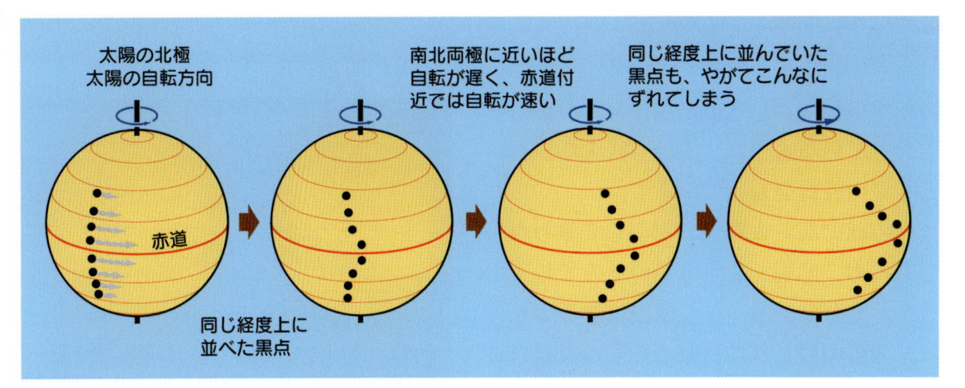

▲太陽のねじれる自転　はじめに黒点を一列にならべてスタートさせると、だんだんずれていくのがわかります。赤道付近ほど、自転のスピードがはやいためです。太陽のこのねじれは、もちろん、太陽がガスでできた天体だからですが、このねじれによるひずみのエネルギーが、内部にたまって、黒点など、太陽表面に見られるさまざまな現象をひき起こすことになるのです。

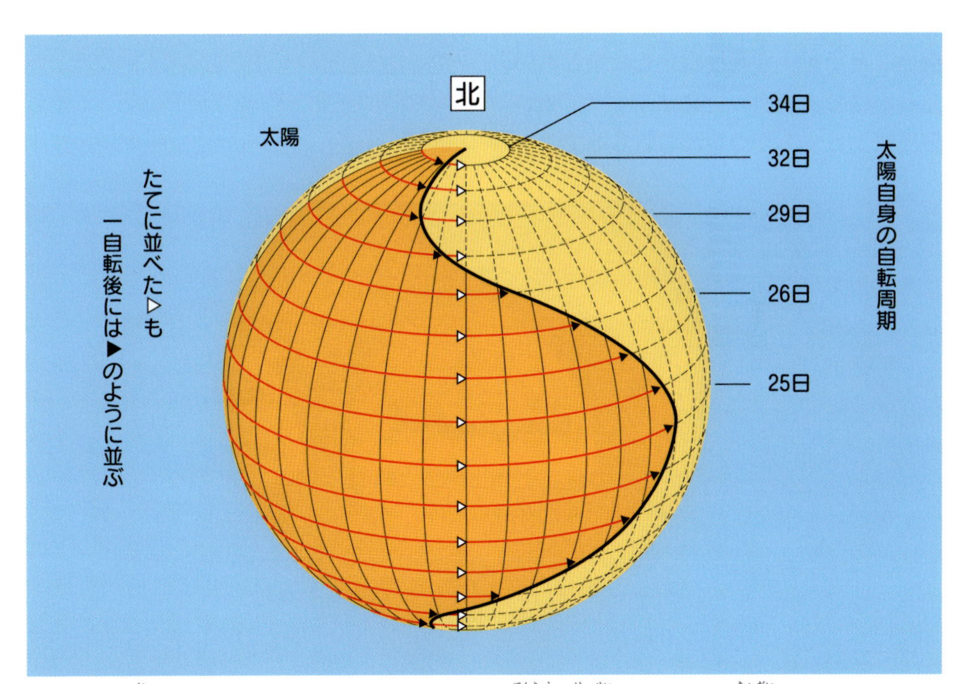

▲太陽の緯度でちがう自転　このねじれるような自転を“微分回転”とか、“差動回転”とよびますが、この風変わりなねじれた自転と、前ページ左のような内部の対流層の流れなどの作用が電流を発生させ、太陽は巨大な発電機“太陽ダイナモ”となっています。その磁場が、11年周期で、再生変動をくりかえすため、太陽活動の周期も11年でくりかえされるというわけです。

巨大な熱い発電機 ―― 太陽ダイナモ

自転する地球が、S極とN極をもつ磁石となっているように、太陽も巨大な磁石としての性質をもっています。
ガスの球である太陽が、どうして強力な磁石の力“磁場”をもっているのでしょうか。それは、前ページ解説にあるように、太陽のねじれる自転と、その表面のすぐ下にある、対流層のガスの流れなどが作用しあって電流が起こり、そのため、太陽自身が巨大な発電機となって“磁場”をもつことになるからです。
このしくみは、“太陽磁気ダイナモ機構”とよばれ、ダイナモとは、もちろん、発電機のことです。太陽は磁化した星ともいえるわけで、表面の現象は、すべて強い磁場によってあやつられているのです。

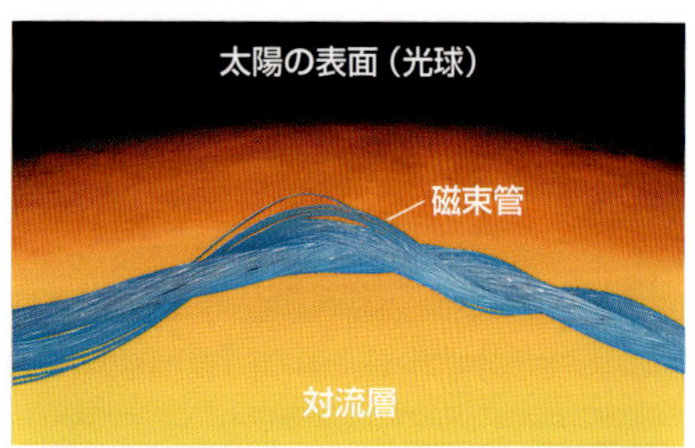

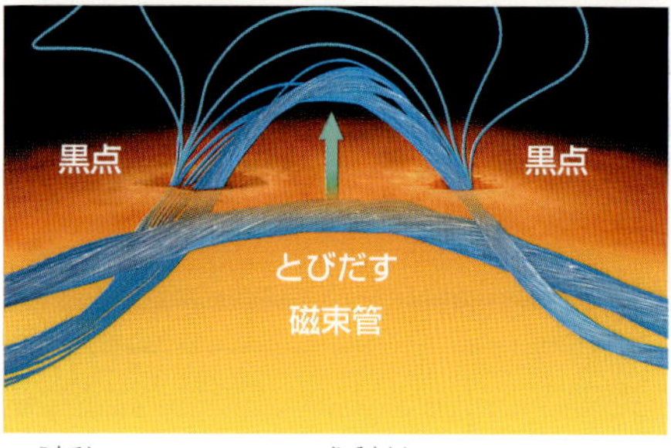

▲黒点のできるわけ　磁束管の一部が、表面をつきぬけ、その飛び出し口が黒点となります。

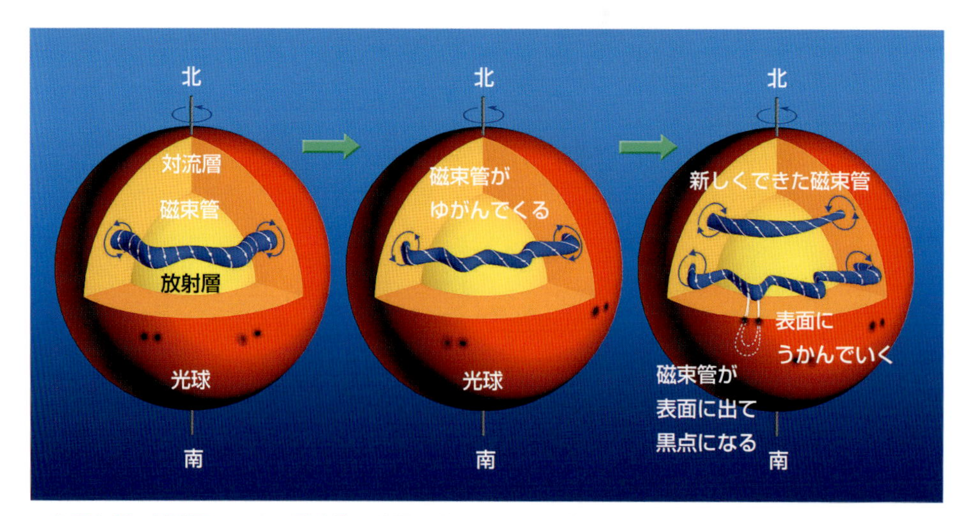

▲太陽内部の対流層でできる磁束管　太陽の内部には、のびちぢみする太いゴムのような強力な磁力線のたば“磁束管”ができています。この磁束管が、太陽の光球面をつきぬけると、磁力線の飛び出し口の温度が下がり、黒点となって見えるのだと考えられています。黒点が強い磁石の性質をもっているのはそのためですが、磁束管は、“太陽ダイナモ機構”でつくられるものです。

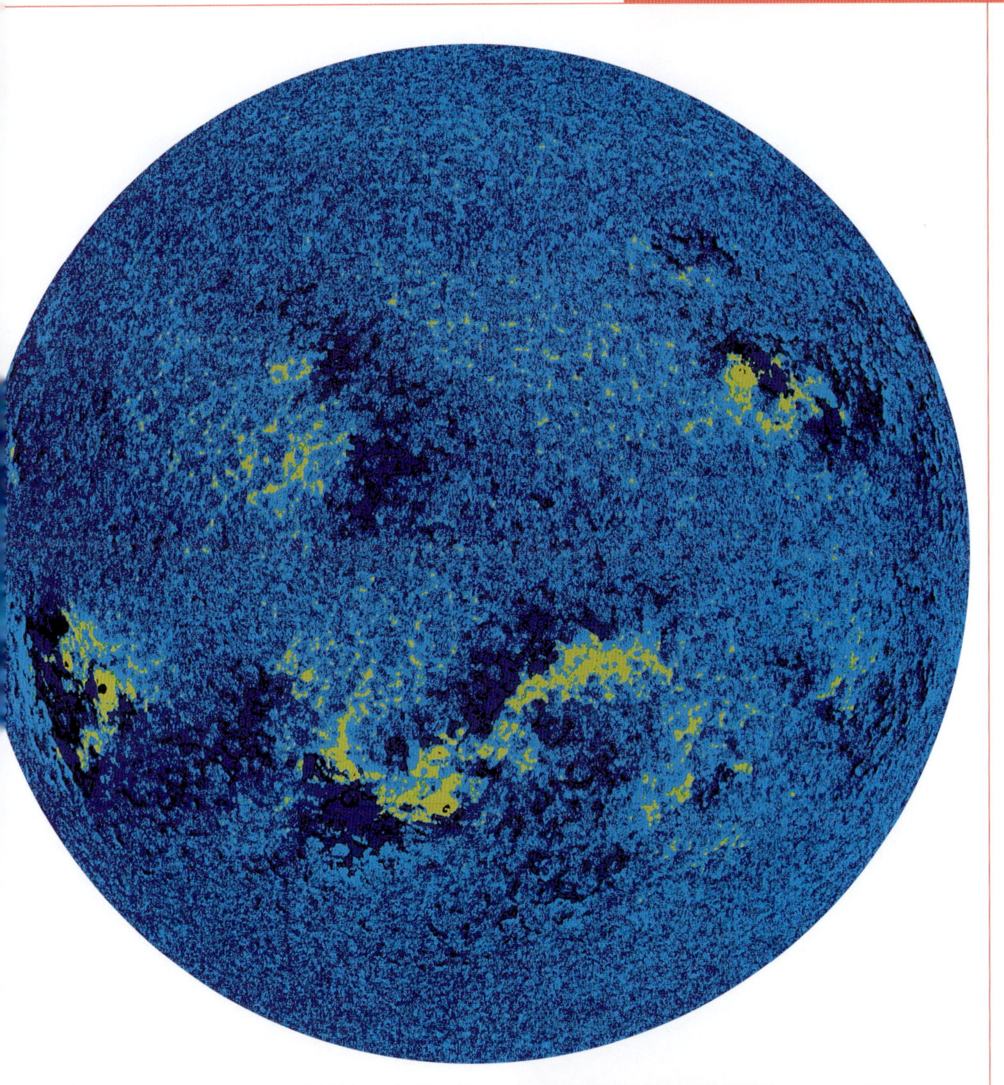

▲**太陽のマグネトグラム（磁場写真）** 黄色がN極、濃い青がS極を示しています。南半球と北半球では、それぞれ、N極とS極が、逆になっていることもわかります。また、およそ11年ごとに、このNS極の向きは反転をくりかえしています。

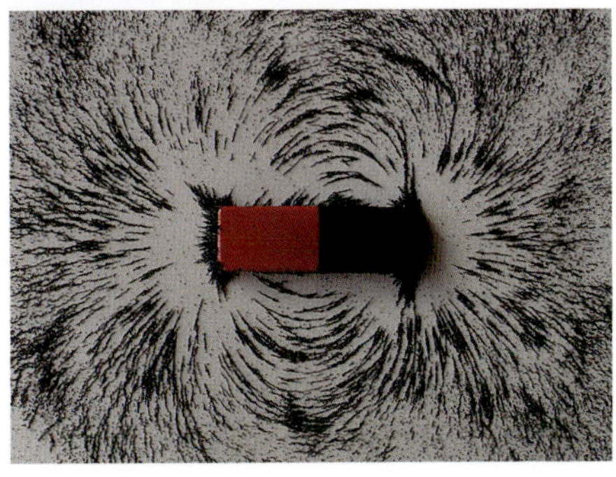

▶**磁石と磁力線** 砂鉄によって、磁石のS極とN極を結ぶ磁力線のようすがよくわかりますね。磁力線は目では見えませんが、太陽表面のガスのふるまいによって、そのようすがわかります。

表面のさまざまな現象 ―― 太陽の光球面

太陽の表面には、米つぶのような“粒状斑”や“白斑”、“黒点”など、じつにさまざまな現象が見られます。
これらの現象はすべて、太陽の中心部でつくられたエネルギーが、放射層から対流層へ伝えられ、表面にはこび出されて起こるものです。

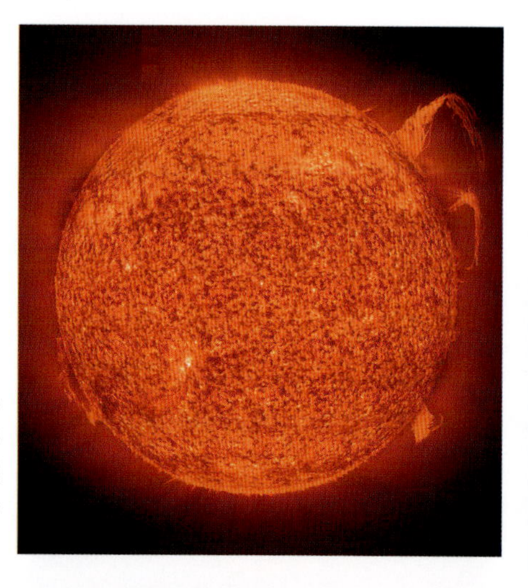

▶**巨大なプロミネンス**　紅炎ともよばれるもので、静かなものから、突然激しい炎のように立ちのぼるものもあります。磁力線によって、熱い大気が、数万キロメートルにももちあげられる現象です。

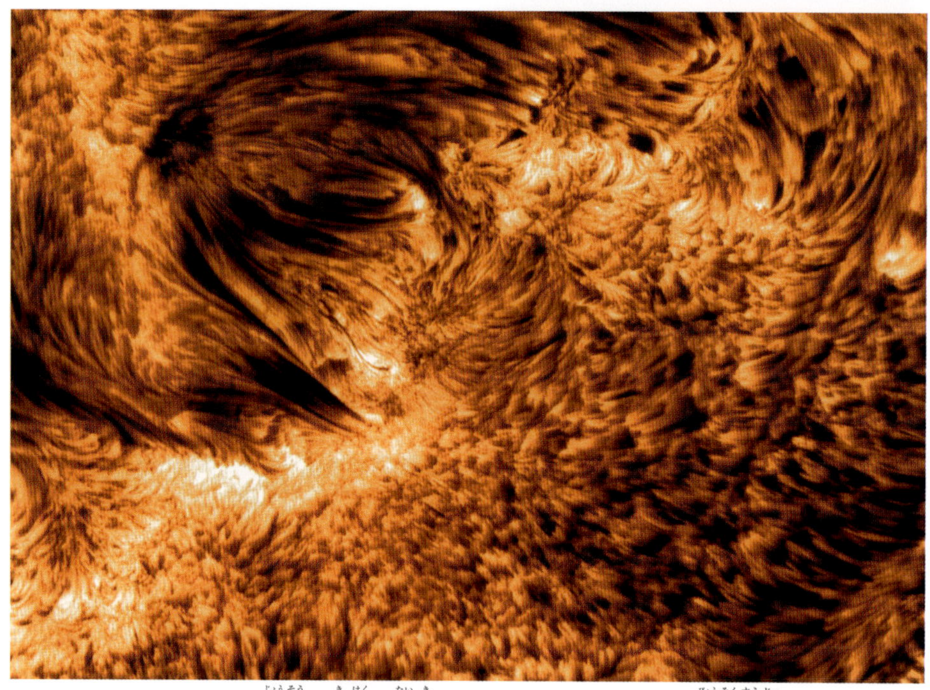

▲**スピキュールなど**　光球上層の希薄な大気“彩層”には、スピキュールとよばれる高さ1万キロメートルにも達する、針状のすじ構造がいたるところに立って、秒速数十キロメートルの速さで変化しているのがわかります。太陽の表面の光球から噴きあがるガスです。

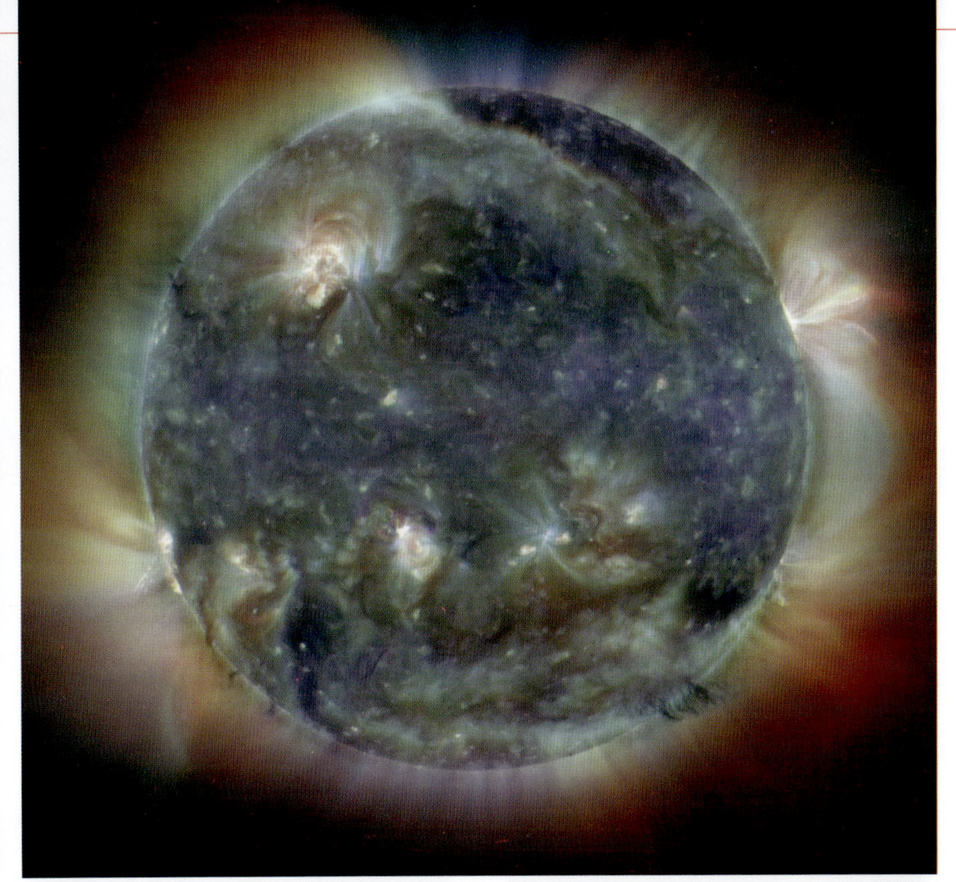

▲太陽コロナの激しい活動　表面の温度は6000度ですが、その外側にひろがるコロナの大気は、なんと数百万度になっています。内部から出てきた、磁力線のエネルギーが、フレア大爆発やコロナにさまざまな現象を起こさせ、地球に激しい太陽風を吹きつけたりしています。

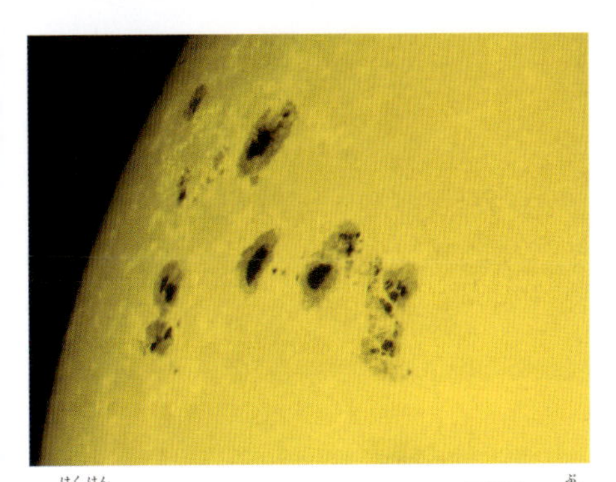

▲白斑　太陽のふちあたりで目につく明るい部分で、光球の温度の低い部分が黒点として見え、温度の高い部分が白斑として見えます。

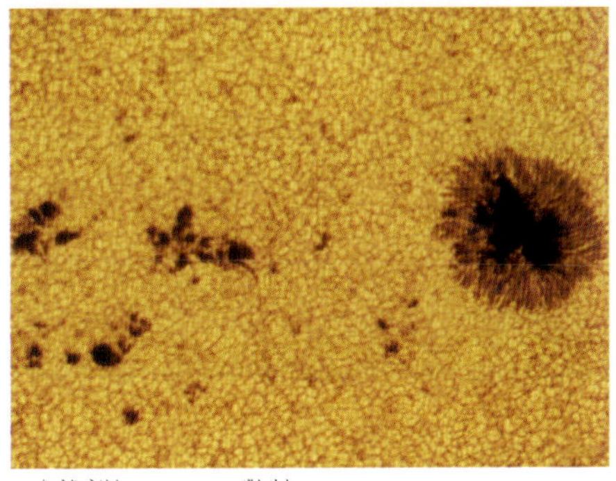

▲粒状斑　光球の全面に見える小さなぶつぶつで、その正体は、太陽内部から煮えたぎる熱湯のようにわきあがる、熱いガスのかたまりです。

気がかりな宇宙天気予報 ——太陽フレア

太陽の活動が活発になると、大きな黒点の近くでは、突然、爆発が起こることがあります。これが“フレア”とよばれるもので、黒点のまわりの、太陽の大気中にたくわえられた磁場のエネルギーが、熱エネルギーに変わることで発生する激しい現象です。
フレア爆発が起こると、強烈な太陽風が地球に吹きつけてきます。そして、電波や電子機器類に障害をあたえ、私たちの生活は大きな影響を受けることになります。そこで、今では太陽面の詳しい観測から、事前にそれを知るための“宇宙天気予報”が出されるようになっています。

▲影響を受ける人工衛星　太陽風は、大気圏外で活躍する人工衛星たちにも、大きな被害を与えることがあります。（CG）

▲爆発するフレア　中央でひときわ白く輝いているのが最大級のフレアですが、フレアには、こんな大規模なものから、小さな“マイクロフレア”、さらに小つぶの“ナノフレア”まで、じつにさまざまなものが、つぎつぎに起こっています。

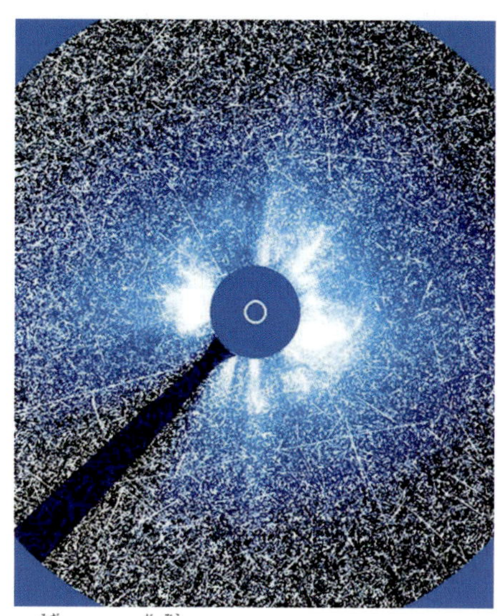

▲乱される画像　大きなフレア爆発が起こると、激しい太陽風が吹きつけてきて、太陽を観測中の人工衛星の画像さえもこんなに乱れてしまうことがあります。その対策を、宇宙天気予報で事前に立てなければならないわけです。

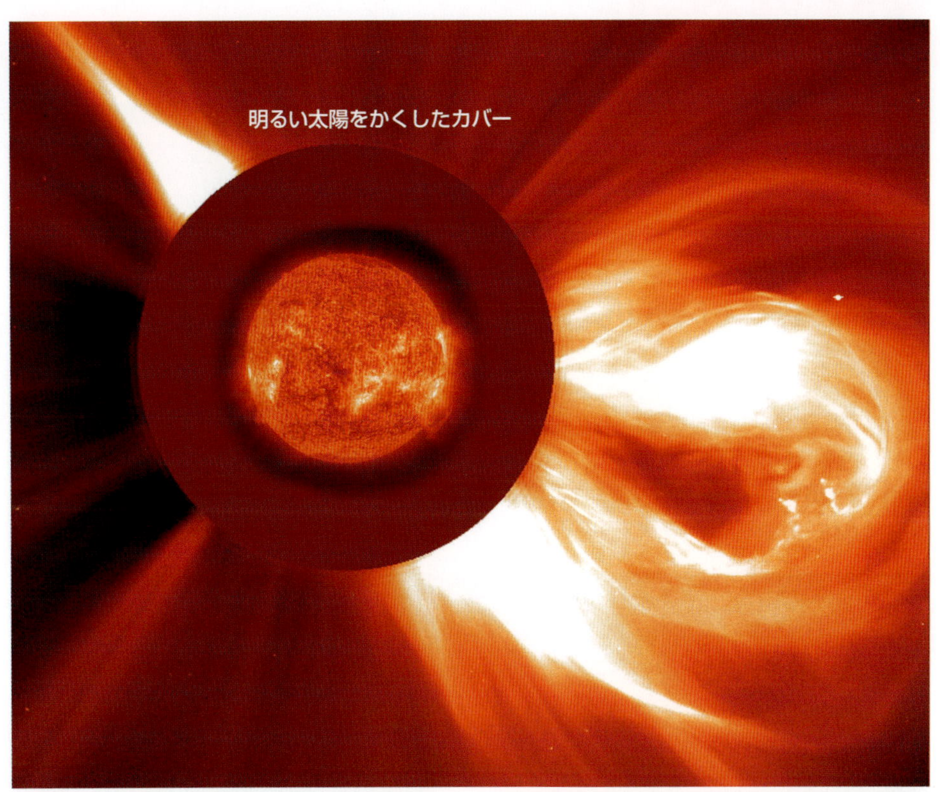

▲噴きだす太陽風　強い太陽風は、地球上の磁場に影響を与えて“磁気嵐”を起こし、電波障害や高圧送電線の故障などの原因になります。また、地球のまわりの宇宙空間も激しく乱し、人工衛星の機器や、半導体に損害を与え、宇宙飛行士を放射線の危険にさらすことさえあります。なおフレアの中には、超特大の“スーパーフレア”がまれに起こり、地球上の全生命に致命的な被害をもたらすことがあるかもしれないと他の恒星の観測例から指摘する天文学者もあります。

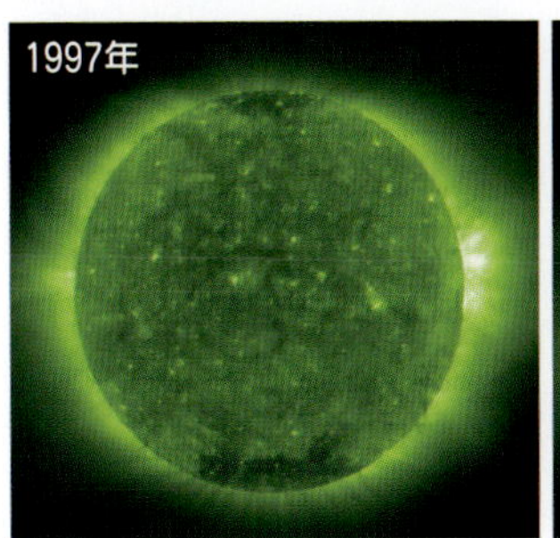

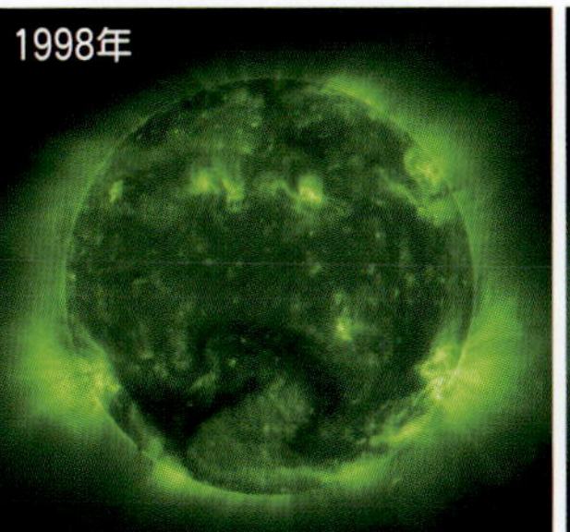

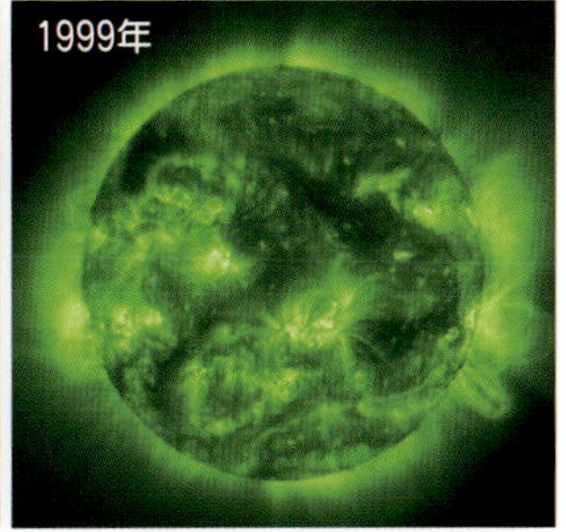

▲活発化する太陽活動　11年周期で、太陽の活動は、強弱をくりかえしています。活発なときの太陽面からは、しばしば強烈な太陽風が吹きつけてきます。もし、地球に磁気圏がなかったら、大気の温度は、数百度にまで上昇、地球は生命の住める世界ではなかったことでしょう。

不可解なコロナの加熱法——太陽コロナ

太陽の表面温度は6000度にすぎないのに、そのすぐ外側にひろがるコロナの温度は、なんと、100万度以上もあります。これは、冷たいストーブの上においたやかんの水が沸騰しているのにも似た、じつに不思議な現象です。コロナが、高温のプラズマだと正体はわかっているのですが、その加熱のしくみがまだはっきりしないのです。

▶皆既日食　コロナの明るさは、満月くらいなので、ふだんは太陽がまぶしくて見られませんが、皆既日食になると、黒い太陽のまわりに、大きくひろがる光芒が、肉眼でもよくわかります。右はハワイのマウナケア山上の皆既日食のようすです。

▲皆既日食とコロナの輝き　太陽の表面付近と、コロナのさかい目で、大きなフレア爆発から小さなフレア爆発までが、つぎつぎに起こることで、コロナ全体が加熱され、表面の6000度から数百万度以上にも、一気に急激に上昇させることになるのかもしれません。

▲ループ状になったコロナ　紫外線で、コロナの熱くなったガスを見たものです。ループの高さは、地球の直径の30倍にもなっていますが、驚くほど細い無数のループからなるコロナのようすを見ていると、目には見えない太陽の磁力線が、ループ状であることがわかります。その立ち上った磁力線が、太陽表面の対流などでできた横波「アルベン波」でゆすられ、その振動のエネルギーがコロナ領域まで伝えられ、コロナを超高温に加熱するらしいともいわれます。

日食と月食

太陽と月は、見かけの大きさが、偶然ほとんど同じで、新月のとき真っ黒な月が、太陽をおおいかくすと、日食になります。月食は満月が地球の影に入りこんで欠けて見える現象です。

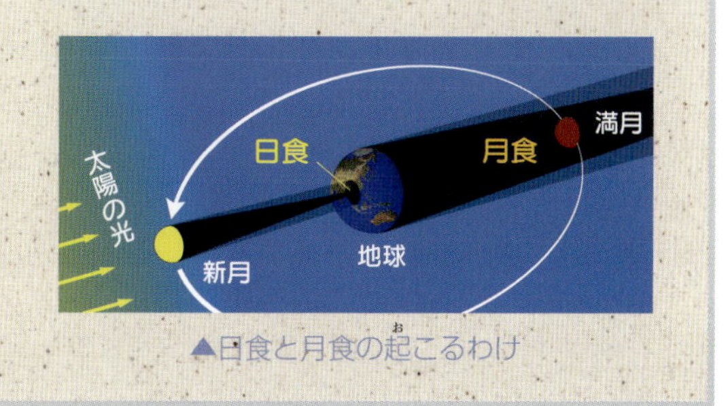

▲日食と月食の起こるわけ

ふきすさぶ太陽風

太陽風

コロナにおおいつくされた太陽面にも、ところどころに“コロナホール”とよばれる真っ黒な部分があります。コロナが吹き飛んだため、コロナの大穴が太陽面にぽっかりあいたものです。

このコロナホールからは、電気をおびたつぶの流れ“太陽風”がはげしく吹きだし、太陽の自転につれ、スプリンクラーのようならせん状となって、はるか太陽系の外側にまで、流れだしています。

▲巨大フレア爆発によるコロナ質量放出　突然起こる、はげしい現象ですが、地球１個分のガスを噴きだすのに２億年もかかるので太陽がなくなるような心配はありません。

▲オーロラとヘール・ボップ彗星　南極や北極付近に見られるオーロラも、長い尾を引く彗星も、ともに、太陽から吹きつける太陽風がつくりだす現象です。太陽の反対方向に、吹き流しのようにのびる彗星の尾は、目に見えない太陽風の流れを、見える形で見せてくれているわけです。

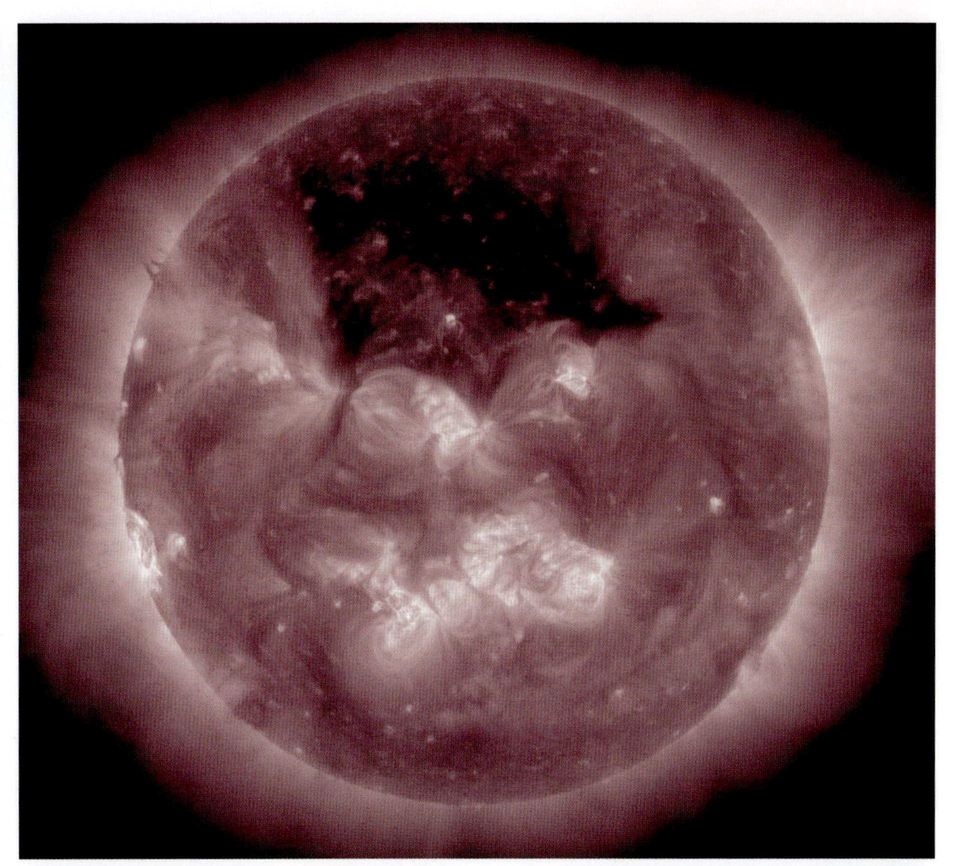

▲**コロナホールから吹きつける太陽風**　太陽風の吹きだし口、コロナホールからは、秒速600〜700キロメートル、はやい場合には1000キロメートルをこえる猛スピードで電気をおびた危険なつぶがはげしく吹きだしていて、わずか2日後には、もう地球に吹きつけてくることもあります。

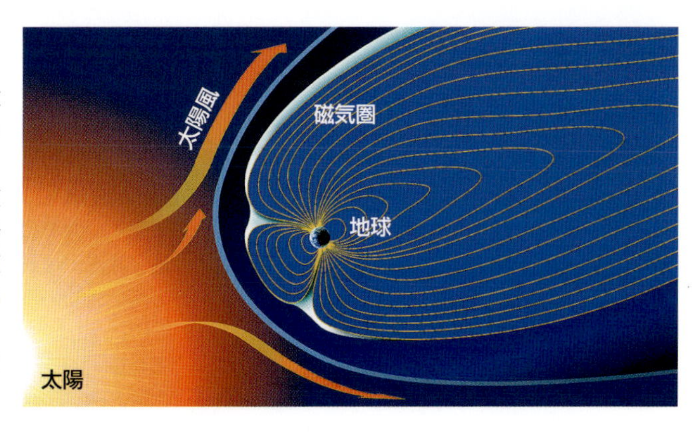

▶**太陽風と地球の磁気圏**　太陽風は、地球上の生命にとって危険なものです。しかし、地球がもっている磁石の性質が、"地球磁気圏"という磁場をひろげてくれ、太陽風が直接地球にあたるのを、ふせいでくれています。おかげで、地球上の生命たちも安心して暮らしていられるわけです。

太陽のスタミナ源 ── 熱核融合反応

太陽の放つ熱と光のエネルギー源は、その中心部にあります。
中心部の温度は1500万度、2500億気圧という想像もできないくらいの、超高温、超高圧の状態となっていて、そこでは水素原子が1秒間に800キロメートルもの猛スピードで動きまわり、激しくぶつかりあっています。そして、つぎつぎに結びついて、ヘリウムという原子に変わっています。これを“核融合”といい、この核融合反応によってできるエネルギーが、太陽を、あんなに熱く明るく輝き続けさせているというわけです。

▲輝く太陽　熱核融合反応で1グラムの水素が生みだすエネルギーの量は、同じ1グラムの石炭を燃やしたときにくらべ、なんと2500万倍にもなります。

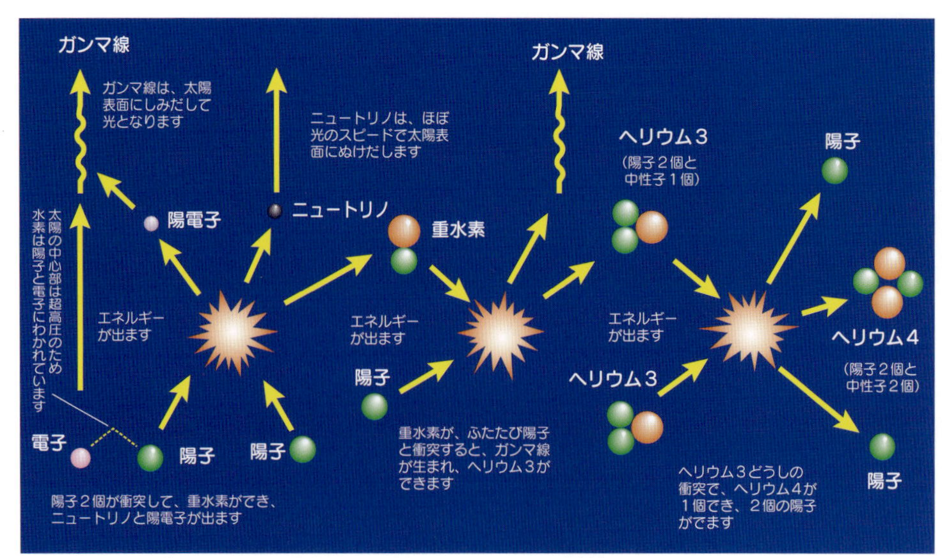

▲太陽中心部で起こる熱核融合反応　中心部は1500万度という超高温になっています。そのため、4個の陽子、つまり4個の水素の原子核が猛スピードで激しくぶつかりあい、つぎつぎに結びついて、1個のヘリウムの原子核に変わります。これが“熱核融合反応”とよばれる現象です。1秒間でいえば、6億9500万トンの水素の原子核が、核融合反応によって6億9000万トンのヘリウム原子核に変化し、このとき減った500万トンがエネルギーに変わり、これが太陽を明るく輝かせている、あのすばらしいスタミナ源となっているわけです。

▲**太陽の保証書**　核爆弾のような、一瞬のものでなく、太陽はゆっくり核融合を起こし続けているという点で、お見事といえます。その中心部の熱核融合反応で生みだされたエネルギーは、なんと、100万年以上かけて、ようやく表面にでてきて、さまざまな現象となって、私たちの目にふれることになります。いいかえれば、もし中心部でほんのちょっと異変が起こると、数百万年後の地球は重大な影響を受けることにもなるわけです。事実、太陽によくにた星で、突然、明るさが半減してしまった例があるのです。その星の惑星に住む生命たちが心配されますね。

身ぶるいする太陽

日震学

熱い水素ガスの球である、太陽の内部を直接見ることができないのは当然です。では、どうやって、中心部などの内部のことをさぐればよいのでしょうか。

じつは、太陽は全体が、心臓の鼓動のようにリズミカルに振動しているのです。その身ぶるいするような振動のようすを調べると、内部のようすをさぐることができるのです。これは、スイカの表面をたたいて中の熟れぐあいを知るのや、地球の内部のようすが、地震の波などでわかるのと似ています。では、震動はなぜ起こるのでしょうか。それは、太陽の内部にある対流層の中にわきあがる熱い泡が、表面を内側からポコポコたたき、震動させているからです。

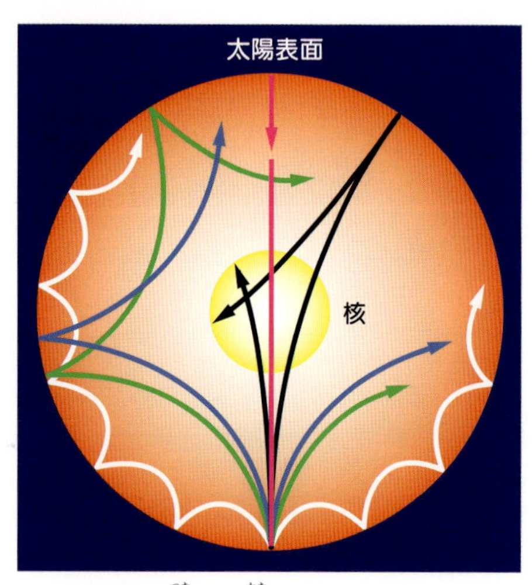

▲太陽震動の伝わり方　震動は表面だけでなく、内部の奥深くまで、反射したり、屈折したりしながら伝わり、その振動のし方は100万通り以上もあります。

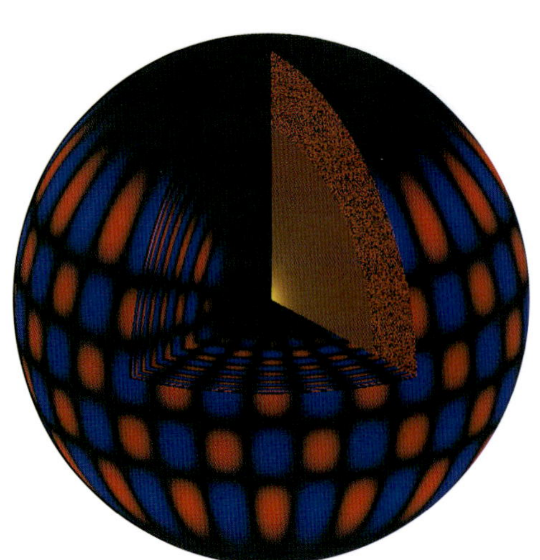

▲太陽の鼓動　引っこむような振動を赤で、盛りあがるような振動を青色で示してあります。太陽は、内部の音波の反射で、くりかえしつきあげられるため、表面は上下に振動しています。

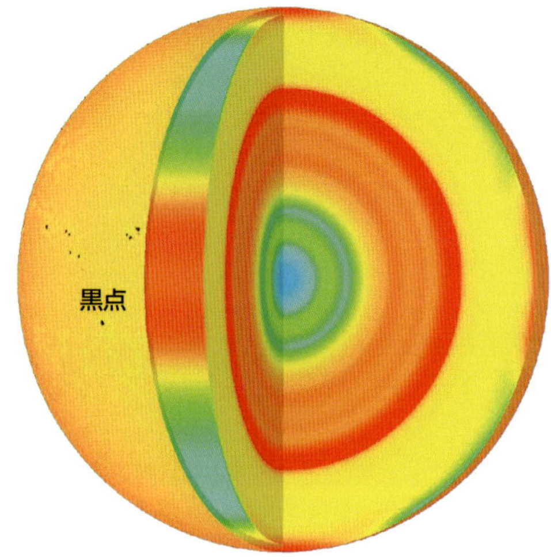

▲太陽内部の温度構造　表面の振動のようすから、内部の温度も知ることができます。高温度を赤で、低い温度を青で示してあり、黒点の下では、温度が高くなっているのもわかります。

▲振動する太陽面　無数のリズミカルな振動のうち、5 分間隔の周期で、秒速500メートルで上下する振動が、とくによく目だっています。

シリウス

▶恒星にもある星震　太陽のふるえる振動のようすを調べるのを“日震学”といっていますが、同じような振動は恒星にもあり、太陽と同じような方法で恒星の振動のようすを調べることを“星震学”とよんでいます。

燃えつきる太陽

太陽は、水素の燃料を燃やして輝いています。ですから、水素の燃料をすべて使いはたすと消えてしまうことになります。太陽の一生にも限りがあり、それは、およそ50億年後のことになるとみられています。

死が近づいた50億年後の太陽は、地球の軌道あたりまで、大きくふくらんだ老人星“赤色巨星”となり、ガスがはがれて宇宙空間に流れだした“惑星状星雲”に姿を変え、中心部には、太陽の死骸の“白色矮星”だけが残されることでしょう。

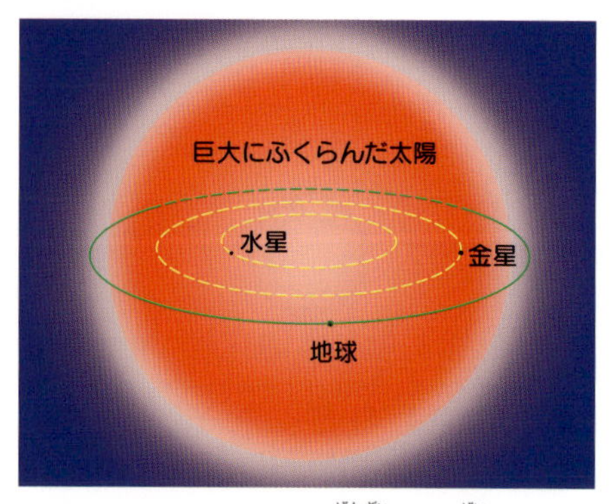

▲ふくれあがった太陽　現在の200倍にもふくらむため、地球上の生命は、すべて焼きつくされてしまうと考えられています。57ページにも解説があります。

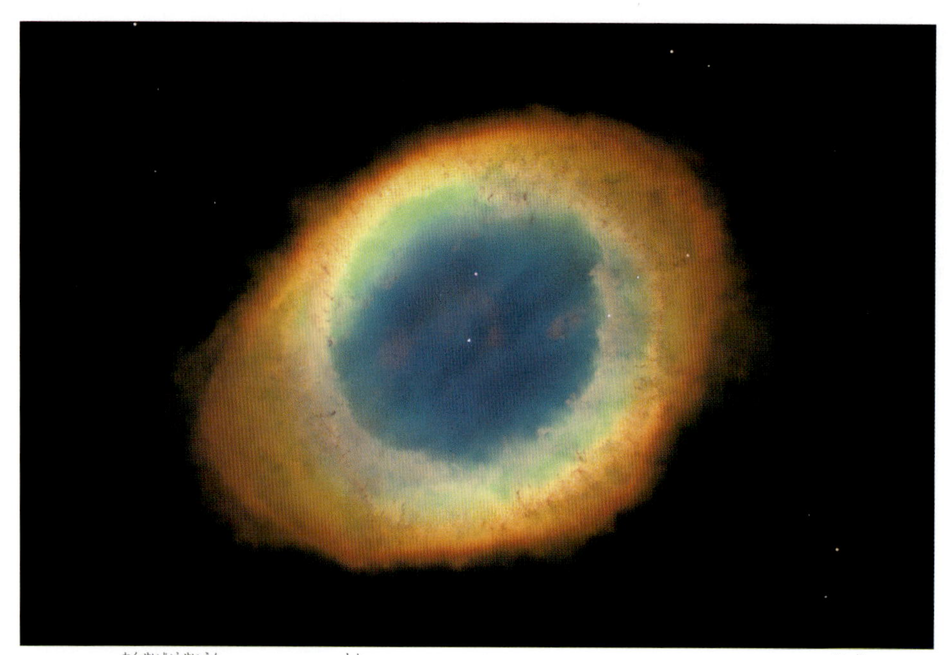

▲こと座の惑星状星雲M57　太陽の芯ともいえる白色矮星（中央）は、星の死骸のような余熱で輝く小さな天体で、やがてゆっくり冷えて、暗くなり、黒色矮星となって消えていきます。力を失った白色矮星の太陽では、太陽系を維持するのはむずかしく、焼けこげた地球をはじめ太陽系惑星たちは、ちりぢりになって宇宙へさまよい出し、一家離散の浮き目にあうことになります。

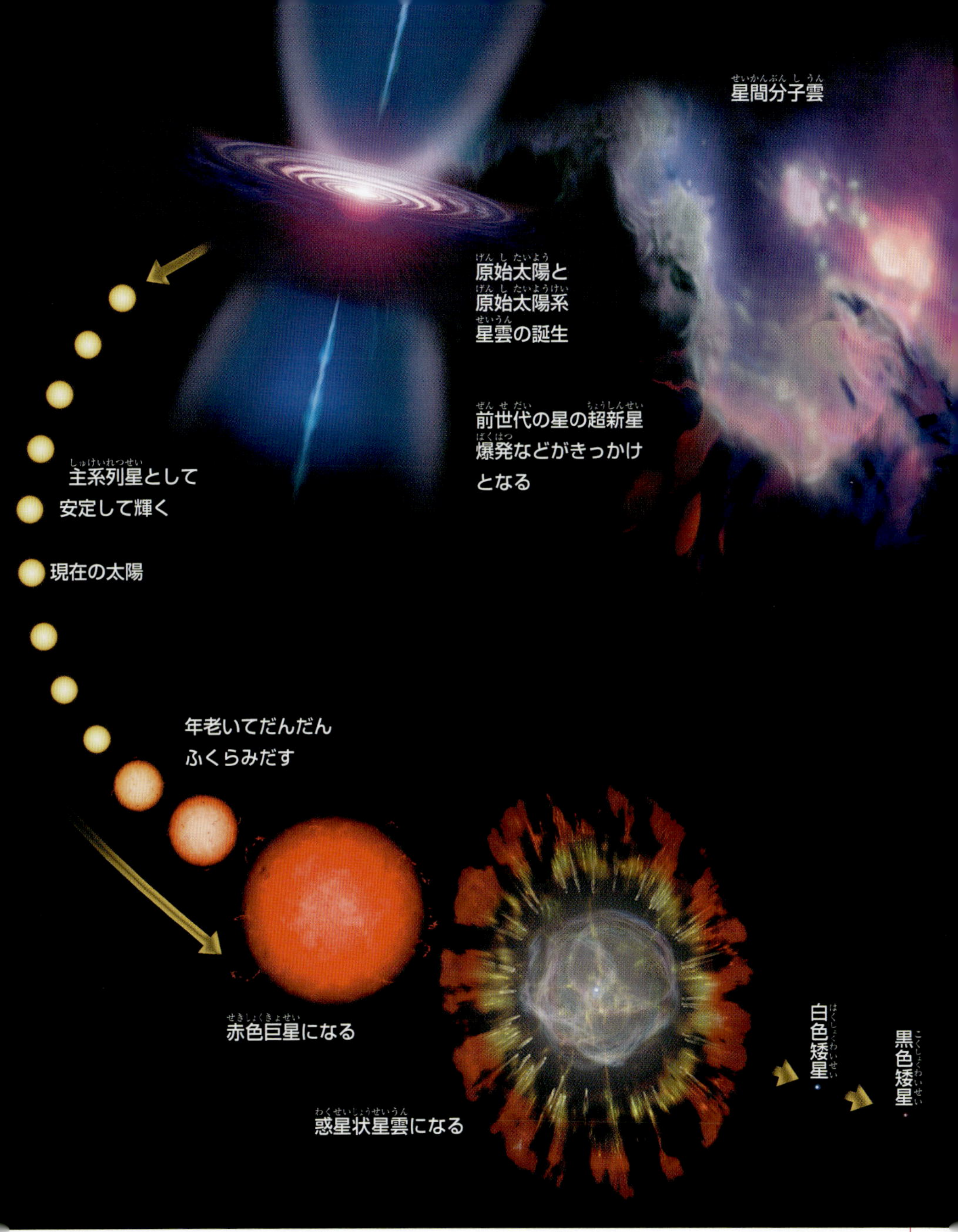

▲**太陽の一生**　太陽は、およそ50億年前、100億年分の燃料をもって生まれつきました。現在の年齢は、およそ50億年に近く、最も安定した世代にあります。つまり、残りあと50億年は、たっぷり輝き続けてくれることになるわけです。太陽が長命のおだやかな星であってくれたおかげで、生命も知的人類を生みだすほどの進化の時間がとれたというわけです。

太陽系の旅

太陽をめぐる太陽系天体は、惑星や衛星をはじめ、小惑星や彗星、流れ星などじつに多彩ですが、最近はさまざまな探査機がそれらの天体へ次々に送りこまれ、その実態が明らかになってきています。人類が地球以外の天体に出かけたのは、まだ月だけですが、将来は、太陽系天体への旅も、ごく当たり前のことになりそうです。そこで、その実現よりひと足お先に太陽系天体めぐりの旅へと出かけてみることにしましょう。

▲太陽系　太陽を中心にした地球などの天体の集まりが太陽系です。惑星やその衛星、小惑星、彗星、流星のチリなどその顔ぶれは多彩です。

▶宇宙移住計画（次ページ）　遠い将来、人類は他の天体に移り住んで、活躍の場は地球ばかりでなくなることでしょう。

地球の家族たち

太陽を中心とする太陽系は、８つの惑星と、その惑星の周囲をめぐる178個の衛星、それに、小惑星など数万個の小さな天体たちで、構成されています。ずいぶんにぎやかな太陽系と思われるかもしれませんが、太陽系全体の重さからいえば、太陽がその99.87パーセントを占め、残りわずか0.13パーセント分が、惑星や衛星のものにすぎないのです。

（衛星の数は新発見によって増えることもあります）

太陽系天体のうち、小惑星帯のケレス、冥王星とエリスなどは「準惑星」で、冥王星とエリスは「冥王星型天体」ともよばれます。惑星、準惑星、衛星以外のすべての天体は「太陽系小天体」とされ、太陽系外縁天体（冥王星とエリスなどをのぞく）、小惑星（ケレスをのぞく）、彗星、ほかの小さな天体がこれに含まれます。

太陽にさらされる世界──水星

水星は、太陽系の中では最も内側、つまり、一番太陽の近くをまわっている惑星で、月よりほんの少し大きめの、どちらかといえば小型の惑星です。
このため、太陽の強烈な熱にさらされ続け、表面の温度はなんと430度にもなっています。一方、夜の側はそれとは逆にマイナス180度にまで下がって、昼夜で600度近い温度差があることになります。
もちろん、大気はなく、これはどんなにがまん強い生命でも始末が悪い環境といえるもので、まず、生命の存在の可能性は期待できません。

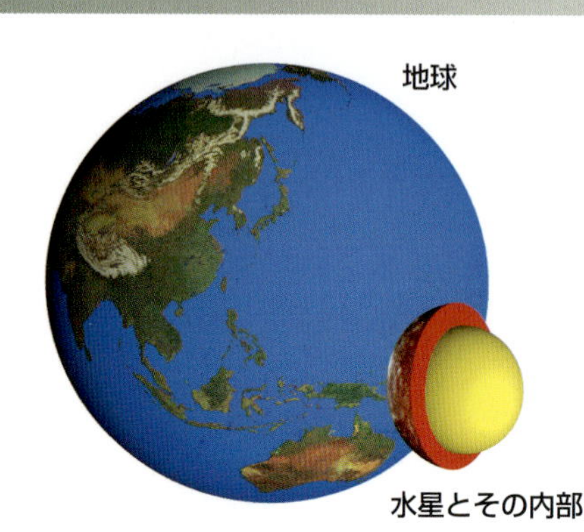

▲ずしりと重い惑星 水星は月より少々大きい惑星ですが、重さの方は月の10倍もあり、これは、中心核が巨大な鉄のかたまりでできているためと考えられています。大昔、二つの天体が、衝突合体してできたためなのかもしれません。

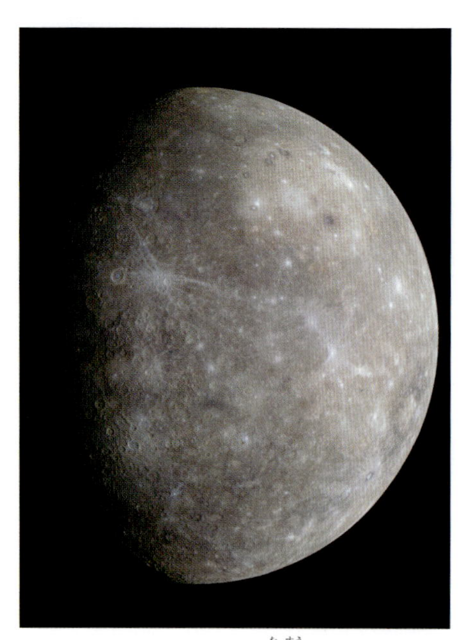

▲水星の表面 月のように無数のクレーターにおおわれています。カラカラにひからびた世界ですが、南北両極の太陽の光が永久に当たらない部分には、氷があるともいわれます。

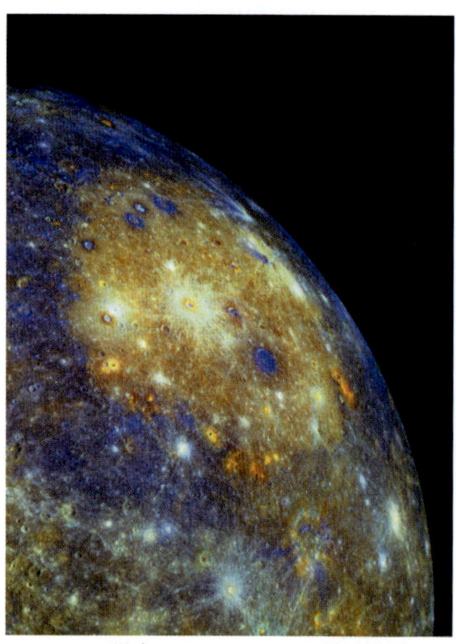

▲カロリス盆地 黄色味をおびた同心円状の地形は、直径1500キロメートルもある大クレーターの一部で、大きな天体との衝突を物語る構造とみられています。

▲水星探査機メッセンジャー　太陽に近すぎてこれまで探査のおよびにくかった水星世界をさぐるため、2004年に探査機メッセンジャーが地球を出発しました。その後もいくつかの探査機が水星に到達、謎の多いこの惑星のようすをさぐっています。（想像図）

▲水星の表面　しわのような断崖もたくさんあります。これは、中心核が冷えるとき、水分がぬけて乾燥したリンゴの表面がしわしわになるのと似たようにしてできたらしいのです。

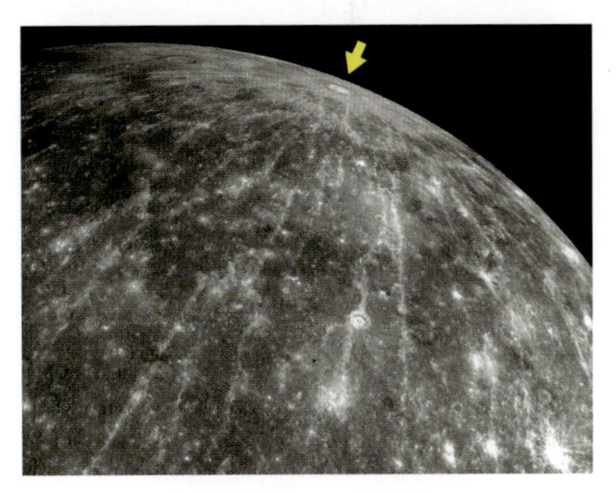

▲日本人名のクレーター　矢印の白いクレーターは「ホクサイ」と名づけられています。浮世絵で有名な葛飾北斎に由来するもので、このほか西鶴、人麿、紫式部などもあります。

雲の下のおそろしい世界──金星

地球のすぐ内側をまわる金星は、地球とは“ふたご惑星”といわれるくらい、大きさといい大気があることといい、よく似ています。
しかし、その環境は、地球とは似もつかぬもので、地表の温度はなんと460度、気圧も、深さ900メートルの海底と同じくらいの90気圧もあります。
宇宙飛行士が月面散歩するような気楽さで金星表面へ降り立ったら、たちまちペチャンコで黒こげのするめのようになってしまうことでしょう。
これは、金星の大気が濃硫酸でできた厚い雲におおわれていて、その“温室効果”によって太陽の熱が外に逃げだせずに、雲の下にためこまれているためなのです。

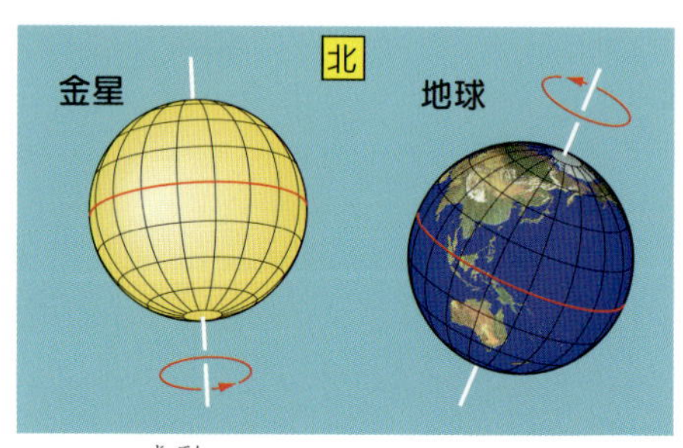

▲**金星の自転**　地球の大きさとほとんど同じですが、自転は逆まわりで、西から昇った太陽は東へとしずんでいきます。さらに、自転のスピードは、とても遅く243日かけて１回転するため、昼と夜の長さが、ともに非常に長くなっています。

▲**見えない表面**　金星はぶ厚い雲におおわれているので、望遠鏡で見ても、表面に地上の模様らしいものは何も見えません。

▲**紫外線で見た金星の雲**　肉眼では雲の流れはほとんどわかりませんが、紫外線でとらえると濃硫酸などでできた雲の流れがわかります。

▲金星の大気　金星が太陽面を通過したときの金星の夜の側のながめです。金星がぶ厚い大気にとりまかれていることが、太陽の光をすかして見えるのでよくわかります。

▲雲の流れ　金星の上空では、秒速100メートルの強い風が東西に吹いていて、わずか４日で金星を一周しています。金星のゆっくりした自転より、風の方が60倍も速く動いているわけです。

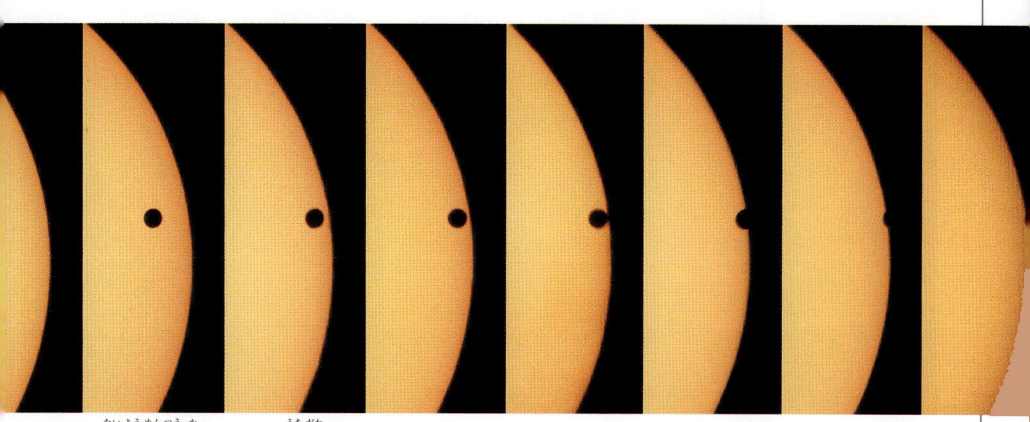

▲金星の太陽面通過　地球の内側をまわる金星は、ごく希に真っ黒な姿となって、太陽の表面を通りすぎていくように見えることがあります。これは2004年６月８日のもので、2012年６月６日にも起こりました。そして、その次は105年後の2117年12月のことになってしまいます。

地球環境へのメッセージ——金星の世界

灼熱地獄と表現するのがぴったりという、高温、高圧の金星の恐ろしい環境は、地表などから出る熱をとじこめる温室効果のなせるわざで、CO_2の増加が話題になりはじめている地球環境への警鐘となるものといえます。

▶金星探査機マゼランのレーダーマッピング 金星の周囲をまわりながら、レーダーで雲の下の金星の地形をさぐりました。

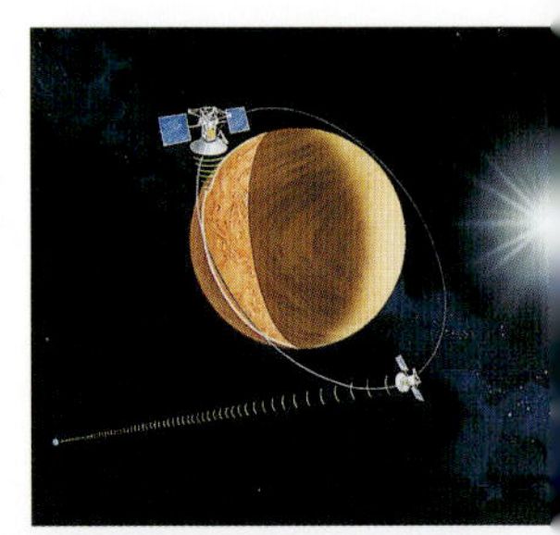

▲雲をはぎとって見た金星　厚い雲の下の世界をレーダーで調べてみたところ、地球の海のようなものはなく、平地と高地がどこまでも続くひからびた世界で、活発な火山活動が今も続いています。

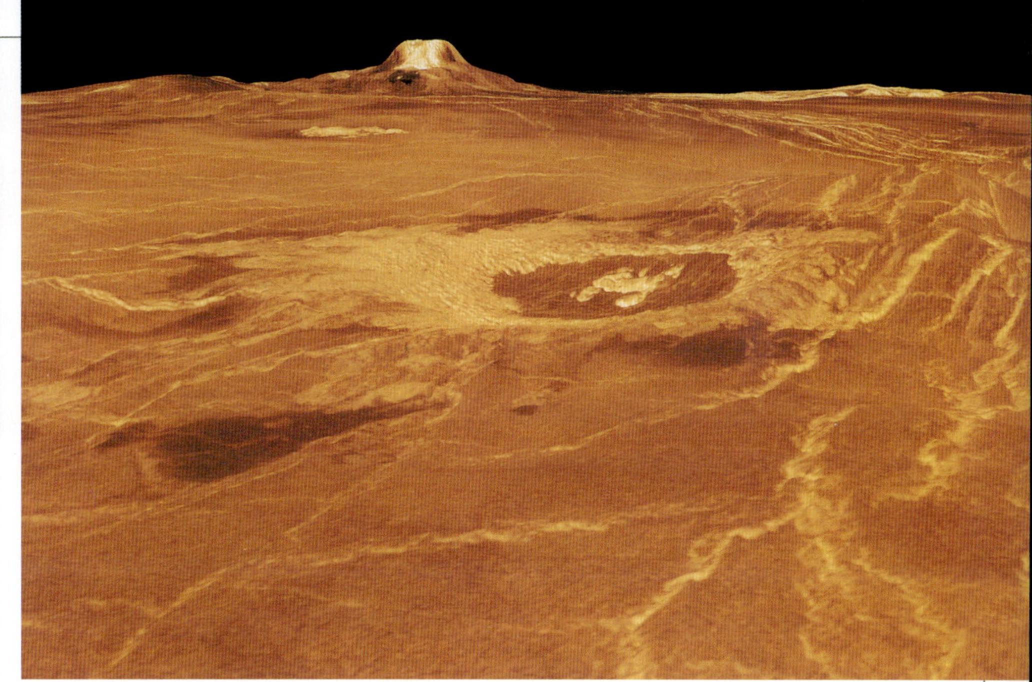

▲**溶岩でできた平原**　地表のおよそ６割以上は、火山から洪水のように流れ出た溶岩におおいつくされています。火山には、高さ8000メートルにおよぶ巨大なものもあります。

▼**ドーム状の地形**　地下から上昇したマグマが、直径25キロメートル、高さ100メートルもあるパンケーキのようなドーム状の地形をつくっています。（高さを強調してみたものです）

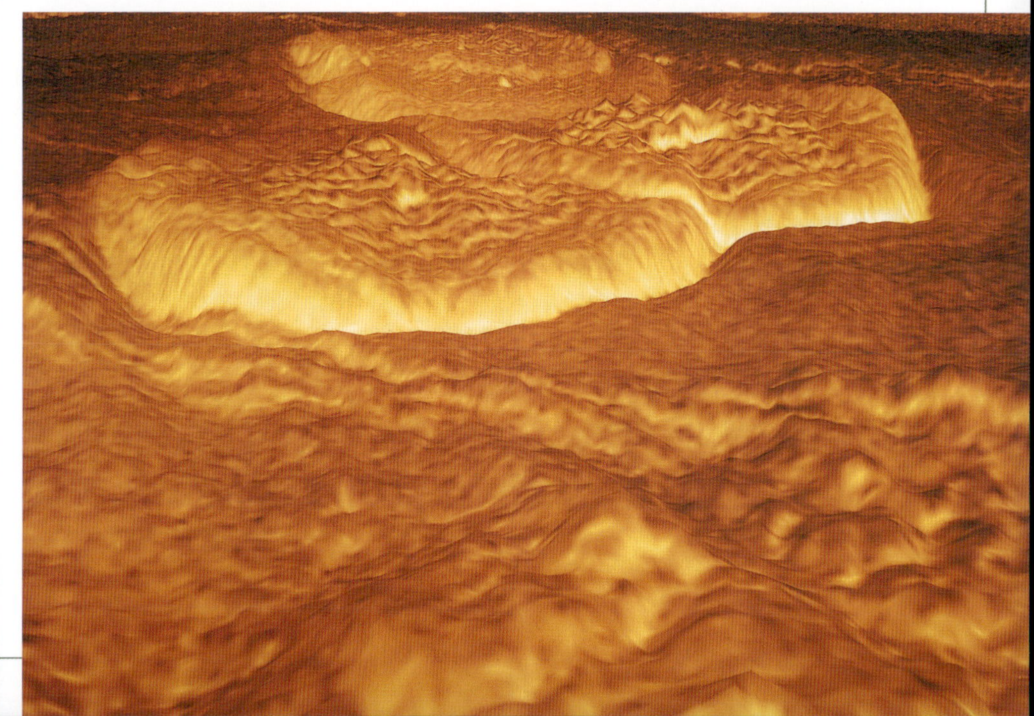

宇宙のオアシス

太陽系の惑星の中で、太陽に3番目に近いところをまわっているのが、私たちが住む地球です。透明な大気と水をたたえた地球は、生命が暮らすには、最も快適な環境をととのえてくれている惑星といえます。
しかし、だからといって、安心はしていられません。地球全体の質量からみれば、水の占める割合はたかだか0.03％にすぎませんし、生命を支えてくれる窒素と酸素からなる大気の対流圏もわずか10キロメートルたらずしかありません。
さまざまな化学物質などを、欲望のままに放出して、環境汚染に手をかすことはないといえます。

▲**変化を続ける地球**　私たちの目にする現在の地球の姿は、長い長い地球の進化の歴史の途中のごく一瞬の姿でしかありません。

▲**知的生命の存在する惑星**　さまざまな生命の暮らす地球上には、広大な宇宙に思いをめぐらせる、知的生命“人間”が住むという点で太陽系内はもちろん、宇宙でも特異な存在の惑星といえそうです。それは奇跡の惑星といっていいものなのかもしれません。

▲宇宙のオアシス 広がる大海原、わきあがる白い雲、吹きわたる風、ゆれ動く大地……、宇宙のオアシスと見まがうばかりの青く美しい地球は、人類をはじめとして、あらゆる生命を育みながら、太陽から1億5000万キロメートルのところをめぐる宇宙船ともいえる存在です。

いざ、宇宙へ船出

21世紀は、明るい未来が約束されていると期待されていました。ところが、実際にやってきてみると、どうもそうとばかりは言えそうにないことがはっきりしてきました。“人間圏”が地球全体を脅かしはじめているからです。
その脅威は地球上での人口爆発や資源の枯渇、大気汚染からオゾン層の破壊まで数えあげればきりがありませんが、地球自身にかぎっていえば、びっくりするほどの再生能力がありますので、私たちがその気になれば問題の解決の糸口は、いくらでもつかめることでしょう。
しかし、それでも地球は狭すぎるというので、「宇宙船をつくって宇宙へ船出しようではないか」との思いに人類がかられるのも当然かもしれませんね。

▲宇宙への旅立ち 月へ、火星へ、さらに遠くの惑星たちへ向け、次々に宇宙船が地球を出発していきます。

▲活躍する宇宙飛行士たち 右側の宇宙飛行士は、日本人では初めて船外活動中の土井隆雄さんです。近い将来、ハードな訓練なしで、一般人が宇宙飛行できるようになることでしょう。

宇宙ステーション　地球をまわる宇宙ステーションは、人類が月や火星などへ出かけるための基地となるものです。（想像図）

心やすらぐ地球の衛星 ―― 月

月は、地球から約38万キロメートル離れたところをまわる衛星で、およそ１か月ほどで、ひとめぐりしています。
大きさは地球の４分の１ですが、母天体に対して、こんな大きな比率の衛星は他になく、遠くから見ると、双子惑星のように見えるかもしれません。
ただし、月には地球のような大気や水はなく、大小無数のクレーターや海とよばれる水のない平地がひろがる、荒れはてた世界となっています。

▲月の明るさ 満月の明るさは太陽のおよそ47万分の１にしかなりませんが、それでも昔の人びとにとって、夜道を照らしだしてくれるなど、貴重な存在だったといえます。（歌川広重画）

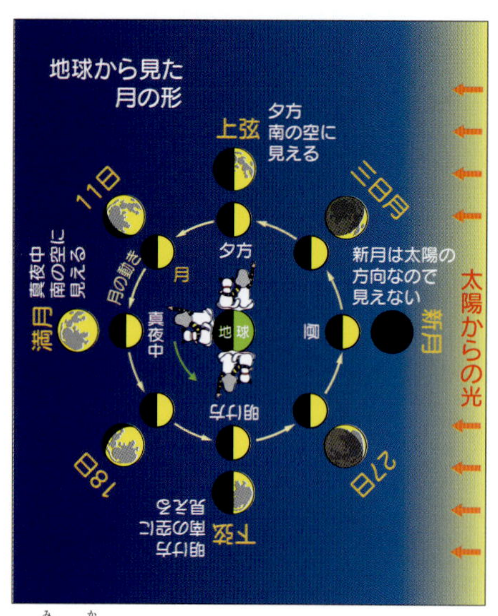

▲満ち欠けして見える月 およそ１か月がかりで地球のまわりをまわるうち、太陽の光の当たる昼の部分と、夜の側の暗い部分のわりあいが変化して見えるため、地球から見る月は細くなったり、丸くなったり、満ち欠けして見えることになります。月がかけているとき、月面を望遠鏡で見ると、欠けぎわでクレーターなどの影ができるので地形がよくわかります。

▲月面 白いところは無数のクレーターにおおわれた山岳地帯で、暗くみえるところが水のない海とよばれる平地です。昔の人びとは、この薄暗い模様を、ウサギなどさまざまな動物や人の姿に見たててきました。月は自転する周期と、地球のまわりをまわる公転周期が一致しているため、いつも同じ面を地球に向けているので裏側は見えません。

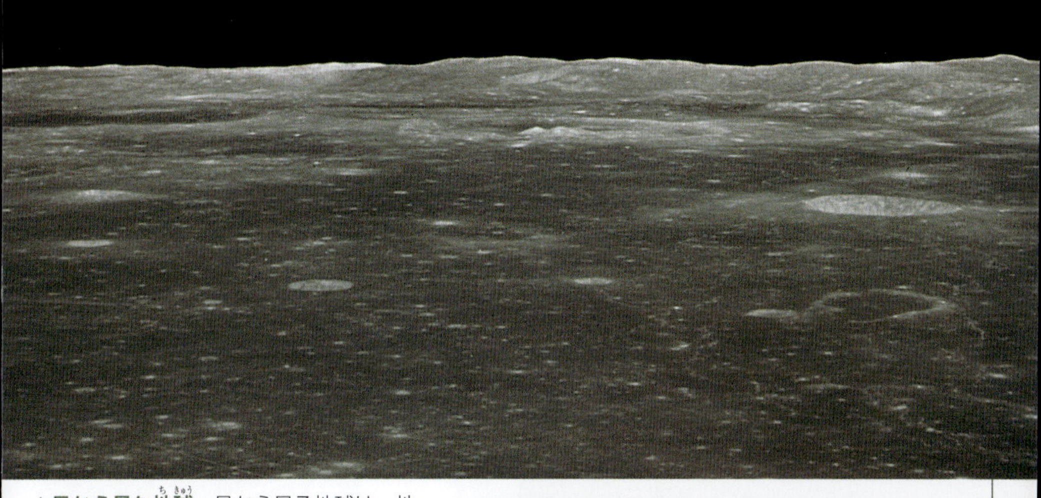

▲月から見た地球　月から見る地球は、地球から見た月より４倍も大きく、80倍も明るく輝いて見えます。大気のない月世界の真っ暗な空に青く浮かぶ地球の姿の、なんと美しいことでしょうか。美しい地球を大切に守っていかなければならないことが、この光景からも実感されることでしょう。

▶地球から見た月　大昔の月は現在よりずっと近くにあって、強い力で地球の海水を激しくかきまぜ、生命の誕生に重要な役割をはたしたと考えられています。月は毎年3.8センチメートルずつのわりで、地球から遠ざかっていますが、地球の自転軸を安定させる働きをしていて、自転軸が不安定に変動して、気候がメチャクチャになるのをふせいでくれたりしています。月は地球生命にとってなくてはならない存在なのです。

もうすぐ月世界観光

小さな望遠鏡でも、月面のクレーターや山、谷は手にとるように見えますので、地球にいても月世界の名所めぐりは楽しむことができます。
しかし、夢はやはり月世界に降り立っての月面探訪でしょう。実際、2020年代には、再び人間の月世界探検が再開されようとしていますので、その夢がかなうのもそう遠い将来のことではなさそうです。とはいっても、大気をもたない、地球より小さめの天体ですから、観光客は地球とのちがいに、大いにとまどわされることになるにちがいありません。

▲昼でも真っ暗な空　地球のように大気がないため、昼でも空は暗く、太陽光線を直接受けると危険なので、宇宙服なしでは活動できません。

▲月面車　月の表面にはレゴリスとよばれる細かいチリが厚くつもっていますので、特別仕様の月面車で移動しなければなりません。

◀重力は6分の1　重力が地球の6分の1しかないので、重いものでも楽々持ち運べますが、自分の体もふわふわたよりなく思えることでしょう。ころんだりして、宇宙服を傷つけたりしないようにしなければなりません。

▲クレーターだらけの山岳地帯　月面で目につく地形は、なんといっても丸いクレーターの存在です。大小無数のクレーターは、40億年～38億年もの大昔、小さな無数の天体が衝突してできたものです。空気も水もない月世界では、その形がくずれないまま今に残されているのです。その原因は、そのころ木星と土星の軌道が変化し小惑星たちがかき乱されたためらしいといわれています。

▶月の裏側　月はいつも地球に同じ面を向けるようにして自転しているため、地球からは裏側を見ることはできません。これは月ロケットで、その裏側のようすをとらえたもので、表側の海のような平地がほとんどなくクレーターだらけであることがわかります。

巨大衝突で誕生

1969年7月、人類は初めて月面に降り立ち、アポロ宇宙飛行士たちが持ち帰った月の岩石が詳しく調べあげられました。その結果、月は今からおよそ45億年前に誕生し、その後、無数の小天体が衝突して、たくさんのクレーターができたことが明らかになりました。

しかし、月がどうして誕生したのかというナゾは、まだ解き明かされていません。これまでにも、下のようないろいろな説が出されてきましたが、どれも決定的なものとはいえず、現在では次ページのように誕生して間もない地球に、火星くらいの天体が衝突、その飛び散った破片がかたまって月となったとする、巨大衝突説が有力視されています。

▲遠ざかる月　誕生したころの月は、わずか2万キロメートルの近さのところを5時間で地球をめぐっていました。現在は、毎年3.8センチメートルずつ遠ざかっており、40億年後には50万キロメートルまで離れたところでやっと止まります。

▲分裂説　地球が猛スピードで回転していたため、赤道付近がちぎれて月になったとするもので、地球と月を親子のような関係と考える説です。ただ、かつての地球が、そんなに高速で自転していたとは考えにくいのが難点です。(CG)

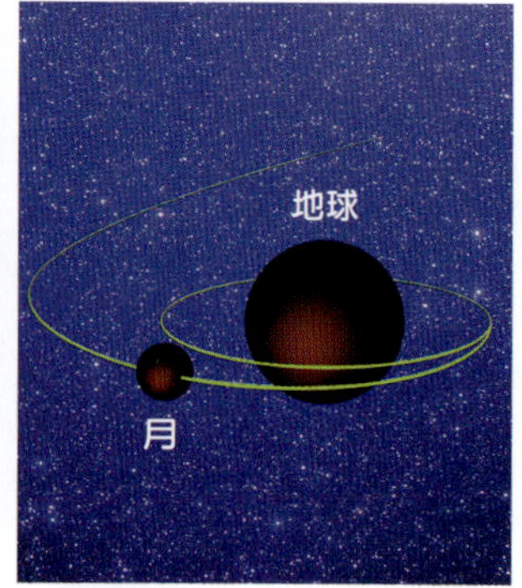

▲捕獲説　月と地球はそれぞれが別の場所で生まれ、月が地球のそばを通ったとき、地球の重力によりとりこまれ、地球のまわりをまわるようになったとする説です。しかし、こんな軌道は考えにくく、組成のちがいも説明できません。(CG)

▲双子説　地球と月が、ごく近くで独立に生まれたとする説で、原始惑星状星雲の中で、地球のかたまりの近くに月もできたと考えるものです。しかし、地球にくらべ、月に鉄や揮発性元素が少ないなどの、組成のちがいが説明できません。(CG)

巨大衝突説（ジャイアント・インパクト説）
誕生間もないまだドロドロにとけていた地球に、火星大の天体で重さが地球の10分の１くらいの天体がななめに激突、その飛び散った破片群が地球のまわりをまわりながら合体をくりかえし、衛星としては大きな、月となったというものです。その間たった１か月くらいというのですから、すごい早わざで月が誕生したことになります。（想像図）

夢の月面基地

人口爆発、食糧不足、資源の枯渇……現在、私たちがかかえるどんな問題も、この狭い地球上だけで解決できそうもないことは、誰もが感じざるを得ない時代となってきています。そんないささか心配な状況の中で、未来に明るい光明を与えてくれるのは、やはり、人類の宇宙への進出、とりわけ果てしない宇宙への旅立ちのための月面基地の建設でしょう。『竹取物語』のかぐや姫や、ジュール・ベルヌの『月世界旅行』などの夢物語から、今や、現実に月を必要とする時代です。

▲月の北極付近　月面の地質のようすなどが色わけで示されており、青い部分にはチタンが多く含まれ、海の部分には鉄分が多いことなどがわかります。

▲月世界で資源調達　生活に必要な酸素や水素、鉱物資源など、月世界の基地で必要なもののほとんどは月自身から得られそうで、その現実的な利用方法の研究も始められています。

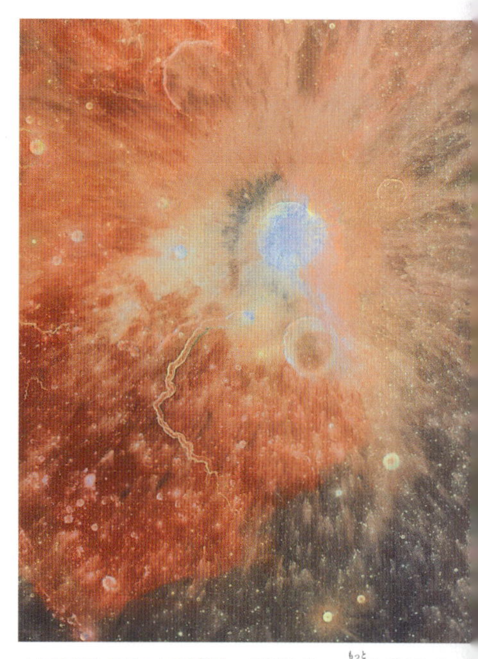

▲アリスタルコス付近　月面でも、最も明るく輝くクレーターのひとつで、この付近の地形をつくる新旧の物質が色わけで示され、月面の鉱物資源などの分布状況などがわかります。

月世界基地　地球上と同じような生態系を再現するために、人工的に水や食物などすべてを上手に再利用するための、リサイクルシステムがつくりあげられることでしょう。

オリンピック開催の場合 ――火星

地球の外側をまわる火星は、地球の直径の半分ほどの小さめの惑星です。このため体積は地球の6分の1、重さは10分の1にしかなりません。
大きさや重さがこんなに小さくては、火星表面での重力も地球にくらべるとずっと弱く、地球の0.4倍しかありません。
つまり、体重100キログラムの肥満に悩む人も、火星で体重計にのると、たった40キログラムにしかならないわけです。
将来、もし火星で、オリンピックが開かれたとすると、たとえば走り高跳びで世界記録2.4メートルの選手は、4.6メートルのバーをクリアできることになり、記録の認定がややこしいことになりそうです。

▲地球と火星の大きさくらべ　太陽系誕生間もないころ、火星大の天体たち8～10個が衝突合体して、今の大きさの地球や金星ができあがりましたが、火星はかつて、一度もそんな体験をしたことがなく、生まれたままの姿を保っている惑星とみられています。

▲火星の全面　上が北極で、下に小さく縮小した南極冠が白く見えています。南北の両極冠に含まれる氷の量は、地球のグリーンランドくらいとみられています。火星では、南半球にくらべ、北半球が5キロメートルも低く平らで、南半球側にクレーターがよりたくさんあります。

▲**火星**　自転周期は、地球よりほんの少し長めの24時間37分、自転軸の傾きが25度なので、地球によく似た一日の長さと、四季の季節変化がおこります。ただし、一年の長さが、地球のおよそ 2 倍にちかい687日もあるため、各季節の長さも地球の 2 倍となってしまいます。

▶**水をたたえた大昔の火星**　現在の姿とはかなりちがったものでした。（想像図）

楽しみな名所めぐり

二酸化炭素を主な成分とする大気は極端に薄く、平均気温もマイナス60度という火星の世界は、人間にとっては、なんともなじめない環境ですが、やがてそれを克服してドラマチックな火星観光を楽しめる時代がやってくることでしょう。

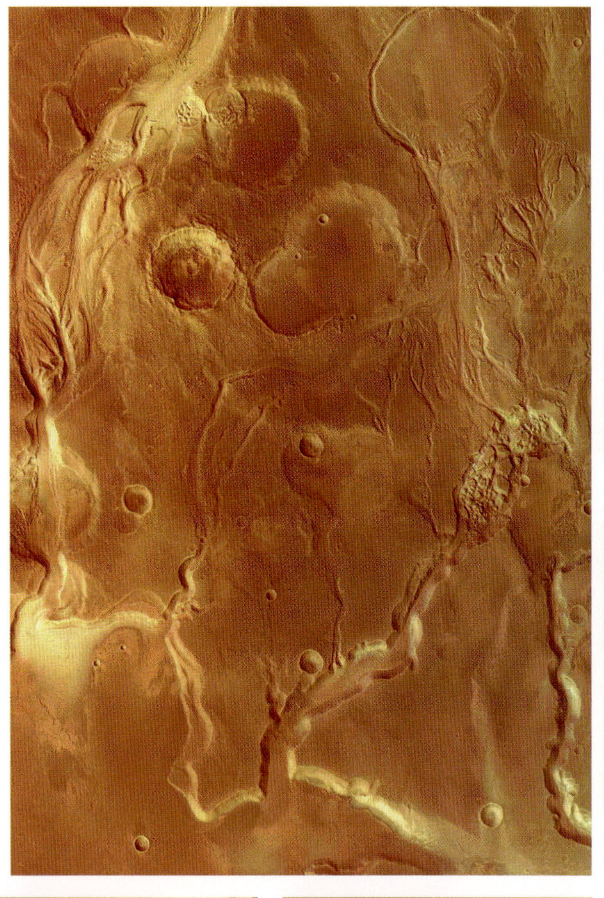

▶**大量の水の流れの痕跡** 火星表面には、現在、まだ水は見つかっていませんが、かつて豊かな水の流れがあったことを証拠だてる痕跡はあちこちに残されています。

▼**火星の南極冠** 左側で白く見えるのが、南極にある氷を含む雪原で、火星での四季の移り変わりにつれ、小さくなったり大きくひろがったりします。

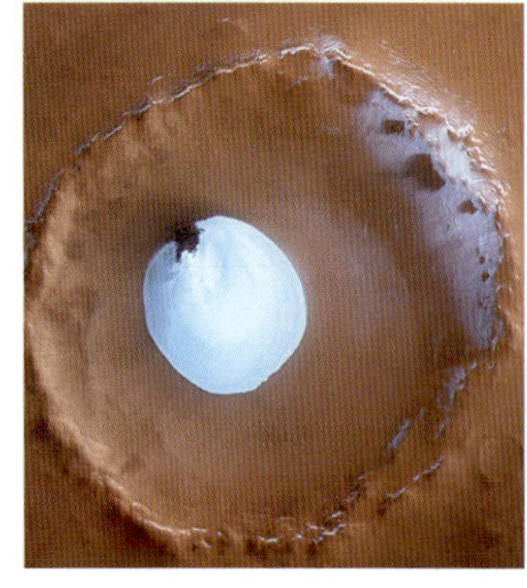

▲**氷のあるクレーター**

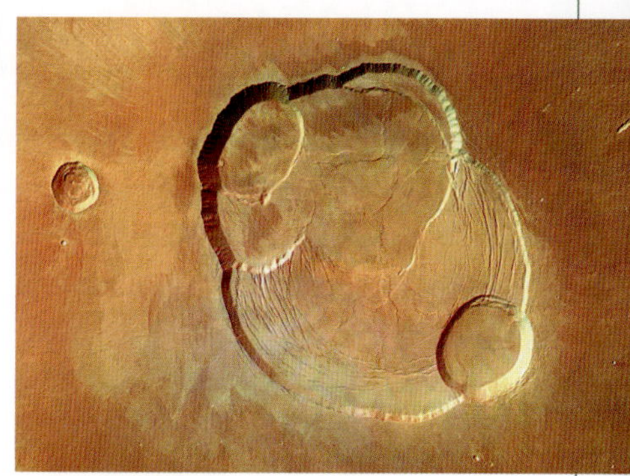

◀▲**太陽系最大のオリンパス火山**　太陽系最大の火山で、裾野の広がりは東京と大阪間ほどもある600キロメートル、高さはなんと2万5000メートルにも達します。1億年前から最近（240万年前）まで何度も大噴火をくりかえしていたとみられています。

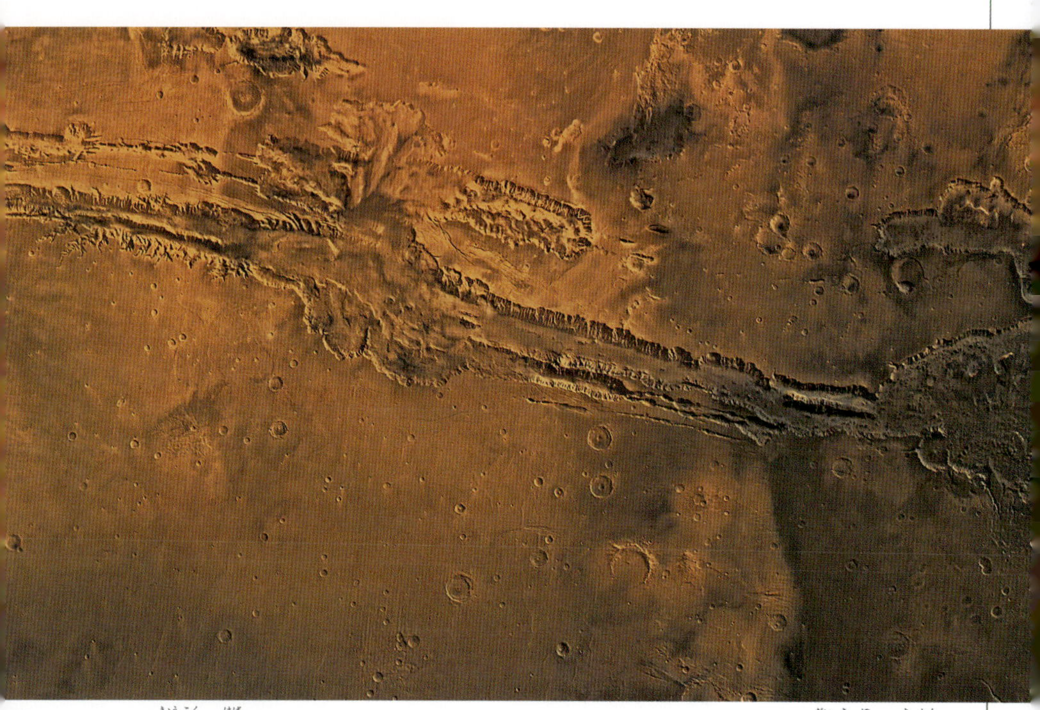

▲**マリネリス峡谷**　幅40キロメートル、深さ7000メートル、全長およそ4000キロメートルの大峡谷ですが、水の浸食だけではこれほどのものはつくれそうになく、かつての大規模な地殻変動でつくられたとみられています。そして、満満と水をたたえていたとも考えられています。

地球的な環境

赤い土におおわれた、石ころだらけの赤い砂漠のような大地がひろがるカラカラに干からびた火星の環境ですが、かつては大きな海がひろがり、火山が噴煙をあげ、生命のうごめきさえあったかもしれません。とにかく、火星ほど地球環境そっくりな惑星はほかにありません。

▲**火星探査車** 次々に火星探査機が送りこまれ、火星は私たち地球人にとってごく身近な惑星になりつつあります。（CG）

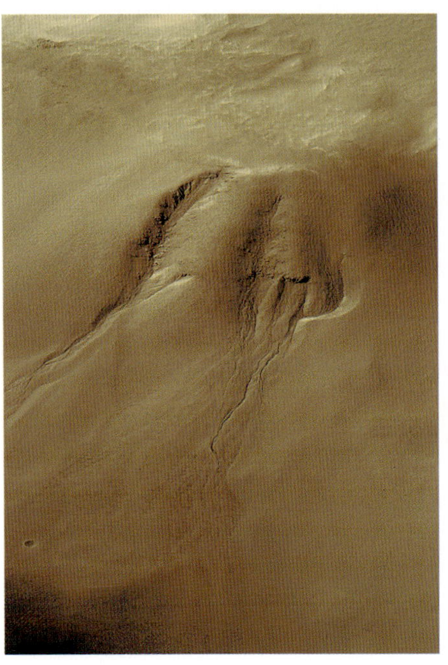

▲**地下からしみ出した水の流れ？** 地下に氷があって、温暖化するととけて地中からしみ出してくるのでしょうか。

▲**干からびた地表**　火星が赤く見えるのは、地表が鉄の酸化物を含む土でおおわれているためです。つまり、赤茶けた鉄さびのチリが、砂嵐などによって降りつもっているというわけです。空もピンク色に見えます。

▶**火星の地面にころがる隕鉄**　バスケットボール大のもので、地球外で発見された初めての隕鉄です。

▼**火星のクレーター**　火山活動によってできたクレーターのほか、天体の衝突によって形づくられたクレーターもたくさんあります。その衝突ではじき飛ばされた岩石が、地球に飛んできた火星隕石さえあります。

水と生命をさぐる

現在の火星世界では、水の流れや、生命らしいものは何も見つかっていません。しかし、かつての火星には、水をたたえた、大きな川や湖、もっと大きな海がひろがっていたことは、干あがったその地形からも明らかといえます。
水の存在がたしかなら、当然、生命の存在や誕生も考えられることになります。もしかしたら、今でも地中に水や生命がとじこめられているのかもしれません。

▶火星人のイメージ 昔の人びとは、火星に知的生命の存在をとりざたして、タコのような火星人像を描きだしました。

▲火星の川床　小さな青い粒々は、ブルーベリーとよばれているもので、この直径数ミリの球状のものによく似たものは、地球でも見つかっています。水の作用でつくられたものではないかと考えられ、周囲の浸食のようすとあわせて、かつての火星に、水があったことを証拠だてています。

▲水の流れのあった時代　かつての火星世界には、いく筋もの川の流れがあって、それらが流れこんで火星の海を一時的につくりだしていたことでしょう。当然、生命も誕生したことでしょう。

▲干からびた現在　火星には干あがった川底のような地形がたくさん残されていて、かつて今の地球と同じような、水の流れがあったことが、容易に想像できます。（想像図）

火星の生命の痕跡？

1600万年前に火星を飛び出し、1万3000年前に地球に落下した隕石が南極で見つかっていますが、電子顕微鏡で調べたところ、バクテリアのような構造が含まれていることがわかりました。火星の生命の痕跡ではないかと、話題になりましたが、鉱物状の構造とする否定的な意見もあります。

▲火星の生命の痕跡の顕微鏡写真（222ページ参照）

火星のテラフォーミング——火星改造

太陽系の惑星の中で、比較的地球の環境に近いのが火星です。しかし、そうはいっても、現在の火星環境が、人類の移住にとって、心地よいものとはとてもいえません。そこで、火星の世界を、そっくりそのまま、地球型に変えてしまおうというテラフォーミング（地球化）計画が、考えられはじめています。そう人間の都合のよいように、計画を進めてよいものかどうかの議論は別にして、1000年以上かければ、夢のようなその構想の実現は、可能だろうといわれだしています。

▲火星基地　月面基地に続いて、人類の宇宙への進出の次のステップは、火星に基地を建設することになりそうです。居住施設のほか、食糧生産のための植物栽培のグリーンハウス、水をつくりだす施設など、人間の生命維持や活動のためのさまざまな機能をもつ施設が、再循環システムにしたがって、構築されることになります。わくわくさせられますね。（想像図）

▲火星のテラフォーミング計画のステップ　人間が足を踏みしめられる赤い大地があるほかに、現在の火星環境は人間にとって好都合なものはなにもありません。まず希薄な二酸化炭素の大気を少しずつ酸素を主成分とする濃い大気に変え、濃度を増した大気によって液体の水が存在できるようにするなど、1000年以上かけて気長に火星を第二の地球にすることになりそうです。

『ガリバー旅行記』で予言 ―― 火星の衛星

『ガリバー旅行記』は、誰もがよく知っている物語ですが、作者スウィフトは、天空に浮かぶ島のラピュータ人に「火星には二つの衛星がある」と言わせています。1726年のことですから、アザフ・ホールによって、本当に火星に二つの衛星が発見される150年も前のことになります。

といっても、火星の衛星たちは、地球の月や木星のガリレオ衛星たちとは大ちがいで、大きいフォボスでおよそ25キロメートル、ダイモスで15キロメートルしかありません。しかも、その形は凸凹のじゃがいものような形をしています。そこですぐ思い当たるのは、火星のすぐ外側をまわる小惑星が、火星に捕まってしまったのかもしれないということでしょう。ラピュータ人たちが予言した、この衛星たちの正体は何なのでしょうか。

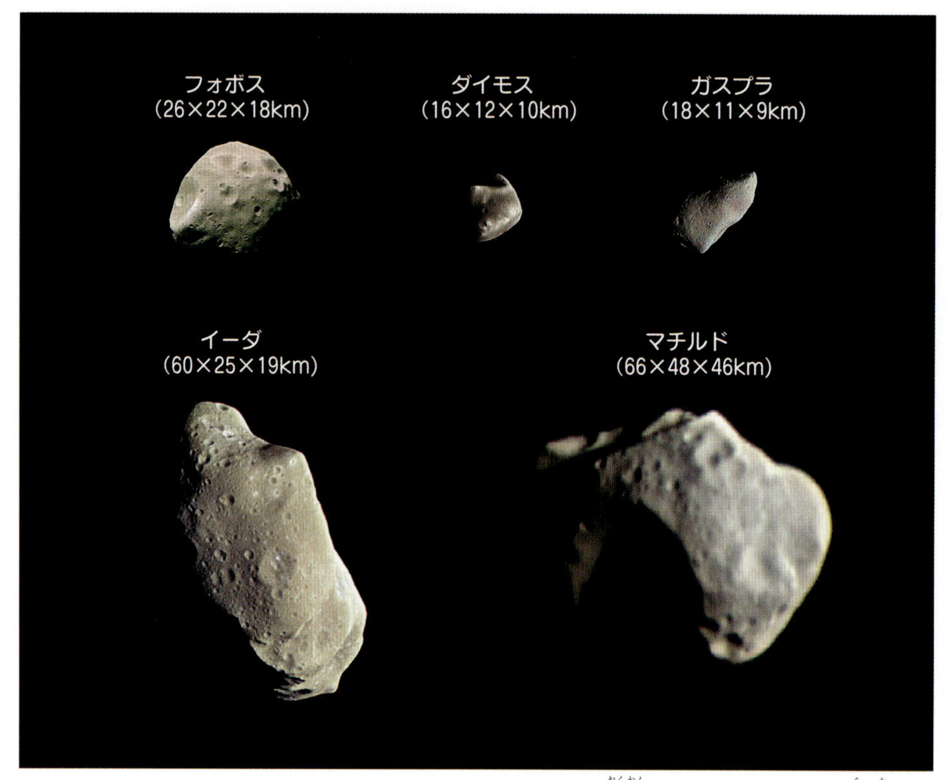

▲火星の衛星と小惑星たちの大きさくらべ フォボスは、形のくずれたラグビーボールのような姿をしており、ダイモスとともに小惑星そっくりといえます。フォボスは、少しずつ火星に近づいており、1億年もしないうちに、火星に落下して砕け散ることになるかもしれません。一方のダイモスは、逆に遠ざかっていますので、その昔、両者は分裂したとも考えられるのです。

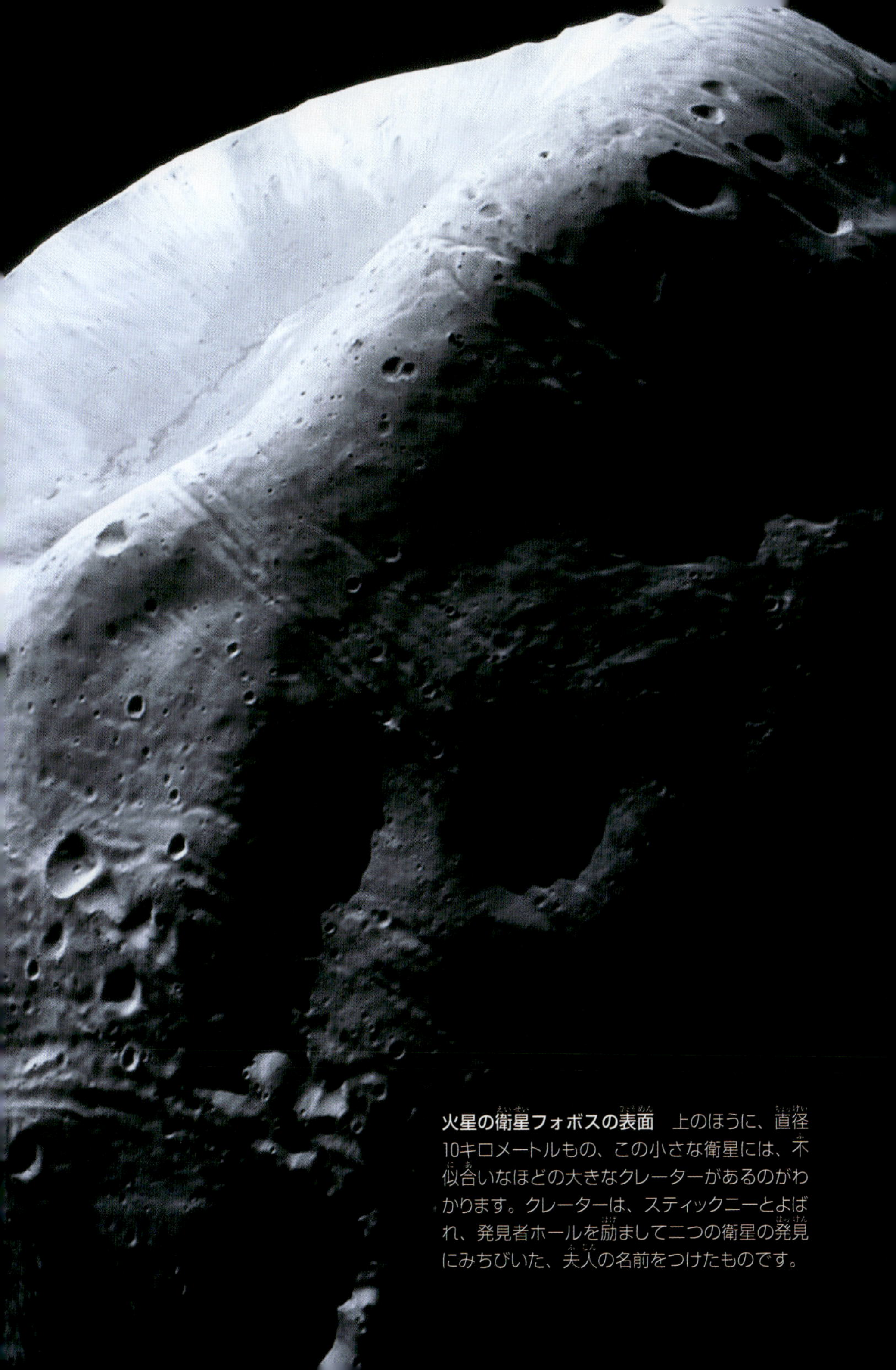

火星の衛星フォボスの表面　上のほうに、直径10キロメートルもの、この小さな衛星には、不似合いなほどの大きなクレーターがあるのがわかります。クレーターは、スティックニーとよばれ、発見者ホールを励まして二つの衛星の発見にみちびいた、夫人の名前をつけたものです。

小天体たちの大群

小惑星の数

太陽系の惑星の軌道をながめてみると、火星と木星の間が妙にひらいてみえます。しかし、ここには何もないのではなく、“小惑星”とよばれる小天体たちの大群がひしめきあうようにしてまわっていて、“小惑星帯”をつくっているのです。

現在、軌道のわかっているものだけで40万個近く見つかっているのですが、なにしろ、最大の準惑星ケレスでさえ、直径が952キロメートルしかありませんので、小惑星全部をかき集めても、その質量は地球のたった2000分の1、月の25分の1くらいにしかなりません。

そんなささやかな存在ですから、星空全体が、小惑星だらけに見えるなどということにはなりません。

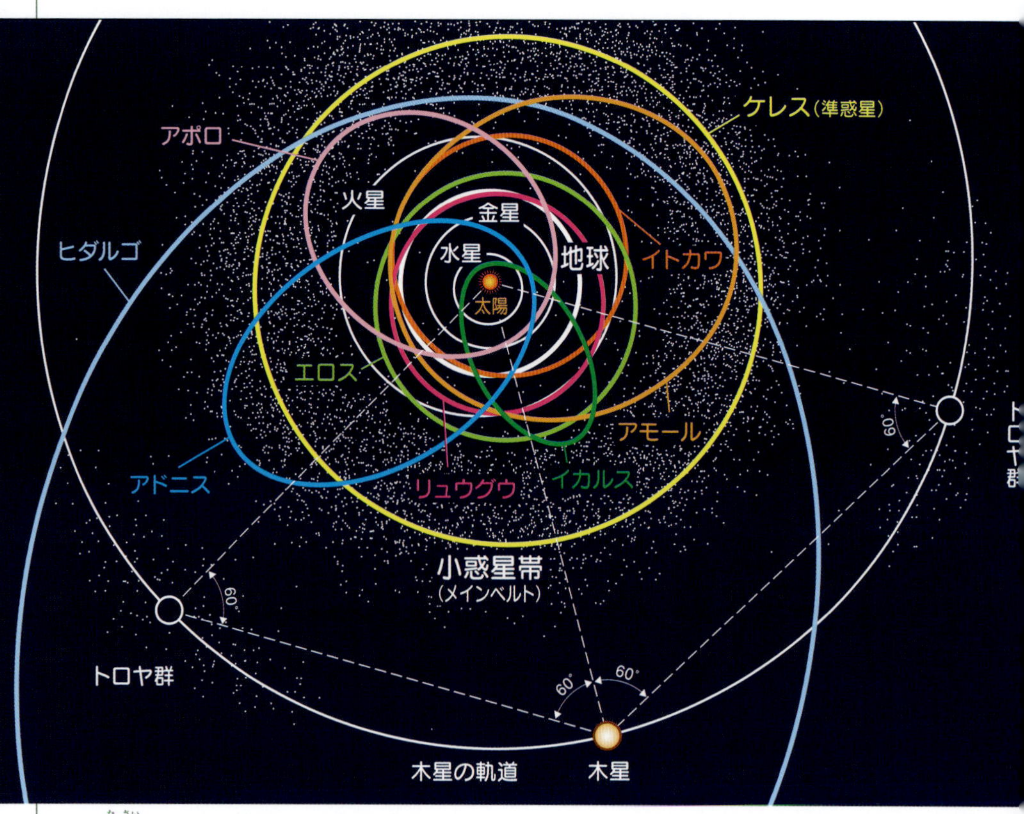

▲**多彩な小惑星の軌道**　大部分は火星と木星のメインベルトの中を、ほぼ円軌道を描いてまわっていますが、中には細長い奇妙な彗星のような軌道をとるものもあり、地球に大接近してくるような変わりものもいます。さらに、地球軌道の内側をまわるものや、木星や土星の外側をめぐるものさえあり、太陽系いたるところ、小惑星だらけといっていいくらいです。

▲小惑星イトカワ　宇宙航空研究開発機構（JAXA）の小惑星探査機「はやぶさ」がとらえたもので、ラッコのような形をしたこの小惑星の大きさは、535×294×209mの細長い天体です。母天体が衝突してこわされたあとで、破片の一部がより集まってできた“ラブルパイル構造”、つまり、がれきのよせ集まりのようなスカスカの小惑星とみられています。鉱物も隕石ととてもよく似ています。

◀小惑星951番ガスプラ　18×11×９キロメートルの大きさしかありませんので、上のイーダの３分の１といったところです。小惑星としては、これでも大きな方で、中には数百メートル、数十メートルといったごく小さなものもあります。

形の定まらない小天体たち――小惑星

地球のような大きな天体は、みんな丸い姿をしていますが、小惑星のほとんどは凸凹したじゃがいものような、不規則な形をしています。
大きな天体のように、おさまりのよい“球”になるほどの、力のない小さな天体たちだからです。

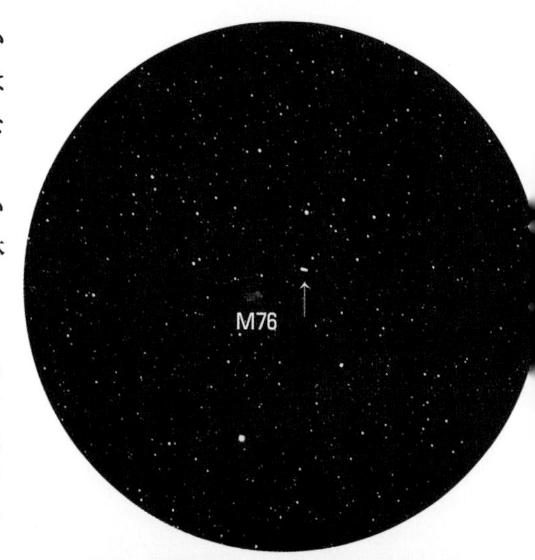

▶望遠鏡で見た小惑星433番エロス　ペルセウス座の惑星状星雲M76の近くをはやいスピードで移動中のエロス（矢印）ですが、明るさが変化して見えるところから、エロスの形が不規則なことが推測できます。事実、探査機でとらえたエロスは、下のような細長い形をしていました。

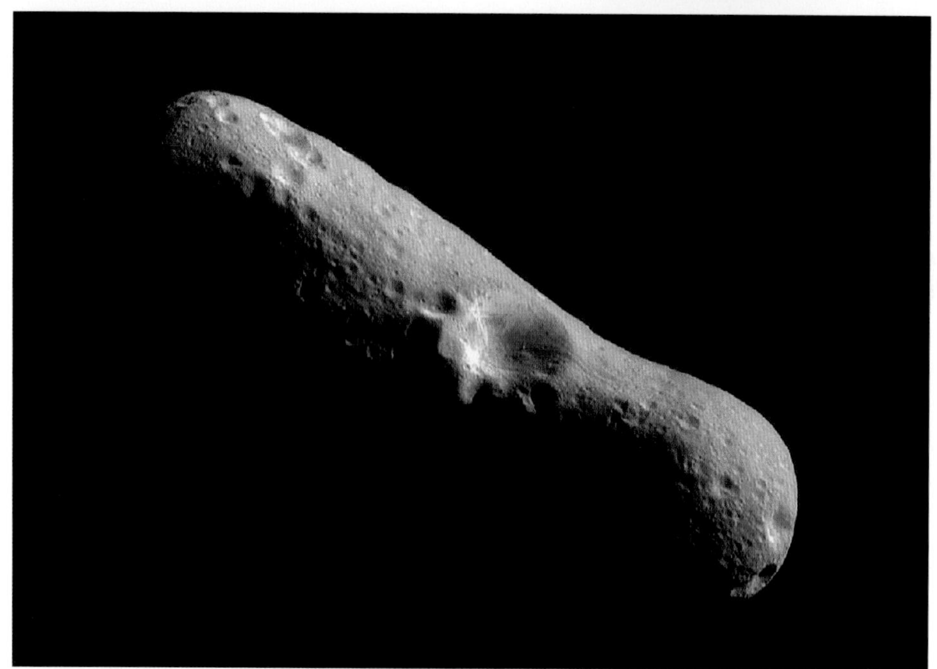

▲小惑星433番エロス　38×15×14キロメートルの棒状の細長い形をしているのが、探査機によってとらえられました。このエロスが5.3日の周期で自転しているため、地球に大接近することのあるエロスを望遠鏡で見ていると、上のように明るさが変化して見えるというわけです。

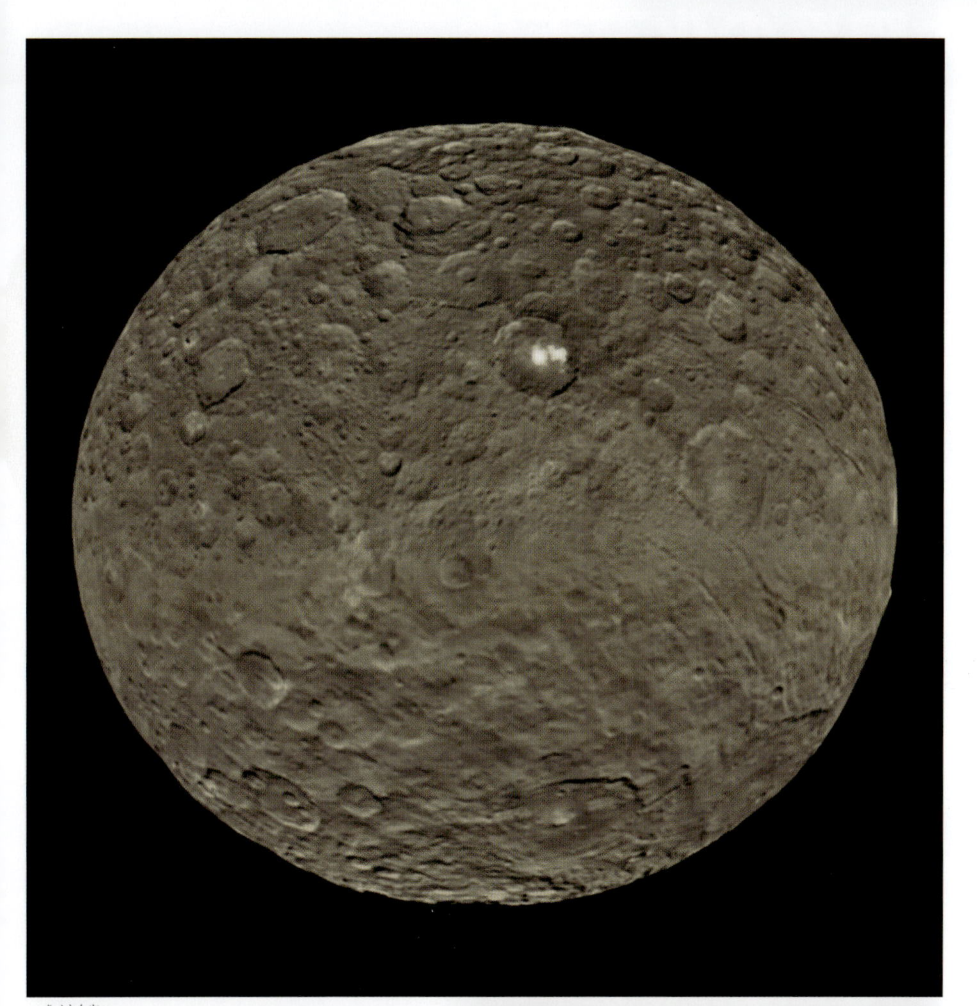

▲**準惑星ケレス** 火星と木星の間の小惑星帯メーンベルトを4.6年の周期でめぐるケレスの直径は、939kmとずばぬけて大きく、ほぼ球形をしており、「準惑星」に分類されています。

▶**小惑星433番エロスの表面** 厚いチリにおおわれていて、大きさが1～2メートルの小さな天体がぶつかってきても、地震性の振動が起こり、小さなクレーターがかき消されたり、チリが空間へ舞いあがったりします。小惑星は、重力がとても弱いからです。

太陽系の化石天体 ―― 小惑星の正体

太陽系が誕生した46億年前には、小惑星のような、直径10キロメートルくらいの“微惑星”とよばれる天体たちが、それこそ無数にあったと考えられています。そして、それらが衝突、合体して地球のような、大きな惑星たちができあがっていったのですが、小惑星帯にあった微惑星たちは、すぐ外側で大惑星となった巨大な木星の重力にじゃまされ、惑星になれなかったのかもしれません。
小惑星は、太陽系誕生の秘密を知る、化石天体たちというわけです。

▲小惑星ベスタから飛んできた隕石　下の小惑星ベスタの性質と、そっくりの小さな隕石です。

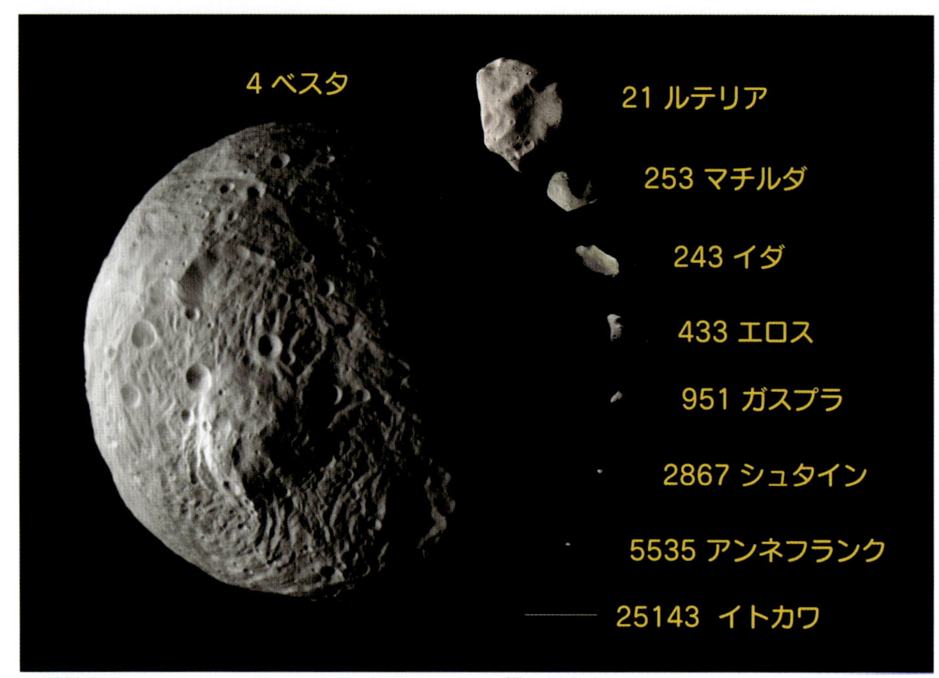

▲小惑星 4 番ベスタ　直径520キロメートルもある、小惑星の中では 3 番目の大物で、反射能が高いので、小惑星の中では一番明るく見え、時には5.4等星にもなります。上はそのベスタの姿を探査機ドーンが接近してとらえたものです。また、ベスタと比較するため他の小惑星が示してあります。ベスタのとびぬけた大きさがこれによってわかることでしょう。

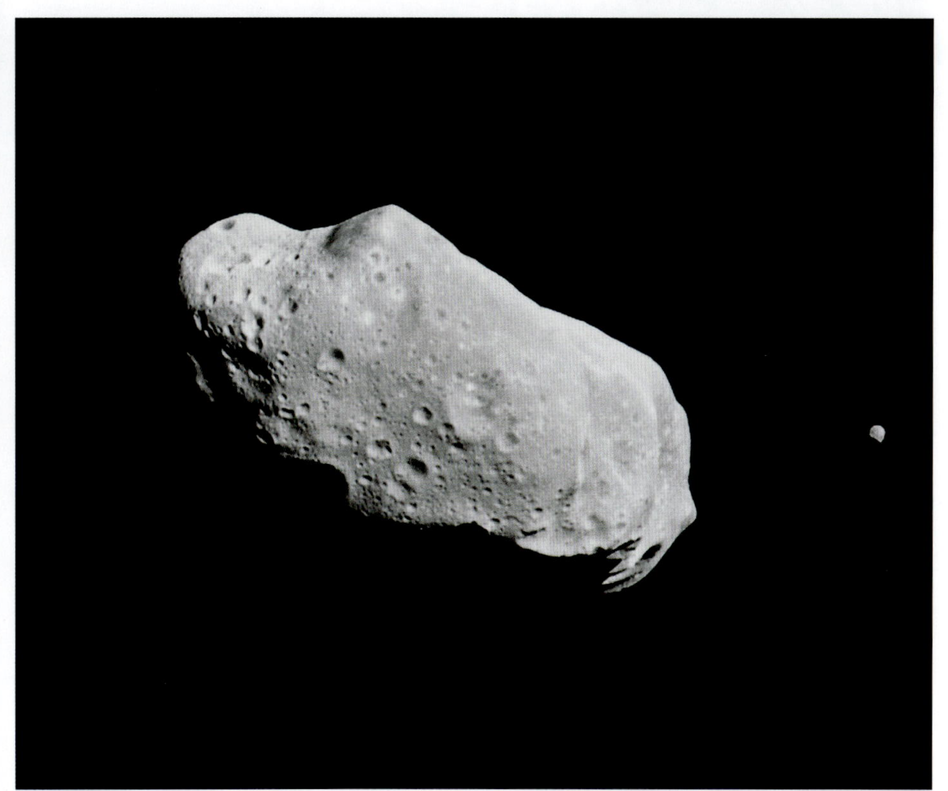

▲小惑星243番イダとその衛星ダクチル　イダから、100キロメートル離れたところをめぐる、ダクチル（右端）の大きさは1.5キロメートルほどで、およそ20億年前の天体衝突で離れたイダのかけらとみられています。小惑星の中には、このように衛星をもつものや、群れになっているものがあります。いずれも小惑星どうしの衝突などによってできたものです。

小惑星のかけら――隕石

右は、1850年に岩手県の陸前高田市の郊外に落ちてきた、日本で最大の気仙隕石（重さ135キログラム）です。地上に落ちてくる隕石や隕鉄は小惑星のかけらで、その軌道を調べてみると、みんな小惑星帯からやってきたことがわかります。（212ページ参照）

太陽系最大のジャンボ惑星――木星

太陽から５番目の軌道を、およそ12年かけてひとめぐりする、大型のジャンボ惑星が木星です。
直径は地球の11倍、体積はなんと1300倍もあります。しかし、その大きさのわりに体重は軽く、地球の320倍ほどしかありません。
それは、岩石のかたまりのような、地球型の惑星とちがって、木星がおもに水素やヘリウムなど、とても軽いガスでできているからです。
つまり、木星は、惑星とはいっても、むしろ太陽に似たガス惑星というのが、その正体なのです。木星の外側をまわる土星も、木星型の惑星です。

▲木星の世界をさぐる 1995年に、木星に到達したガリレオ探査機は、木星のまわりをまわりながら、木星の雲の中や、木星の衛星たちのようすをさぐりました。これからも、ジュノーなど木星の世界をさぐる探査機が、いくつも木星に向かい、木星本体はもちろん、ガリレオ衛星たちの生命の存在なども詳しく調べあげられることでしょう。（想像図）

▲木星と地球と太陽の大きさくらべ 木星の大きさは太陽のおよそ10分の１ほどですが、含まれる水素とヘリウムなどの割合は、太陽とほぼ同じです。木星は、太陽のように自ら熱を出して輝いてはいませんが、その性質は、地球などとは大ちがいで、太陽に似ているのです。（CG）

▲**木星**　直径が地球の11倍もあるのに、木星はその巨体をわずか10時間ほどで一回転させてしまいます。自転のスピードが速く、上空には秒速100メートル以上の風が吹き、東西方向に雲が流れて、縞模様ができています。下方に太陽系最大の衛星ガニメデの姿が見えています。

太陽になりそこねた惑星 ―― 木星

太陽系最大のガス惑星の木星が、もし、今より80倍ほど重く生まれついていたら、中心部での温度や圧力があがり、太陽のように核融合の火がともって、木星は第二の太陽として、光り輝く“恒星”になっただろうといわれます。そんな木星の姿は、月の４分の１ほどの大きさで夜空にかかり、月の明るさの２倍の赤みをおびたにぶい光を放って、地上の夜は、不気味な赤さの光で照らしだされることになったはずです。大小二つの太陽のある世界は、どんなものでしょうか。

▲木星の表面　木星は、太陽から受けとるのと同じくらいのエネルギーを、内部からしみ出させています。その熱対流が、速い自転のスピードによって、縞模様をつくりだしているのかもしれません。東西方向にのびる、この雲の変化するようすは、小さな望遠鏡でも見ることができます。

▲木星　ガス惑星とはいえ、その中心には、地球の大きさの1.5倍くらいの岩石核があるのかもしれず、その核のあたりでは、100万気圧、1000万度という超高圧、超高温になっていて、核融合こそ起こらないものの、そのエネルギーが表面にしみ出して、縞模様のパターンをつくりだしているらしいのです。

▶真横から見た木星　土星へ向かう途中の、探査機がとらえた、地球側からは見られない姿です。

巨大なガス惑星の世界 ―― 木星の実態

ガス惑星とはいえ、深い内部ほど、圧力と温度は上がり続けます。そうでもして釣り合いを保たないと、強大な重力で、木星自身がつぶれてしまうからです。そして、その強大な圧力のため、表面近くでは、ガス状の水素も深くなるにつれ、液体水素から金属水素へと、姿を変えていくことになります。あの軽々とした気体の水素が、内部深くでは、金属状態になっているというのですから、木星をただの、フワフワのガス状惑星とイメージしてすますわけにもいきませんね。

▲木星探査機ガリレオの活躍 木星の雲の中へも、小型探査機を送りこんでさぐりました（想像図）。その後、木星の南北の極方向をさぐるジュノー探査機などが送りこまれています。

▲雲の流れ 深さ100キロメートルの水の雲の中では、地球の嵐と同じような上昇気流が、激しい雷雨をともないつぎつぎにわきあがってきます。

▲木星のオーロラ 地球と同じように、南北両極では、地球のものよりはるかに、大規模なオーロラをつくりだしています。170ページに土星のオーロラの写真があります。

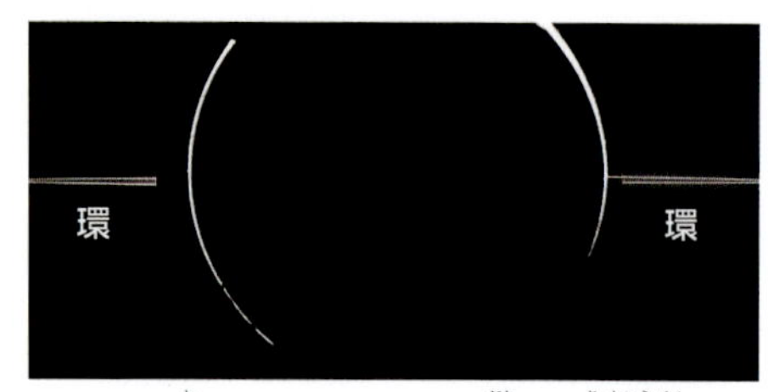

▲木星の環 探査機が、夜の側から逆光線でとらえたもので、土星の環とちがい、淡く暗いので地球から望遠鏡で見ることはできません。

▲大赤斑　木星の南半球には、木星世界で、最も目につくピンク色の巨大な“大赤斑”が、激しく変化する雲の流れの中で、反時計まわりに回転しています。地球が3個入るほどの高気圧性の渦巻で、350年以上見え続けています。このほか小さな白斑がいくつもあります。

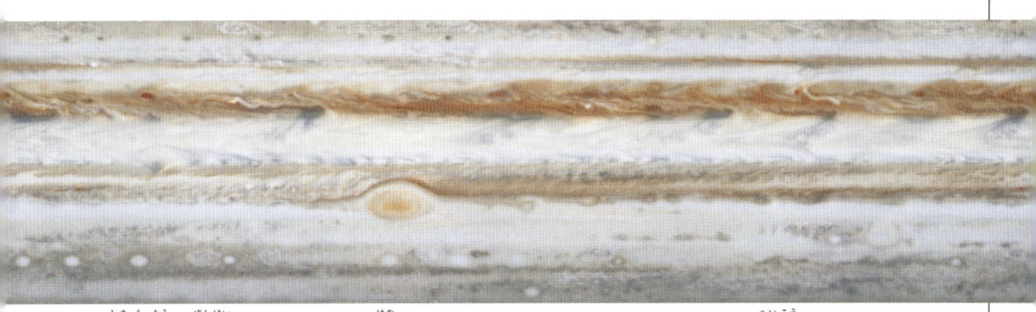

▲木星の縞模様の全景　10時間ほどの速いスピードで自転しているため、赤道に平行な大小の雲の流れがいくすじもでき、東風と西風とすれちがうところには、渦巻ができています。

地球のガードマン ―― 木星の重力

もう少し大きかったら、太陽系第二番目の太陽となって輝きだしたかもしれないという木星ですから、とにかく、たいへんな怪力の持ち主です。その強力な重力で、近づいてくる彗星のような小天体たちを捕まえたり、打ちくだいたり、ときには、太陽系の外へ投げとばしたりしています。おかげで、彗星のような天体が木星の内側に入りこんできて、地球に衝突する危険は、木星がなかった場合より、1000倍は低くなっているといわれています。木星がいてくれるおかげで、地球上では、安心して、生命の進化が続けてこられたというわけです。木星はまさに地球を守ってくれる、ガードマンともいえる、ありがたい存在なのです。

▲木星に打ちくだかれる小天体たち　木星に近づきすぎる小天体たちは、その強力な重力で、簡単に軌道を変えさせられてしまうだけではありません。時には木星につかまったり、時にはその強力な潮汐作用によって、こなごなに打ちくだかれてしまうことさえあるのです。(想像図)

▲木星に激突する彗星片たち　木星に破壊された彗星の破片は、次次に、木星に激突していきます。木星の衛星ガニメデの表面には、分裂させられた彗星が、その直後に、一列にならんだまま激突してできたらしい痕跡も見つかっています。（想像図）

▶シューメーカー・レビー第9彗星の衝突痕　1929年に木星につかまってしまい、木星の周囲をめぐる衛星のようになっていた彗星が、63年後の1992年に木星に近づきすぎ、その怪力によってバラバラにひきちぎられ、破片21個が、1994年になって次々に木星に激突するという大事件が起こりました。地球より大きな衝突痕（矢印）は、小さな望遠鏡でも見えるほどのものでした。

多彩な顔ぶれ ―― 木星の衛星たち

木星は、太陽系最大のジャンボ惑星だけに、ひきつれている衛星の数も多く、大小69個もあります。そのほとんどは、小惑星なみの、ごく小さなものばかりですが、ガリレオ衛星とよばれる４個だけは、惑星なみに大きく、小さな望遠鏡でも見ることができます。
そのガリレオ衛星たちは、太陽系の衛星の中でもユニークな存在で、イオには活火山があって、今も噴煙をあげており、エウロパには、厚い氷の下に海があって、生命の存在の期待すらあります。エウロパの外側のガニメデにも、海があるかもしれず、その大きさは、惑星の水星を上まわり、太陽系最大の衛星となっています。その外側のカリストも大型衛星です。

▶**木星の環と小衛星**　木星に近い内側の軌道をめぐる４個の小さな衛星たちと、木星のごく淡いリングは、深い関係がありそうです。というのは、これらの小衛星にぶつかった小惑星や彗星がこわれ、チリとなってリングをつくっているらしいからです。（想像図）

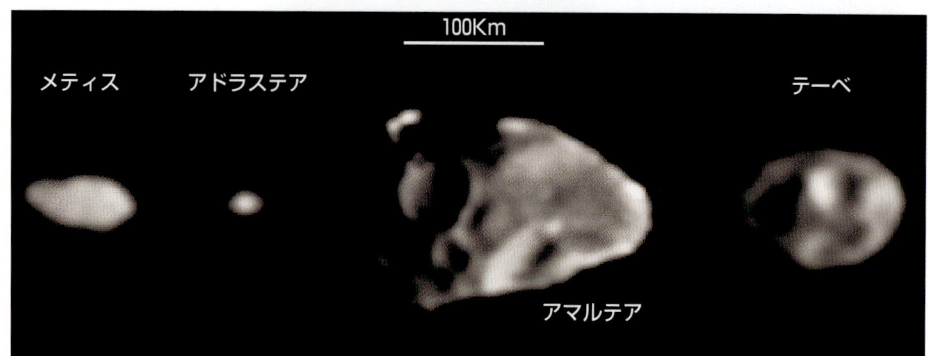

▲**木星のミニ衛星たち**　これらの小さな衛星たちは、原始木星系円盤の中で形づくられたものか、木星系の外からやってきて捕まったものかはっきりしていませんが、いずれにしろ、現在の位置より、ずっと遠いところから、少しずつ内側の軌道に入りこんできたものとみられます。

▲木星とその衛星たち　大赤斑に重なる赤みをおびた衛星が、活火山のあるイオで、右中央付近に見えるのが、海の存在が期待されているエウロパです。木星の巨体ぶりが、あらためてよくわかり、これらの衛星たちが、木星の影響を強くうけているにちがいないこともうかがえます。

▲ガリレオ衛星の大きさくらべ　左から順に木星に近いもので、木星のまわりをひとまわりする日数も示してあります。地球の月にくらべるといかに短い周期で木星のまわりを、まわっているかがわかることでしょう。なお、このガリレオ衛星たちに大気はほとんどありません。

活火山が噴火するイオ ―― 木星の衛星

ガリレオ衛星のうち、イオは、木星に一番近い軌道をまわっていて、大きさは地球の月とほぼ同じくらいです。
しかし、クレーターだらけで、ほとんど活動らしいもののみられない月にくらべ、イオには、今も噴煙をあげて活動中の活火山がいくつもあります。
イオに激しい活火山があるのは、木星の近くをまわるイオが、その強い重力による潮汐作用で、たえずゴムボールのように変形させられて、その内部が熱くなっているからです。つまり、内部にたまった熱が外に向かって噴き出し、激しい噴火になるというわけです。

▲イオの表面 激しい噴火によって、今もたえず地形が変化し続けています。

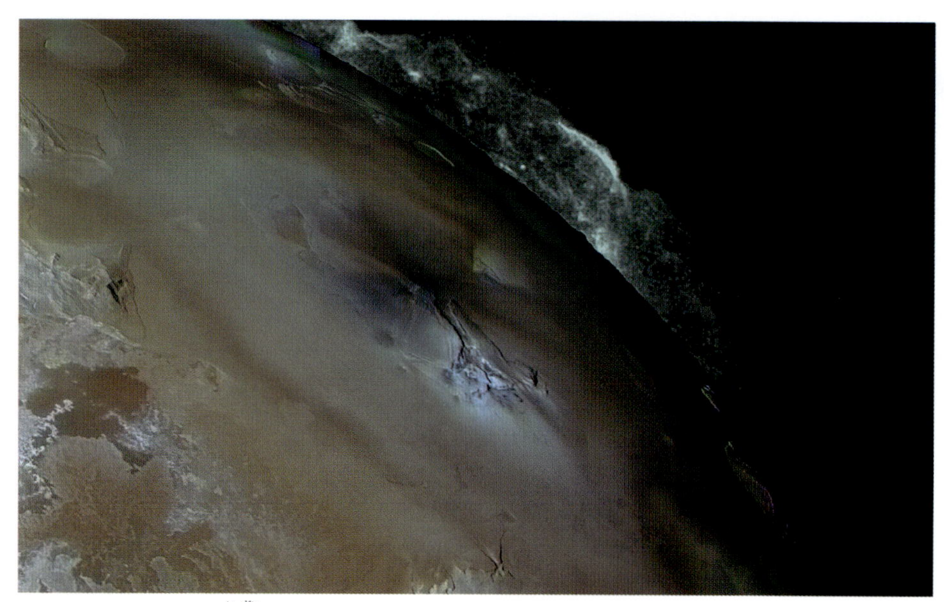

▲イオの活火山 地球以外の天体で、はじめて火山活動が見つかった衛星で、その表面は硫黄でおおわれています。これは、イオの重力が地球の6分の1しかなく、火山から噴きだした硫黄の噴煙が、100キロメートル以上にも高くのぼって、イオ全体に広くまきちらされるからです。

▶火山の噴煙　高さ100キロメートルに達する噴煙によって、イオの表面は、硫黄とその化合物でおおわれ、赤っぽく見えます。

▲激しい噴火　高さ300キロメートルの、雨がさ状の噴煙をあげるものなど、現在活動中の活火山は、10個以上もあります。

▲ドバシュタル溶岩噴泉　ヒンズー教の稲妻をつくりだす神の名に由来する巨大なカルデラの割れ目からは、高さ1500メートルもの高温の溶岩が噴出しています。溶岩の温度が2000度と高いため、カーテン状に噴出する溶岩の部分は赤くなって見えています。

海のあるエウロパ

ガリレオ衛星のうち、内側から二番目の軌道をめぐるエウロパは、地球の月より少し小さめの衛星ですが、月と大ちがいなのは、表面をおおう厚い氷の下に、あたたかい海水をたたえた深い海があるらしいことです。
海があるなら、当然、生命が存在しているかもしれず、2020年代には、その氷の下にもぐりこめる探査機が送りこまれ、調べられることになっています。

▶ひび割れたエウロパの表面 ひび割れた卵の殻のように見える無数のすじ模様は、木星の強い潮汐作用でできた氷の割れ目で、その氷の下にある海の中からしみだしてきた、硫酸マグネシウムの赤い海水だと考えられています。

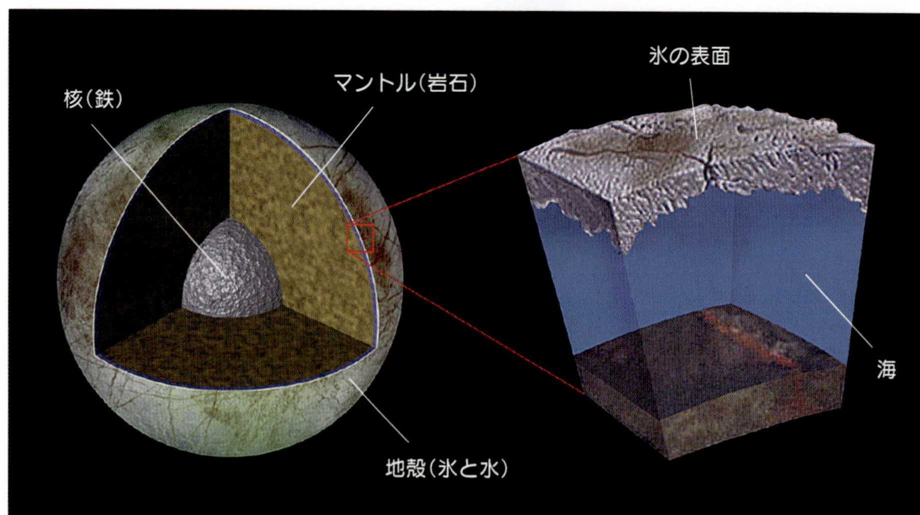

▲エウロパの構造と氷の下の海 表面は、厚さ100キロメートルをこえる、氷と海水におおわれていますが、イオと同じように、木星の強い潮汐力で変形させられるため、表面は固く凍りついているものの、その下の海はあたたかい海水になっているとみられています。(CG)

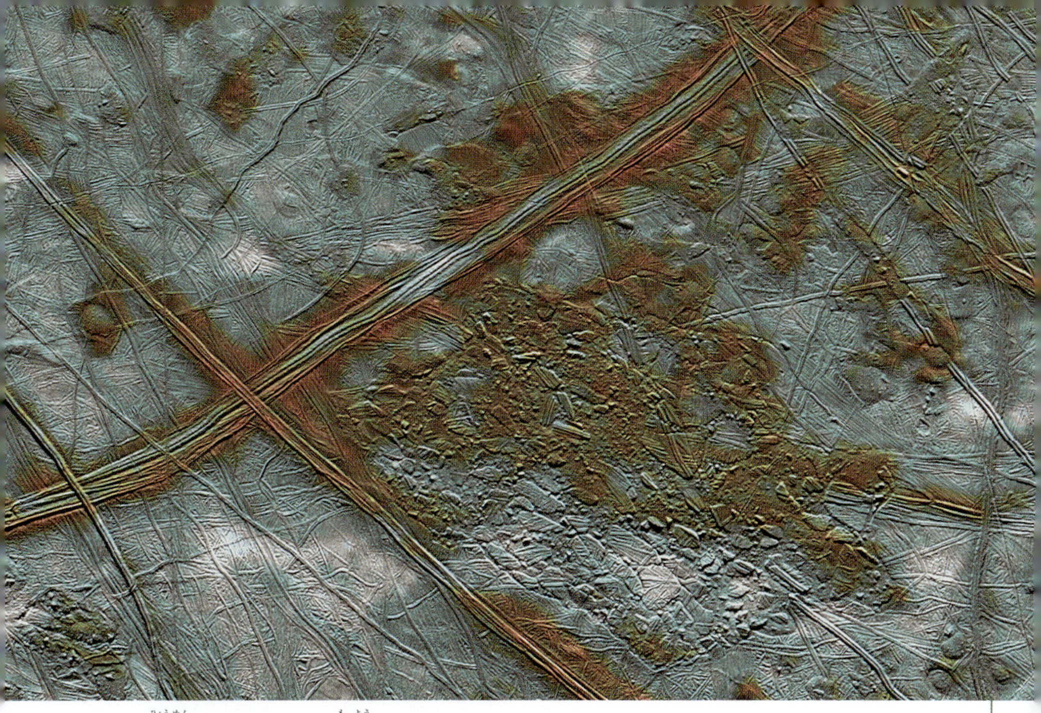

▲エウロパの表面を走る赤いすじ模様　青みがかった古い氷の表面の割れ目に、地下の赤い海水がふき出し、急に凍りついたためにできたすじ模様があちこちに走っています。表面に、天体の衝突の古いクレーターがほとんどなく、これらの地形がわりあい新しいものだとわかります。

▲コマナラ地方の表面　エウロパの氷の表面は、氷板がふきよせられた、地球の北極や南極のようすによくにています。地球の南極の厚い氷の下にも、ボストーク湖とよばれる、数千万年以上も外界とふれたことのない湖の存在が知られており、未知の生命の存在も期待されています。

太陽系最大の衛星ガニメデ――木星の衛星

ガリレオ衛星のうち、内側から３番目をめぐるガニメデは、惑星である水星よりも大きく、地球の月のおよそ1.5倍もある太陽系で一番大きな衛星です。エウロパと同じように、厚い氷の下に、あたたかい海があるらしいことがわかってきています。

▶ガニメデのすじ模様　数百メートルの細長いすじが、いくつものたばになって、まるで、人間の筋肉のような模様になっています。これは、氷の表面にできた細長い断層で、木星の潮汐加熱で内部がとけたことによるものとみられています。

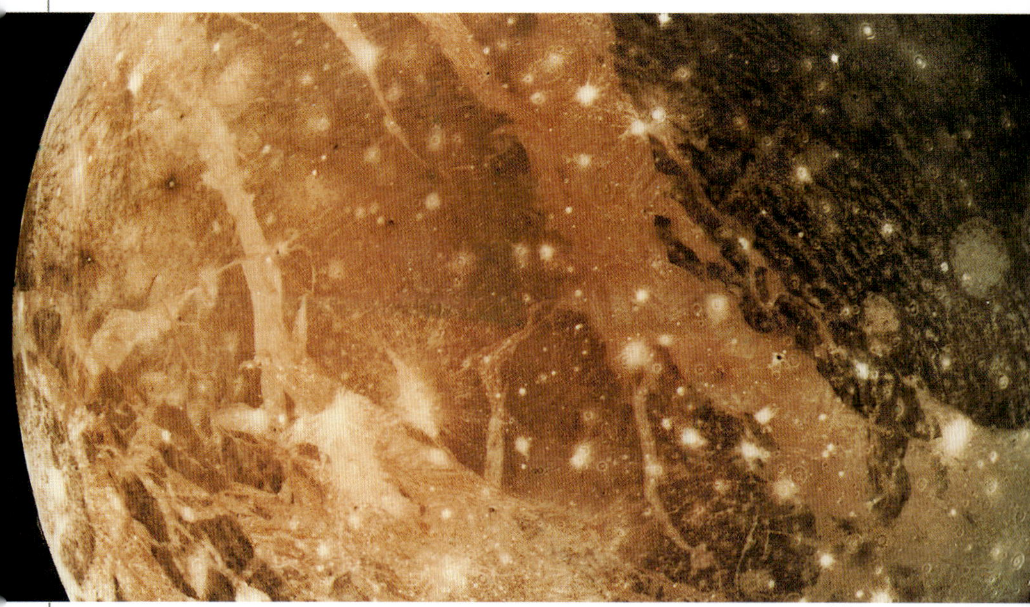

▲ガニメデの表面　内側をまわるエウロパと同じように厚い氷でおおわれ、その下にはエウロパよりさらに大量の水でできた海があると考えられています。しかも、30〜40億年前には、火山活動もあったようで、地球の深海の熱水鉱床のような環境下で、生命の存在も期待されます。

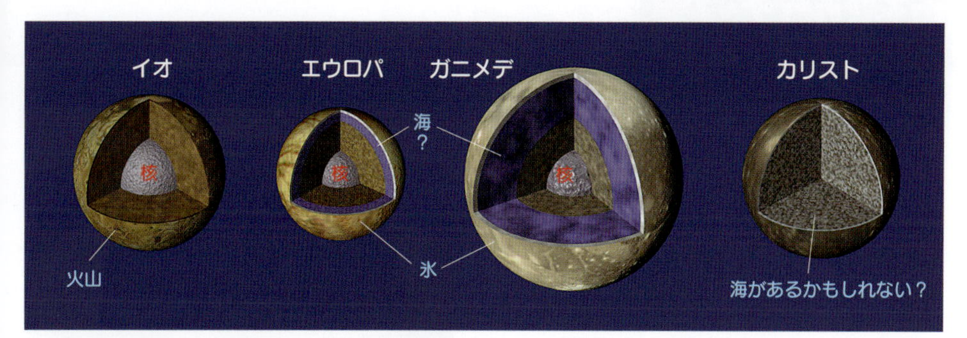

▲ガリレオ衛星たちの内部のようす　木星の4個のガリレオ衛星の内部構造は、それぞれ個性的なもので、エウロパやガニメデの氷の下の海には、生命の発生にとって大切な炭素や、窒素、硫黄などの物質が見つかっています。将来、探査機は、ワカサギ釣りのとき氷に穴をあけるのと似た方法で、この厚い氷の下にもぐりこみ、生命の存在をさぐることになります。

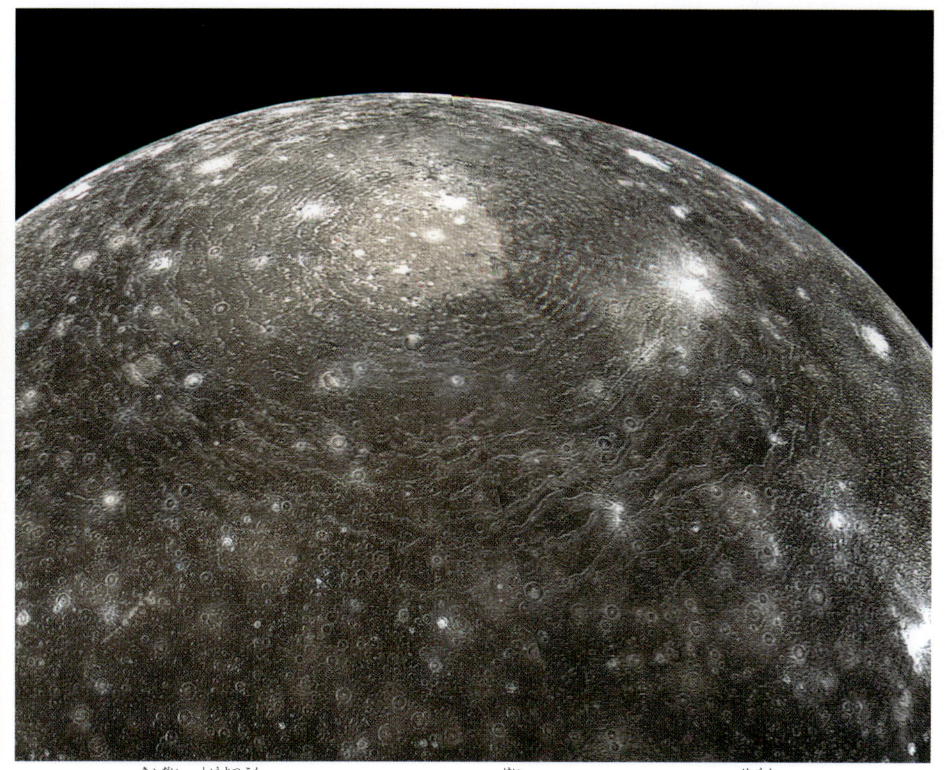

▲カリストの巨大な衝突痕　ガニメデよりは小さめですが、地球の月よりは、1.3倍ほどの大きさがある大型の衛星です。その氷の表面には、直径3000キロメートルもある波紋のような、大きな天体の衝突痕があります。彗星のような天体とのはげしい衝突があったことを物語っています。

神秘的な環をもつ惑星

美しい環をもつことで、誰にも人気のある土星は、太陽から6番目の軌道を、30年がかりでひとまわりしています。大きさは、地球のおよそ10倍、木星に次ぐ大きなガス惑星で、その主な成分は水素やヘリウムです。このため、とても軽く、もし、土星を入れることのできるほどの巨大なプールがあったら、その中で土星は、プカプカと浮いてしまうだろうといわれています。

▲土星のオーロラ 地球のものよりはるかにスケールの大きなものが南北両極に出現します。

▲土星の世界をさぐる探査機カッシーニ 2004年7月に、土星に到達した探査機カッシーニは、20年間にわたって、土星本体はもちろん、美しい環や大気をもつ衛星タイタンなど、謎の多い土星世界のようすをさぐり続けました。カッシーニの得た最新情報から、目がはなせません。(CG)

▲幅広い土星環　地球を5個もならべられるほどの広さをもつ環には、発見者の名をつけた"カッシーニの空隙"、"エンケの空隙"とよばれるすき間があり、望遠鏡でも見えます。

▼極薄の土星環　地球から見ていると、15年ごとに、環を真横から見るようになります。幅の広さにくらべ、厚さは数十メートルもない、極薄なので、望遠鏡では見えなくなってしまいます。

極薄の環の正体

土星環

土星のあの神秘的な美しい環は、どうやってできたのでしょうか。土星が誕生したときの、居残り物質なのでしょうか。氷衛星どうしが衝突して、こなごなにくだけたものでしょうか。それとも、土星本体に近づきすぎた衛星が、強力な潮汐作用で、こわされたのでしょうか。
また、いつできたのでしょうか……。また、これからも、ずっと環は、存在し続けることができるのでしょうか……。
土星環はナゾだらけです。

▲**土星環をさぐるカッシーニ探査機** 美しい環は、望遠鏡では板のように見えますが、実際は無数の氷か雪のつぶのようなものが、土星の周囲をめぐっているものです。（想像図）

▲**土星環のアップ** 640万キロメートルのところから見たもので、おもに氷片でできているため、ほかの惑星の環よりずっと明るくはっきり見えます。白く見える部分は純粋の氷で、炭素や砂の混ざっている部分の氷は暗く見え、カッシーニの空隙には細かいゴミが多いようです。

▲**土星環の正体**　数メートルから数ミクロンの氷の粒子がその正体らしいとされましたが、数センチメートル大のものがほとんどで、それも粉雪かぼたん雪くらいと、意外に小さいことがわかってきました。細かいスジ模様は、衛星たちの重力の影響でつくられるようです。(CG)

原始生命の宿るタイタン──土星の衛星

土星のまわりをめぐる衛星の中で、最大のタイタンは、惑星の水星よりも大きく太陽系では、木星のガニメデに次いで2番目に大きな衛星です。
タイタンには、太陽系の衛星の中で、最も濃い大気があり、その内部には、地球が誕生して間もないころに似た環境があって、原始生命が宿るのではないかとの期待が高まってきています。

▲土星の衛星タイタンの全景　活発な気象や、地質活動をうかがわせる、濃い大気におおわれています。

▲厚い大気につつまれたタイタン　太陽系の数ある衛星の中で、最も濃い大気をもち、原始生命の可能性を思わせる有機物を含んでいます。

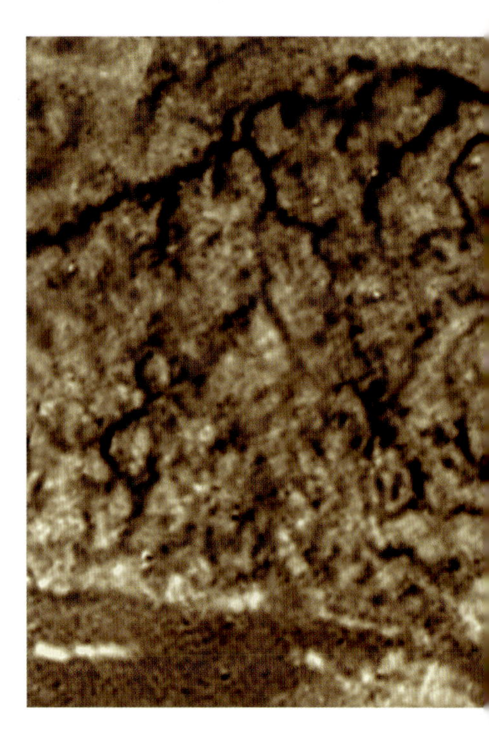

▲タイタンに着陸したホイヘンス　カッシーニ探査機から切り離された探査プローブ“ホイヘンス”は、2005年１月14日にタイタンに着陸、初めて衛星に着陸した小型探査機となりました。（想像図）

▲タイタンの地表　数センチメートルから、十数センチメートル大の氷や有機物のかたまりが、ゴロゴロころがっているようすがわかります。地球上でもメタンを食べて生きる生物の存在が知られているので、タイタンの世界にもそんな生命の可能性があります。

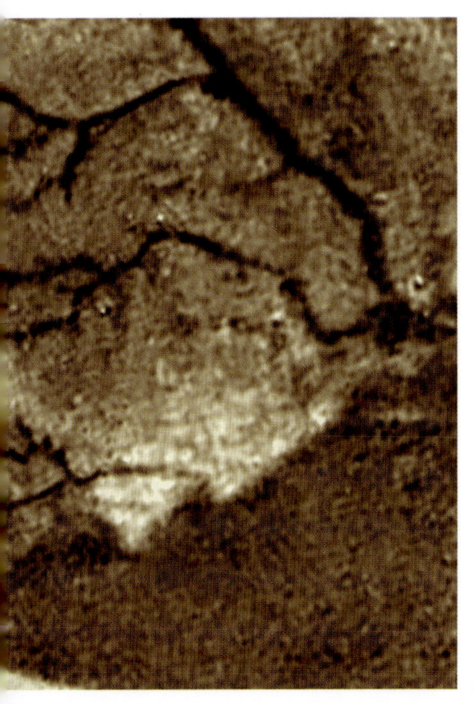

◀タイタンの表面　気温マイナス180度、気圧は1500ヘクトパスカル、液体のメタンが流れ、有機物の雨が降る凍てついた世界ですが、液体のメタンの川の流れが海にそそいでいるようにも見えます。

奇妙な氷衛星たち

土星の周囲には、個性的な表面をもつ、大小65個もの衛星たちがめぐっています。小さなものは、これからも発見される可能性があり、その数はまだまだ増えるかもしれません。

▲**土星のミニ衛星たち**　じゃがいものような、不規則な形をした小さな衛星の中には、同じ軌道を一緒にめぐっているものや、他の衛星たちとは逆まわりにまわるものもあります。

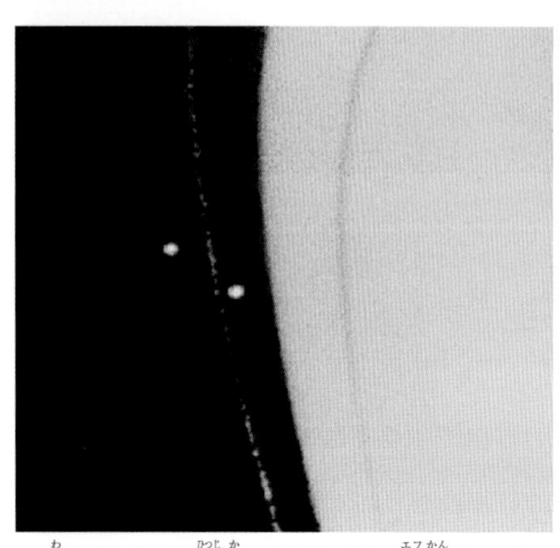

▲**環を形づくる羊飼い衛星**　細いF環は、プロメテウスと、パンドラの二つのミニ衛星にはさまれ、その重力で形がくずれてしまわないよう保たれています。まるで、羊の群れをまとめる羊飼いのようなふるまいの衛星たちです。

▲**テティス**　厚い大気をもつ、タイタン以外の衛星たちのほとんどは、氷衛星といっていいもので、クレーターでおおいつくされています。

▲**不規則な形をしたフェーベ**　表面は氷でおおわれていて、土星に捕まった小惑星というより、彗星のような天体なのかもしれません。

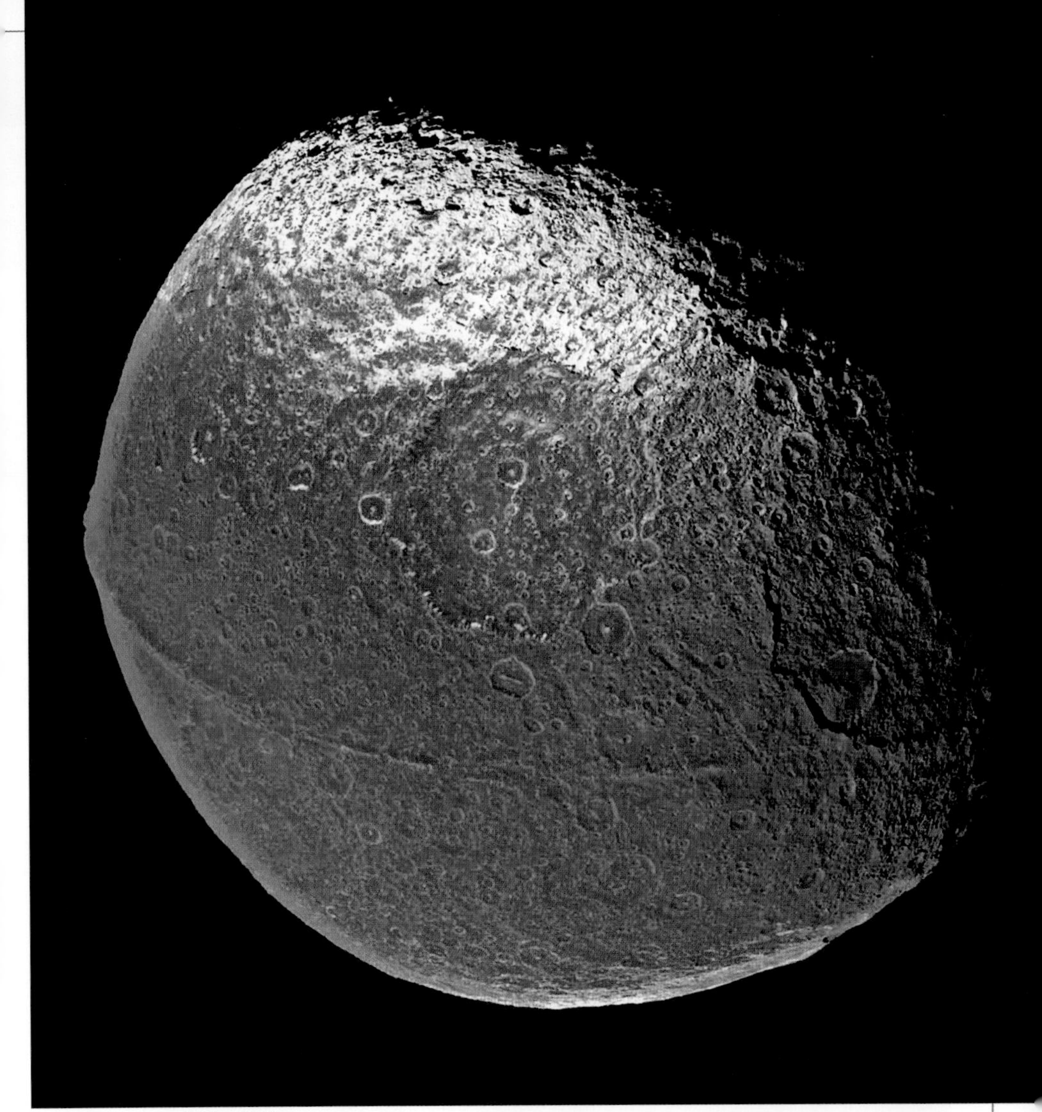

▲イアペタスの奇妙な表面　大きなリッジとよばれる尾根がとりまいていて、まるでクルミのような形に見えています。明るい氷か霜のような部分と、暗い部分がはっきりわかれ、暗いところは他の衛星からの噴出物がこびりついたものらしいといわれます。

▶エンケラドスの氷火山　地下から間欠泉的に氷粒でできた噴煙を数100kmの高さまで噴きあげていて、土星のEリングをつくる粒子の供給源ともなっています。

発見された新規参入惑星 ——— 天王星

太陽から７番目の軌道をめぐる天王星は、肉眼では見えないため、1781年にウィリアム・ハーシェルによって発見されるまで、その存在が知られていなかった惑星です。

直径は地球の４倍ほどで、木星や土星とは違う巨大な氷の惑星ですが、奇妙なことに、横倒しになって自転しています。

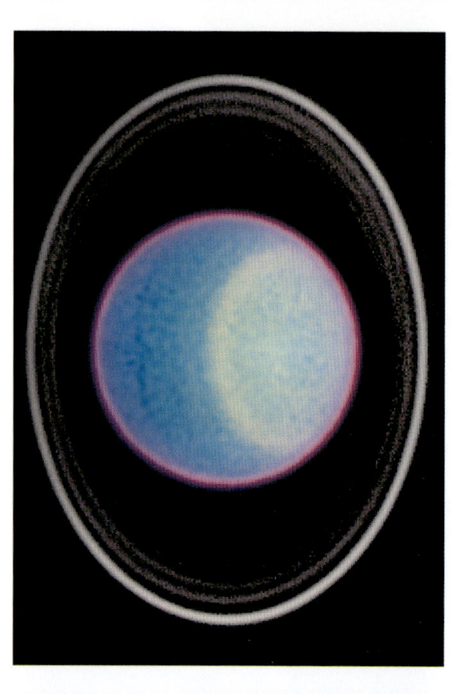

▶**環のある天王星**　望遠鏡では見えませんが、天王星には、ごく細い環があります。

◀**W・ハーシェル**　天王星を発見したイギリスの天文学者です。

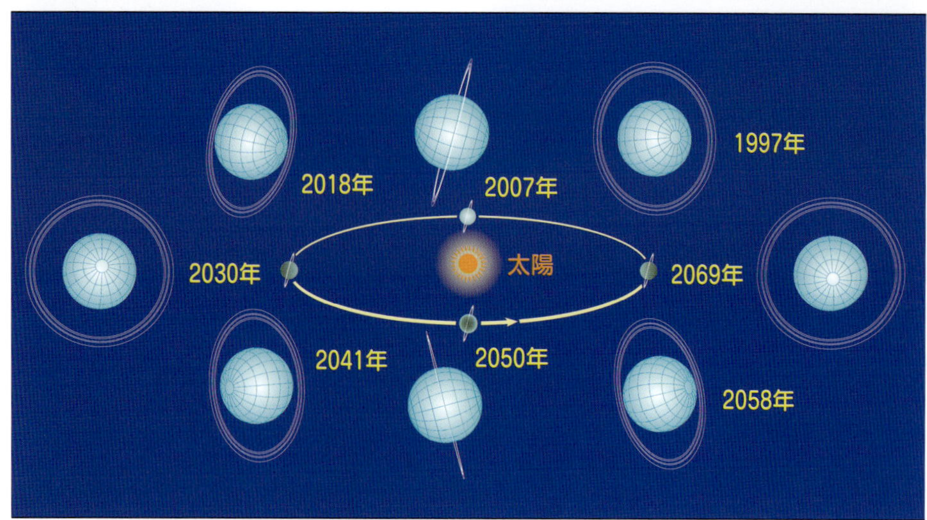

▲**天王星の環の見え方の変化**　天王星は、大昔に、大きな天体がぶつかったため、まるでノックアウトされたように横倒しになり、そのとき飛び散った、チリやガスなどで、衛星や環ができたのではないかといわれています。地球からは、その姿が上のように変化して見えます。

▲衛星ミランダ　天王星には、大小27個の衛星が見つかっていますが、このミランダの直径は470キロメートルで、その中で５番目の大きさのものです。表面には運動場のトラックのような、地形も見えています。

▲衛星ミランダから見た天王星と細い環　ミランダが凸凹した奇妙な地形をしているのは、他の天体と衝突して一度はバラバラにこわれたものの、再び寄り集まって、合体したためだろうとみられています。なお、天王星本体はほとんど氷でできており、その点ではガス惑星というより、水惑星といっていいくらいです。（合成写真）

◀天王星と環と衛星たち　17時間で自転する天王星は、厚いメタンの雲におおわれているため、木星のようなはっきりした模様は見られません。また、メタンの雲が、赤い光を吸収してしまうため、青っぽく見えます。

計算で発見された惑星 ―― 海王星

イギリスのJ・アダムスとフランスのU・ルベリエは、天王星の動きがふらつくのは、その外側に、もうひとつ未知の惑星があるのが原因とみました。そして、その軌道を予測して位置を計算、1846年にドイツのJ・ガルレが、その予報位置に望遠鏡で太陽から８番目の軌道をめぐる海王星を発見したのです。天王星の発見は偶然でしたが、海王星は計算によって発見されたというわけです。

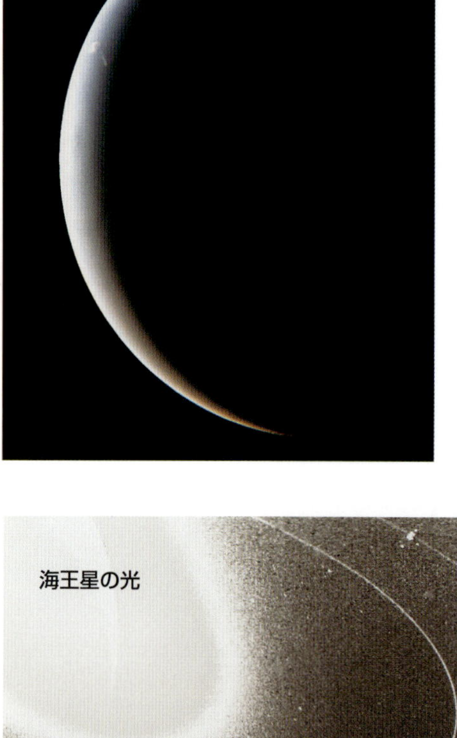

▶**海王星**　探査機ボイジャー２号が、横からとらえた三日月形の海王星の姿です。

◀**ルベリエ**　計算で海王星の位置を予言した、フランスの数学者です。

▲**海王星の表面**　天王星とよく似た、青みがかった氷の惑星で、16時間で自転しながら、およそ165年かかって、太陽のまわりをまわっています。表面には"大暗斑"とよばれる渦巻もあります。

▲**海王星のリング**　天王星によく似た細くて暗い環がありますが、望遠鏡では見えません。暗いチリのつぶつぶの集まりで、氷でできた土星の環のように明るくは見えません。

▲海王星の衛星トリトン 直径およそ2700キロメートルもある大きな衛星ですが、海王星の自転とは逆まわりで、大昔、海王星に捕まってしまった天体ではないかと考えられています。氷でおおわれた表面は、半分がメロンのような、模様の地形が広がっています。ところどころ、薄暗いしみのように見えるのは、"氷火山"から噴出した、窒素などの液体の噴煙でできたものです。

惑星でなくなった惑星 ── 冥王星

太陽系最遠の惑星、海王星の外側をまわっている冥王星は、1930年にアメリカのローウェル天文台のC・トンボーによって、写真上で発見されました。
249年かけて、太陽のまわりをひとめぐりするうち、海王星の軌道の内側に入りこむ、風変わりな小型の天体ですが、その後、冥王星によく似た軌道をもつ、小天体がたくさん発見されてみると、冥王星は、いわゆるふつうの惑星とはちがう、"太陽系外縁天体" とよばれる、小天体たちの仲間のひとつとみられるようになってきました。

▲準惑星冥王星の姿

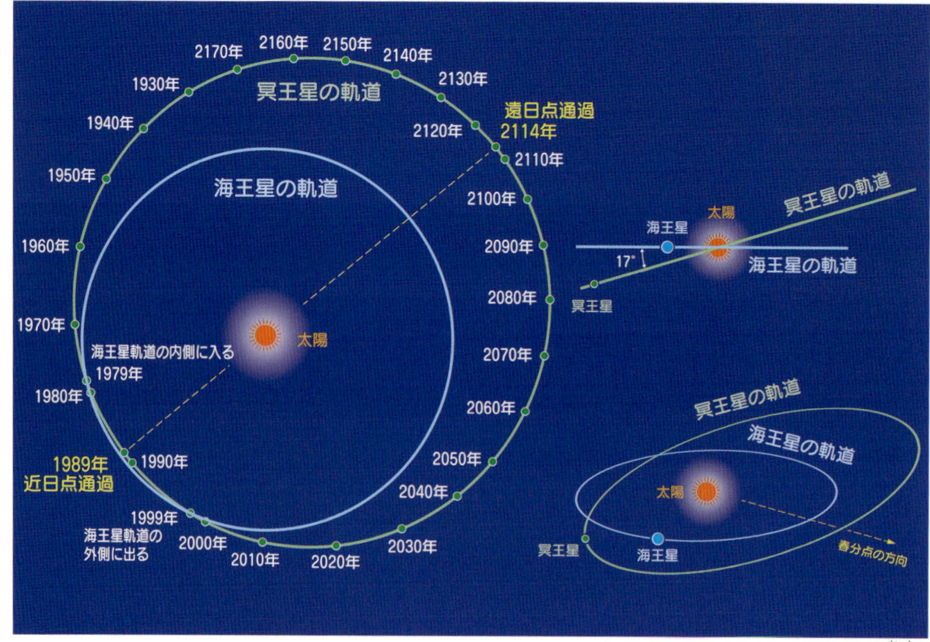

▲冥王星の動き　冥王星の大きさは月の3分の2ほどで、天王星と同じように、真横に寝たかっこうで自転しています。軌道の傾きも他の惑星たちとちがって、ずいぶん大きく、その性質はむしろ、次ページの太陽系外縁天体たちのものによく似ているといえます。

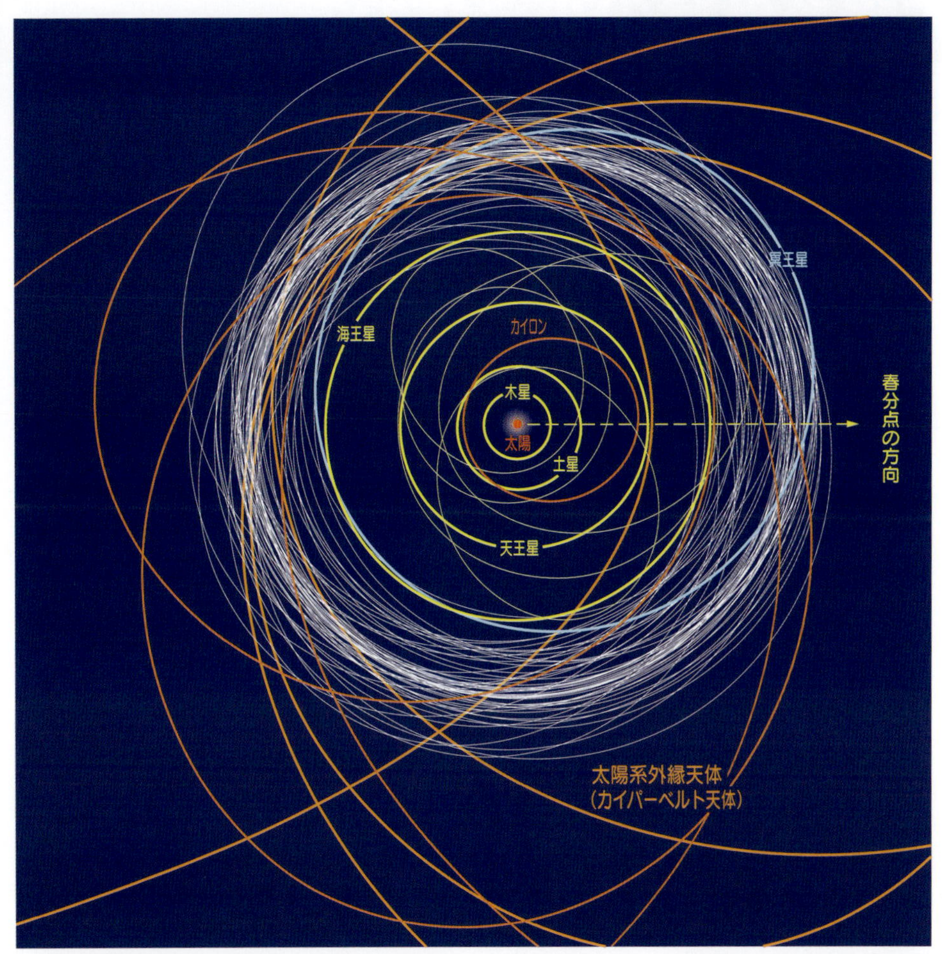

▲太陽系外縁天体たちの軌道 海王星の外側には、太陽系外縁天体とよばれる、小型の天体が2300個以上見つかっています。その中でも冥王星とエリスは大きく、準惑星とか冥王星型天体とよばれています。さらにもっと外側には、地球大の第９惑星の存在を予言する天文学者もいます。

◀冥王星とその衛星カロン 冥王星は、カイパーベルト天体の中の大物といえるものらしく、自分の直径の半分もある、衛星カロンをつれ、6.4日の周期でめぐりあっています。なお、冥王星はカロンのほか、ニクスとヒドラなどとよばれる４個の小さな衛星をつれています。

太陽系外縁の小天体たち ——カイパーベルト

太陽系の一番外側の惑星である海王星のさらに外側には、「太陽系外縁天体」とよばれる小天体たちの大群が見つかっています。
その存在を予言していた、イギリスのK・E・エッジワースと、アメリカのG・カイパーの二人の研究者の名をとって、“エッジワース・カイパーベルト”とよばれたこともありました。これらの小天体たちは、今も続続と発見されています。

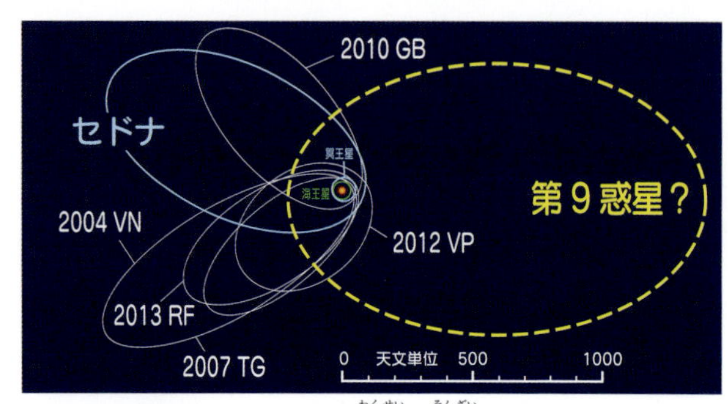

▲第 9 惑星の存在　太陽系外縁天体たちの軌道のようすから、太陽系で 9 番目の惑星が存在するかもしれないと、現在探査がつづけられています。

◀カイパーベルト天体2002 AW197　中央の円形の中の淡い天体で、この種の天体は、20等星以下のかすかさでしか見えません。

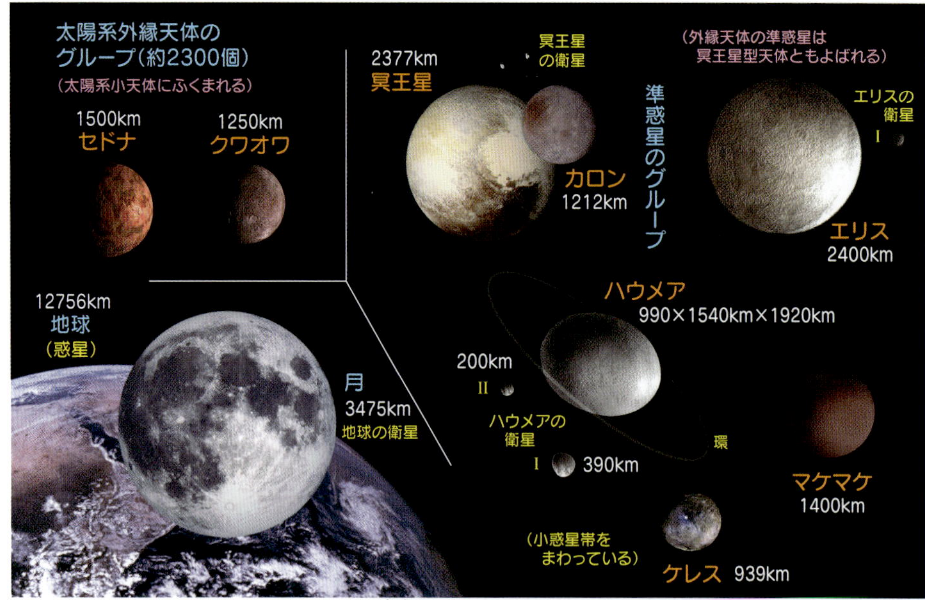

▲太陽系外縁天体たちの大きさくらべ　火星と木星の間をめぐる小惑星のうち、最大のケレスが直径939キロメートルですから、クワオワーやセドナは、それよりずっと大きいことがわかります。このほか冥王星より少し大きめの、準惑星エリスのようなものさえあります。

▲太陽系外縁天体のイメージ 海王星の外側で、太陽系をとりかこむ、平らな環のように存在する小天体たちは、直径100キロメートルを超えるものだけで4万個もあり、火星と木星の間にある小惑星帯の、全小惑星をかき集めた総質量の数百倍はあるだろうとみられています。この想像図は、混みぐあいを大げさに描いてあり、実際には、すき間だらけといえるものです。（CG）

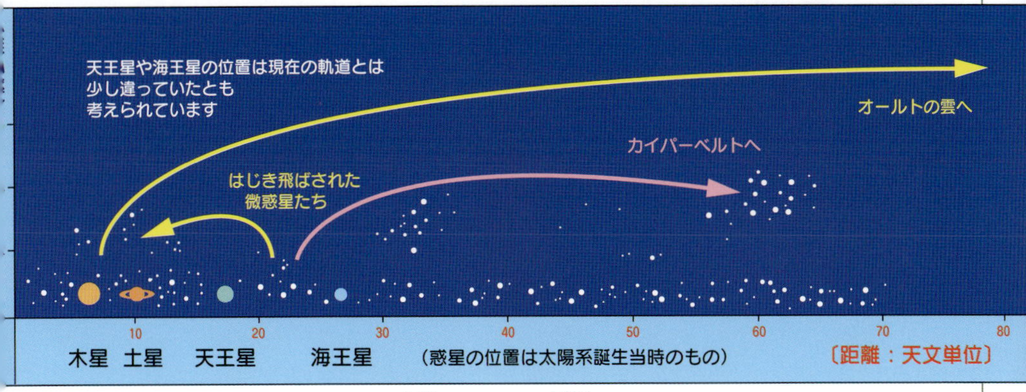

▲はじかれた小天体たち かつて木星や土星、あるいは、天王星や海王星が生まれたあたりで、大量につくられた小天体たちが、大きな惑星たちの重力ではじき飛ばされ、“カイパーベルト”や、さらにその外側の“オールトの雲”（196ページ参照）を形づくったとも考えられています。

彗星と流星

長い尾をひいて夜空を駆けぬけていく彗星や一瞬の輝きを放つ流れ星たちも、太陽系天体のりっぱな仲間たちです。しかし、天体としてはあまりにも小さく、惑星や衛星にくらべると、私たちにはなじみの少ないものたちです。しかし、そんなとるにたりない微小天体たちこそ、太陽系誕生のころの秘密を解き明かしてくれる、貴重な化石天体として、今、科学者たちの熱い視線がそそがれているのです。

▲**彗星の直接探査**　地球生命は、彗星や流星で運びこまれたのではないか……。彗星に送りこまれた探査機が、そのルーツをさぐります。(CG)

▶**彗星の頭部**（次ページ）　太陽に近づいた彗星核からは、大量のガスやチリが出て、長い尾がのび、流星物質をまきちらします。(CG)

星空のトラベラー

彗星の出現

どこからともなくやってきて、星座の星ぼしの間を動いていき、やがて姿を消していく彗星は“星空のトラベラー（旅人）”とよぶにふさわしい天体です。
彗星の中には長い尾を引いて夜空にかかり、見る人を驚かせるような大きくて明るいものもありますが、肉眼では見えない暗く淡いものもたくさんあります。また、きまった周期ごとに戻ってくるものもあれば、二度と戻ってこないものもあります。その数は、１年に100個以上にもなりますが、肉眼で見える明るいものは、10年に一度くらいしか現れません。

▲１P/ハレー彗星　イギリスの天文学者E・ハレーが、76年ごとに戻ってくることを予言した、最も有名な“周期彗星”です。このほかにも、200年以下の周期であらわれる淡い周期彗星は、200個近く見つかっています。

▲コジア彗星　1874年に現れた、明るいコジア彗星を見て驚くパリの人びとのようすで、昔から、彗星の出現は人びとを不安がらせました。

▲1910年のハレー彗星騒動　ハレー彗星の毒ガスを含む尾に、地球がふれ、世の中が終わると信じた人びとは、大騒動をまき起こしました。

▲ほうき星　昔から、長い尾を引いて現れる彗星（上端）は、天界の魔物と思われていました。その出現は、よくないことの起きるきざしとも考えられましたが、逆によいきざしとみる人びともいて、歴史上にもさまざまな影響を与えてきました。日本では、長い尾をひく姿から、“ほうき星”ともよばれてきました。

▲1811年大彗星ワインのラベル　彗星は英語で“コメット（Comet）”とよばれています。これは、ラテン語の髪の毛という意味の、「コマ」からきています。1811年の大彗星に便乗して売り出された、ポートワインのラベルには、髪の毛をふり乱した女性が、彗星の象徴として描かれ、大ヒット商品となりました。

ハレー彗星を見よう

昭和天皇は、1910年のときと1986年のときのハレー彗星を、二度ごらんになった長命の天皇ですが、次にハレー彗星が戻ってくるのは、2061年夏のことになります。北の空で0等星くらいの明るさとなり、長い尾を引いた、すばらしい姿が楽しめることでしょう。

▲2061年夏の夕空のハレー彗星の予想

ほうき星の華麗な大変身　―――彗星の姿

長い尾を引くみごとな大彗星から、ほとんど尾のない小さな彗星まで、その明るさや姿形はさまざまですが、そのなりたちはどれも同じです。

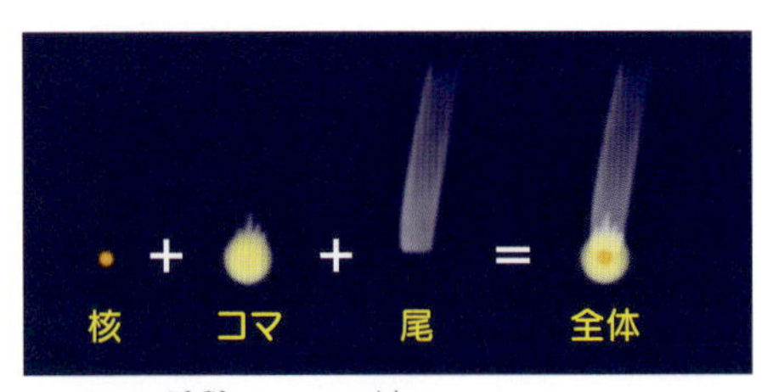

▲**彗星の構造**　小さな核とそのまわりにぼんやり広がるコマが頭部を形づくり、そこから、太陽と反対方向に尾がのびるのが彗星の姿です。

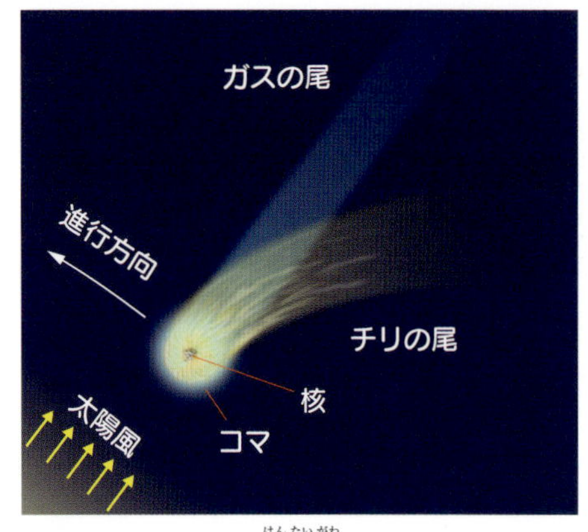

▲**彗星の尾**　太陽の反対側にまっすぐのびるガスの尾と、ゆるやかにカーブしてのびるチリの2本の尾にわかれて見えるのがふつうです。

▲**たくさんの尾が見えた大彗星**　1744年に現れた、クリンケンベルク彗星は、たくさんの尾が見えた大彗星で、多いときには11本もの尾にわかれました。これは、チリの尾が変形して見えたものです。彗星の尾はガスの尾より、チリの尾の方が明るく見やすいのがふつうです。

▲C/1969Y 1ベネット彗星　1969年12月28日にアフリカのアマチュア天文家ベネットさんが発見したものです。彗星のよび名は、発見年と発見順の記号であらわされますが、明るいものは発見者や発見プロジェクトの名でも、よばれるのがふつうです。

▲C/1975V 1ウエスト彗星　頭の核が分裂したため大量のチリが放出され、幅広いチリの尾がみごとだった大彗星です。チリの尾がのびるほど、肉眼では明るい彗星となって見られます。1976年春の夜明け前の東空で見られましたが、次に戻ってくるのは56万年後です。

◀C/1995O 1ヘール・ボップ彗星　アメリカの星好きヘールさんとボップさんが、ほとんど同時に見つけたところから、このよび名がつけられた明るい彗星です。青いイオン（ガス）の尾と、黄色っぽいチリの、２本の尾がはっきりわかれて見えました。

不安定なその軌道

彗星も、地球などの惑星と同じように、太陽をめぐる軌道上を動いていきます。

しかし、彗星の軌道は、円に近い軌道を描いてめぐる地球のような惑星たちとは大ちがいで、どれも、細長い軌道を描いて動くものがほとんどです。

そして、その細長い軌道にも、"楕円形"、"放物線"、"双曲線"の三つのタイプがあります。このうち、楕円軌道を描くものは、あるきまった周期で太陽のまわりをめぐっているので、再び姿を見せる"周期彗星"となっています。

一方、放物線や、双曲線の軌道を描くものは、一度っきりしか姿を見せない彗星たちとなっています。

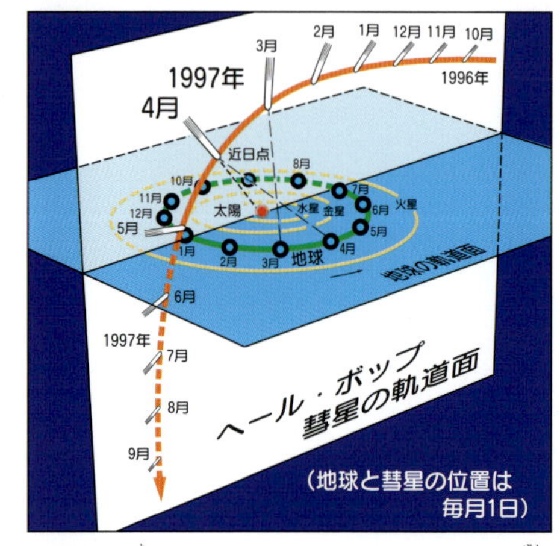

▲C/1995O 1ヘール・ボップ彗星の軌道　前回は4200年前に現れ、次回は2400年後に戻ってくる気の長い軌道をめぐっている彗星です。周期200年以下の周期彗星には固有番号とPの記号がつけられます。

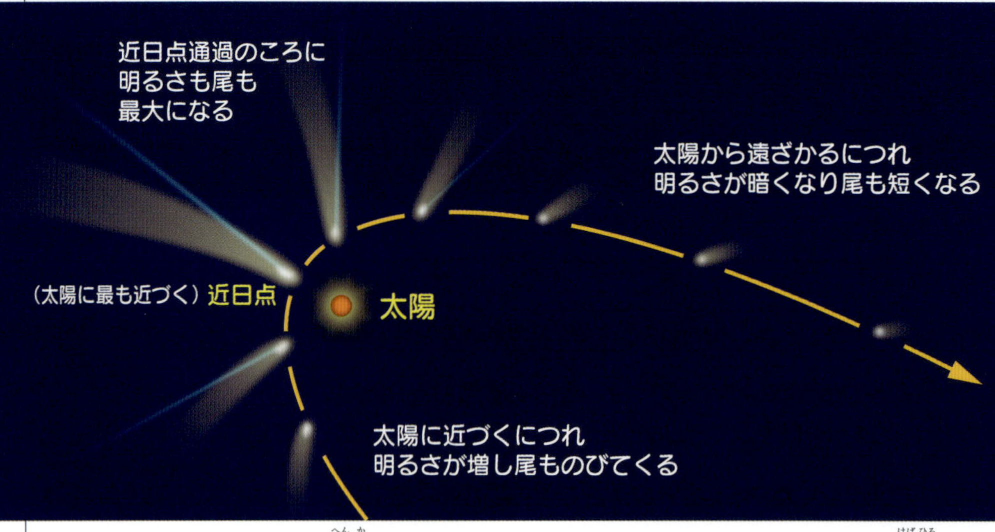

▲太陽の近くでの彗星の姿の変化　彗星は、太陽に近づくにつれ、明るさも増し、尾も長くのびるようになってきます。その尾は、いつも太陽とは反対側にのびていますが、青いガスの尾がまっすぐのびるのとちがって、チリの幅広い尾は、いくぶんカーブして見えます。太陽からまだ遠くにあるときや、あまり太陽に近づかない彗星の尾は、ごく短いので明るくは見えません。

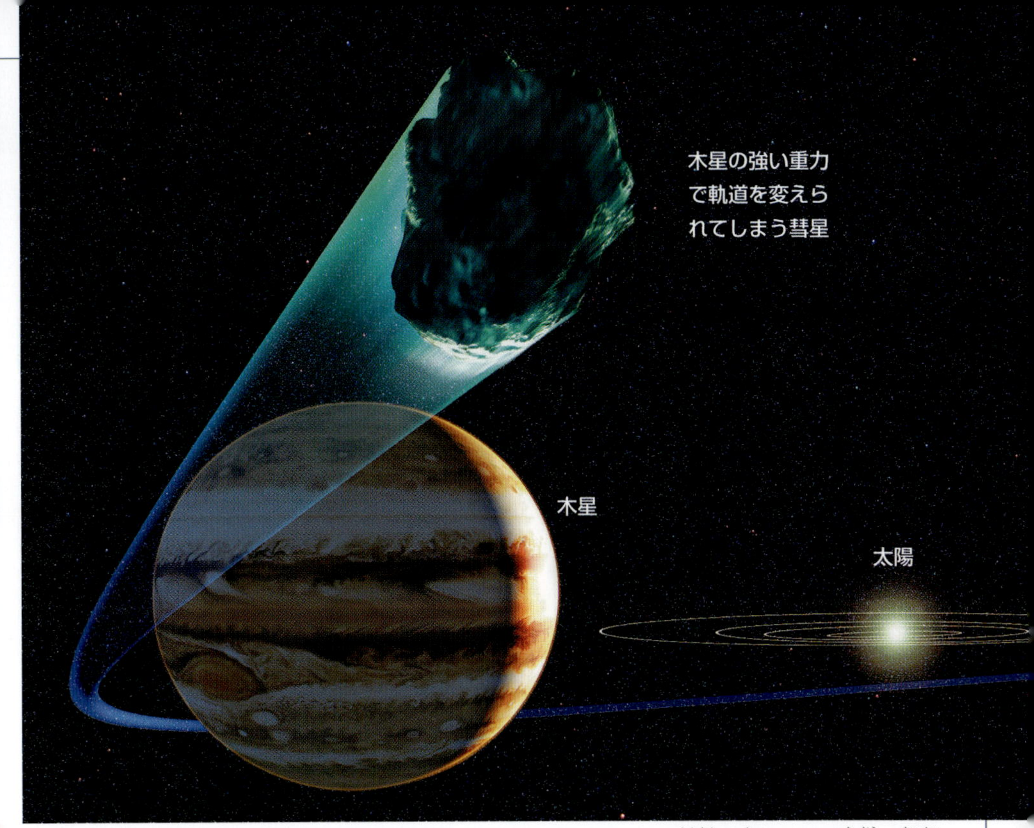

▲簡単に変えられる軌道　彗星は、とても小さく軽い天体なので、木星のような、大きな惑星の近くを通りすぎると、軽々とふりまわされ、その軌道を変えられてしまいます。短い周期の彗星になったり、太陽系の外へ放り出されたりしてしまうのです。(CG)

◀短周期彗星たちの軌道　木星付近でUターンする周期6年ぐらいの彗星たちは、"木星族の彗星"ともよばれます。かつて木星に捕えられて、軌道を変えられてしまった彗星たちなのでしょう。また、148ページにある小惑星帯のメインベルト内にもかすかな尾をひく彗星が数多くまぎれこんでいることもわかってきています。

正体は汚れた雪玉

彗星の本体である“核”は、大きさがせいぜい10キロメートルくらいしかない小さな天体で、汚れた雪玉のような、こわれやすいものというのがその正体です。
そんな小さな天体が太陽に近づくと、蒸発しはじめ、大きな明るい彗星にもなると、そのまわりに100万キロメートル以上ものコマがひろがり、数億キロメートルもの長い尾を引くのですから驚かされますね。
つまり、彗星ほど、見かけだおしの“針小棒大”な天体もないというわけです。
汚れた雪玉のようにもろいので、とてもこわれやすく、核が分裂して、さらにいくつもの小さな彗星になったりすることさえあるのです。

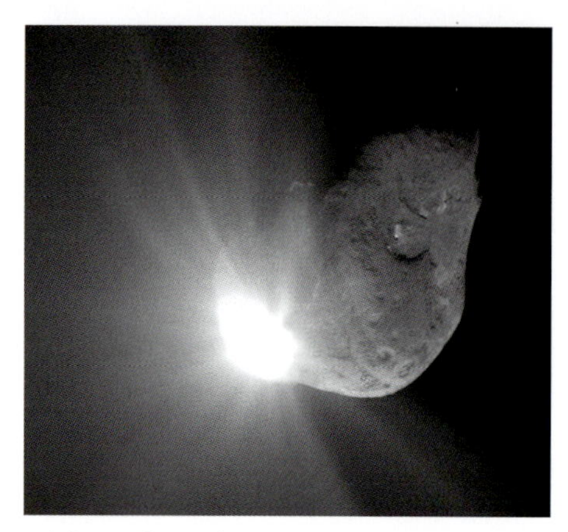

▲**ディープインパクト**　2005年７月４日、９P/テンペル第１彗星の核に彗星探査機の子機インパクターを衝突させ、彗星が綿ゴミのようなふわふわのたよりない天体であることをつきとめました。また、内部の物質は長周期彗星そっくりで短周期彗星も長周期彗星も同じところで誕生したらしいことがわかりました。

▲**１P/ハレー彗星の核**　７×15キロメートルの小さな核から、１億キロメートル以上の尾がのびて見える大型の周期彗星です。表面から、チリやガスが激しく蒸発しているのがわかります。

▲**くずれていく73P/シュワスマン・ワハマン第３周期彗星のB核**　1995年秋に大分裂した周期5.4年でめぐるこの彗星は、2006年５月の接近では、もろくも崩壊していくようすが観測されました。

▲彗星の核の正体　太陽系が生まれたころできた氷とチリのかたまりで、当時の原始太陽系星雲の成分を閉じこめたまま今に残された、いってみれば太陽系の“化石天体”というのがその正体です。大きさは、数キロメートルから十数キロメートルしかなく、太陽に近づくと、その熱であたためられ、吹き出したガスやチリが吹き流しのように長い尾となってのびるというわけです。（CG）

彗星のふるさと ―― オールトの雲

彗星には、20年より短い周期でめぐる「短周期彗星」と、20年から200年くらいでめぐる「中間周期彗星」、さらにずっと長い「長周期彗星」などのタイプがあります。これらの彗星のうち、周期の短いものは、太陽系の外縁部にあるカイパーベルト（帯）のあたりからやってきたもので、それ以上の長周期のものは、はるかな“オールトの雲”あたりからやってきたものらしいと考えられています。

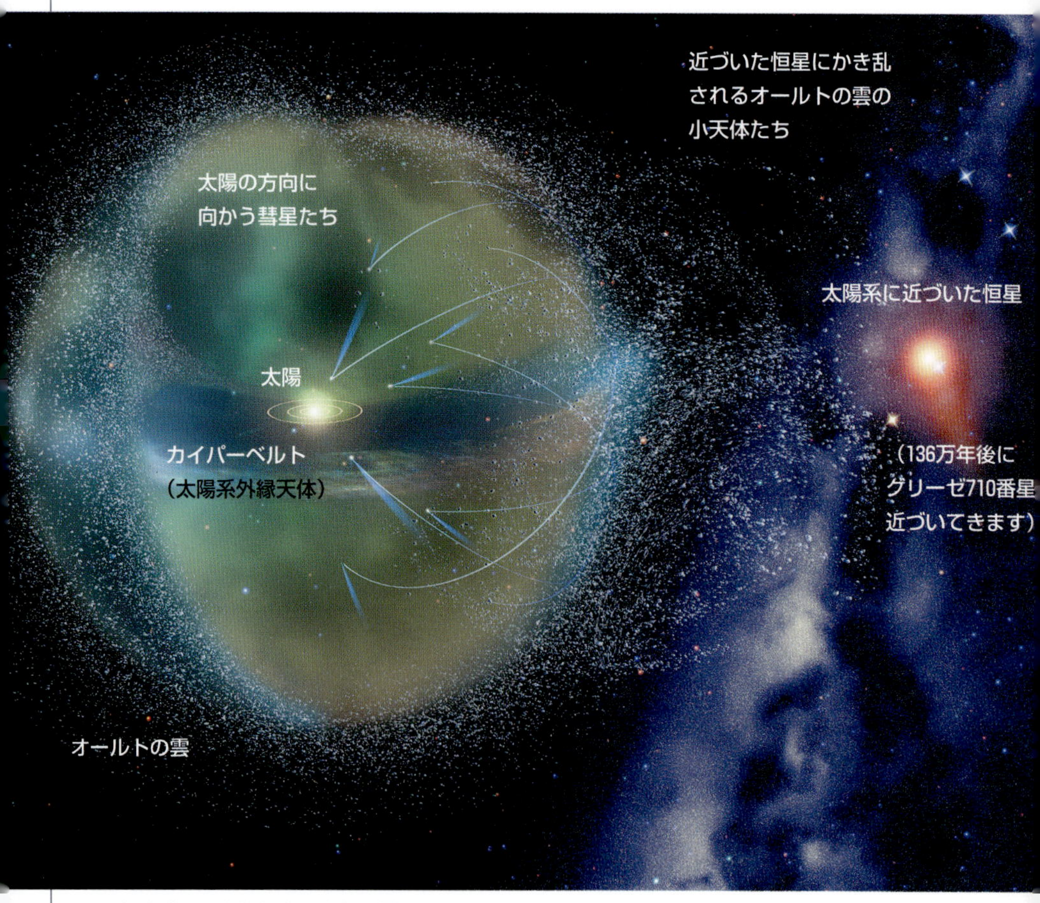

▲カイパーベルトとオールトの雲　太陽から1光年ぐらいはなれたところに、氷でできた小天体たち数兆個が、太陽系全体をふんわり丸くとり囲むように浮かんでいるらしいとみられています。これが“オールトの雲”とよばれる彗星の巣で、長周期彗星たちは、このあたりから、数百万年かけてはるばる太陽の近くにやってくるらしいのです。もし、この巣が接近した恒星などでかき乱されたりすると、大量の彗星たちがやってきて、地球が襲われたりすることもありそうです。（CG）

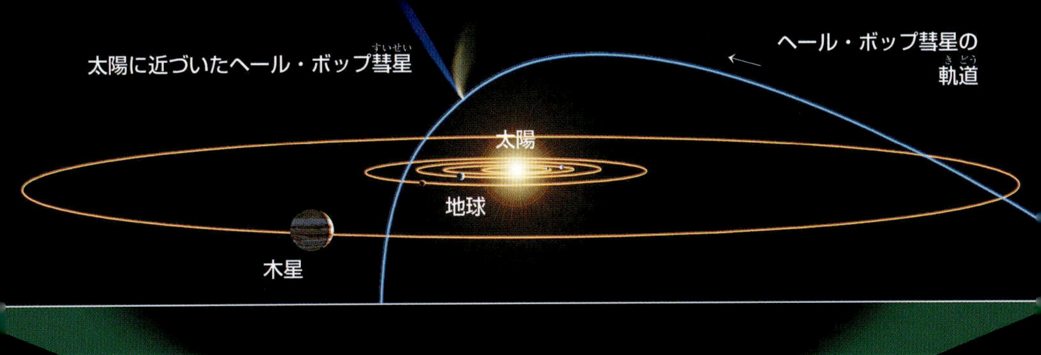

太陽

カイパーベルト

ヘール・ボップ彗星の軌道（全体）

カイパーベルト　その存在を予言した、二人の科学者の名をとって「エッジワース・カイパーベルト（帯）」ともよばれるもので、平らな円盤のように、太陽系をとり囲み、オールトの雲へとつながる小さな天体たちの集まりです。短周期彗星のふるさととみられています。

オールトの雲　オランダの天文学者オールトが、その存在を予言したところからこうよばれているものです。オールトの雲のさまざまな方向からやってくる彗星たちの中にも、木星などにつかまって短い周期の彗星に変えられてしまうものもあることでしょう。

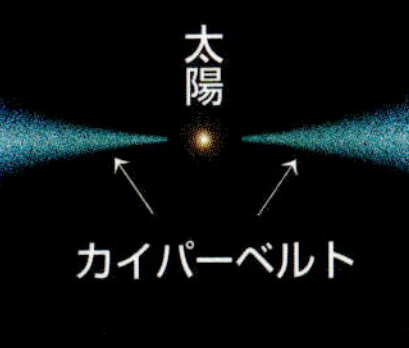

カイパーベルト

オールトの雲

星に願いを　流星

星空を見あげていると、突然、明るい流れ星が横切って飛び、びっくりさせられることがあります。
流れ星が消えないうちに願いごとを3回となえると、その願いがかなうと言い伝えられていますが、なにしろ、流れ星が光っているのは、1秒間もないほどですから"星に願いを"の思いも、なかなかむずかしいことになります。

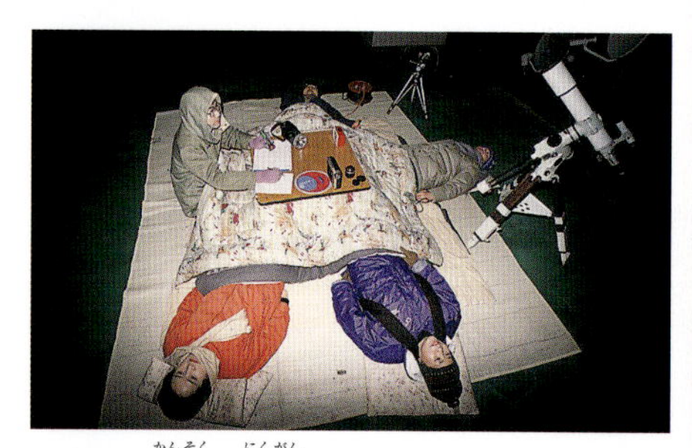

▲流星の観測　肉眼で見えるものなので、夜空をじっと見つづけていれば、お目にかかれます。

▲流星の出現　流れ星は、いつどこに飛ぶか、予測ができません。流れ星を見ようと思ったら、肉眼でじっと夜空を見つづけているしかありません。月のない夜、30分間も見ていれば、1～2個は目にすることができますが、驚くほど明るいものから、かすかなものまでいろいろです。

▲**流星の飛ぶ高さ**　ふつうの流れ星は、100キロメートルくらいの高さのところで光りますが、明るい“火球”とよばれるものでは、もっと低くまで光るものもあります。ときには、大きな音をともなう満月くらいの明るさの大火球もあり、地上に隕石となって落ちてくる場合もあります。

流れ星の光り方

流れ星は、夜空に輝いている星座の星ぼしが流れて消えるわけではありません。太陽系にただよう小さなチリが、1秒間に数十キロメートルというものすごいスピードで地球の大気の中に飛びこんできて、発光するものというのが、その正体なのです。
ふつうの流れ星は、砂つぶほどの大きさもなく、重さもせいぜい0.1～1グラムぐらいの軽い微小天体で、それが、猛スピードで、大気圏に突入してくると、チリのまわりの熱くなったガスが蛍光灯のように長くのび、流星の光となって見えるものです。小さなチリそのものが燃えて光るのが見えているというわけではないのです。

▲流れ星になるチリ　流星のもとになるのはとても小さく、軽いチリで、砂つぶほどの大きさもありません。そんな小さなチリでも、立派な天体として、太陽系の中をまわっているのです。いくつものつぶがくっつきあった、これらのチリは、とてももろく、くずれやすいものだと考えられています。

▲流星のスピード　ゆっくりしたものでも、1秒間に30キロメートル、速いものになると秒速70キロメートルもの猛スピードで飛びます。

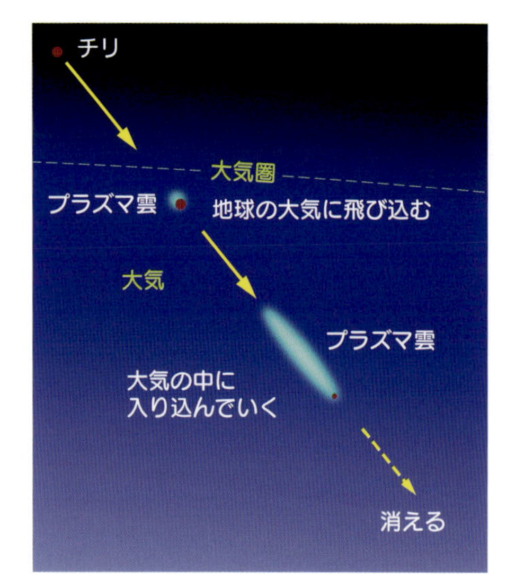

▲流星が光るわけ　木や紙を燃やしたときの光とはちがい、プラズマという状態になった上空の大気が光っている発光現象なのです。

▲**黄道光**　太陽系の中では、小さなチリが無数にただよっていて、太陽の近くでは、そんなチリが、太陽の光に照らしだされ、ぼうっと見えています。上の写真の右よりで東の地平線から、ぼうっと立ち上がる光芒が、黄道光とよばれる黄道にそってのびる光で、画面左よりは、天の川の光芒です。これらのチリは、彗星がまき散らしたものや月や小惑星たちの表面の宇宙風化作用でできたものなどがあり、太陽系空間は、透明などころか、ホコリだらけの部屋のようにさえ思えます。

ほかの星にもある チリの円盤

太陽系内にただようチリは、一日およそ25トン以上のわりで、地球にふりそそぐとみられています。これらの大量のチリは、他の恒星のまわりにも、ごくふつうに見られるもので、惑星系の誕生に深いかかわりあいをもつ、微小なチリ天体たちとして注目されています。

▲真横から見たがか座ベータ星のチリの円盤

流星群の出現

流れ星には、二つのタイプがあります。ひとつは、いつどこに飛ぶかわからない“散在流星”とよばれるものです。
もうひとつは、毎年きまったころ、ある星座の方向から、たくさんの流星が飛びだしてくるように見える“流星群”です。
流れ星をたくさん見たいと思ったら、流星群の出現が活発になるころ見るのがよいことになります。
流星群の流星たちは、みんな同じ星座のきまった点“輻射点”から四方八方に飛び出すように見えるため、輻射点のある星座名でよばれるのがふつうです。

▲**ペルセウス座流星群の輻射点**　この群に属する流星たちは、ペルセウス座の輻射点から、四方八方に飛び出していくように見えます。

▲**ペルセウス座流星群**　毎年夏休みの8月12日から13日ごろにかけて、出現がピークになるもので、1時間に50個くらいの流星を見ることができる活発な流星群です。

▲**ふたご座流星群**　毎年、冬の12月14日前後のころ、出現がピークになる流星群で、輻射点がふたご座のカストルの近くにあるので、一晩中見ることのできる活発な流星群です。

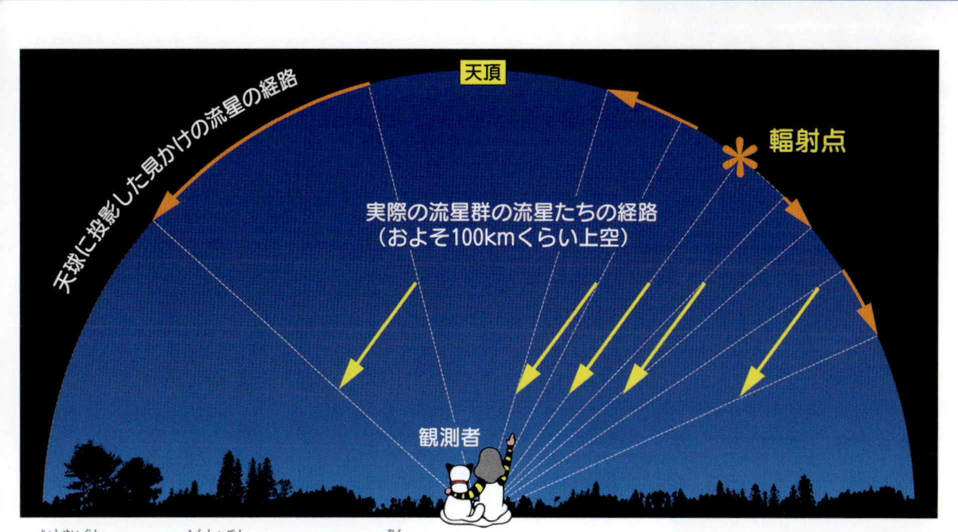

▲**流星群の流星と輻射点**　同じ流星群に属する流星たちは、みんな同じ方向から平行に地球大気の中に飛びこんできます。そのようすを、地上から見ていると、いかにも、ある星座の“輻射点”とか“放射点”とよばれる一点から、四方八方に飛んでいくように見えるというわけなのです。

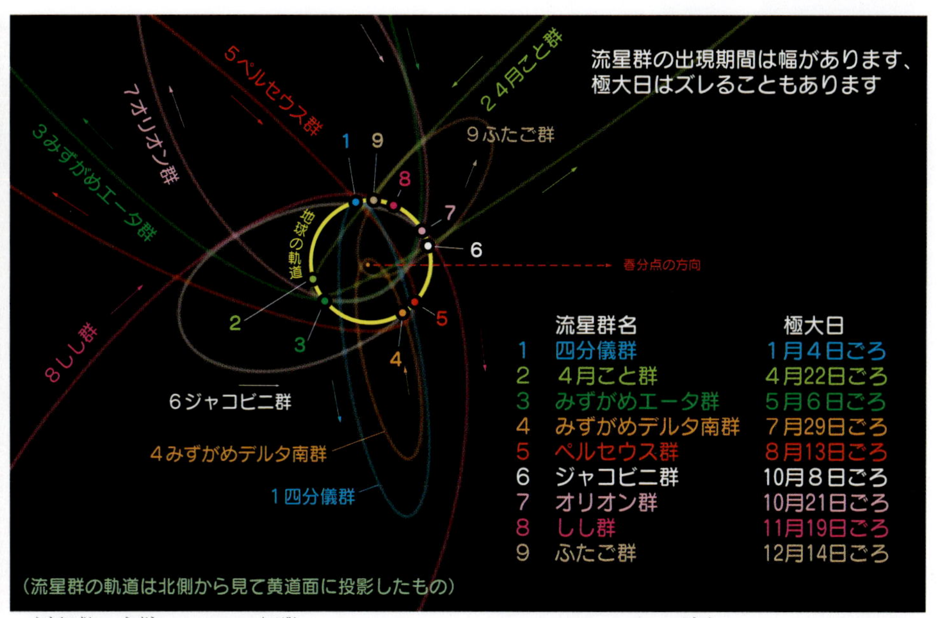

	流星群名	極大日
1	四分儀群	1月4日ごろ
2	4月こと群	4月22日ごろ
3	みずがめエータ群	5月6日ごろ
4	みずがめデルタ南群	7月29日ごろ
5	ペルセウス群	8月13日ごろ
6	ジャコビニ群	10月8日ごろ
7	オリオン群	10月21日ごろ
8	しし群	11月19日ごろ
9	ふたご群	12月14日ごろ

▲**流星群の軌道**　流星群を出現させるチリをまき散らすのは彗星で、“母彗星”ともよばれています。母彗星のわかっているものも、わかっていないものもありますが、その彗星の軌道と、地球の軌道がうまく交叉すれば、流星群が出現することになり、その交叉する位置は、だいたい同じころなので、流星群は、毎年きまった時期に見られることになるわけです。

流星雨の大出現

流星群の流れ星たちは、彗星がまき散らしていったチリというのがその正体ですが、彗星の残したチリの、とくに濃い部分と地球が出あうと、無数の流れ星が雨のようにふりそそぐ“流星雨”や“流星ストーム(嵐)”となって、見られることがあります。一生に一度お目にかかれれば超ラッキーといえる現象です。

▲55P/テンペル・タットル彗星　しし座流星雨を出現させるもので、周期33年でめぐっています。このため、およそ33年ごとに大流星雨を出現させてきました。これは、1998年に戻ってきたときの姿で、肉眼では見えませんでした。

◀しし座流星群
1833年の大出現を、ナイアガラの滝で見た光景の木版画です。しし座流星群の次回の大出現は、2034年から2037年ごろと予想されています。

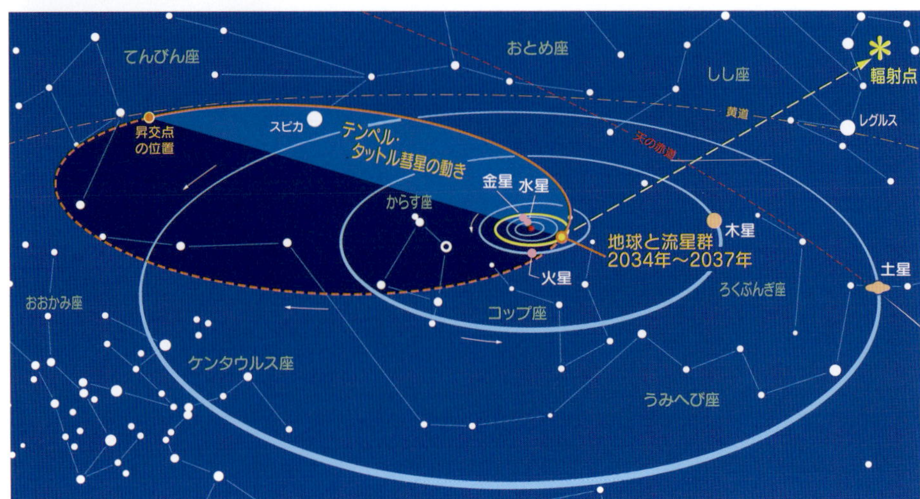

▲テンペル・タットル彗星の軌道　しし座流星雨を、過去に何度も大出現させた、テンペル・タットル彗星は、33年の周期で太陽系をめぐりながら、その軌道上に、大量のチリを残していきます。そのチリと地球は11月17～19日ごろ出あいますが、彗星が遠いときは、あまり出現しません。

▲降りそそぐしし座流星雨　地球とは、ほとんど正面衝突するようになるため、秒速70キロメートルもの猛スピードで大気に突入して、発光します。平行に降りそそいでくるのですが、地上からはそのようすが右の写真のように見えます。(CG)

▲しし座流星雨の大出現　2001年11月19日の未明、日本で見られたときの、しし座流星雨のようすをとらえたものです。しし座の頭部の"ししの大鎌"の輻射点のあたりから四方八方に飛びだすように見えたのがよくわかりますね。

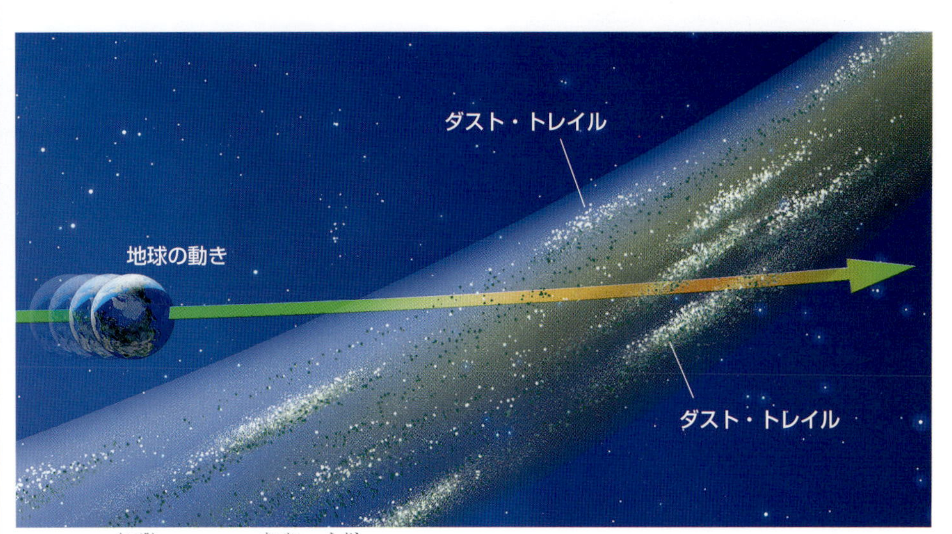

▲流星雨の出現するわけ　彗星の軌道は、ひとまわりするごとに、微妙なちがいが生じ、いくすじものチリの濃いダスト・トレイル（すじ）ができ、その糸のようなすじ道にそって、川の流れのようにチリが動いています。このトレイルと地球が、うまく遭遇すると、大流星雨が出現するわけです。

落ちてきた大火球

隕石の落下

流れ星の正体は、砂つぶほどの大きさもないごく小さなチリです。そのチリのつぶが、より大きなものになると、ふつうの流れ星よりずっと明るく光る“火球”となり、金星や木星なみに輝いて飛ぶことになります。しかし、もっと大きく満月くらいの明るさの“大火球”が、非常に希ですが出現することがあります。時には、雷鳴のような大音響をともなうこともあり、そんな大火球の中には、大気中で燃えつきず、地上まで達して“隕石”となるものがあります。

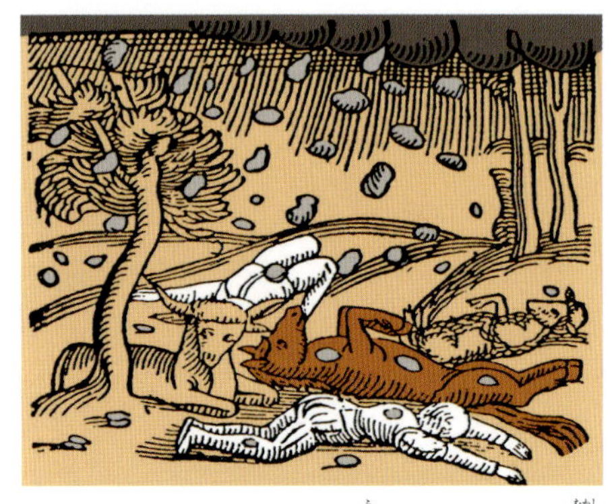

▲隕石の落下　空から石が降ってきた話は、昔から、語り伝えられていて、時には、人や動物を傷つけた木版画なども残されています。

▲トタン屋根を打ちぬいた青森隕石　1984年に青森市に落ちた隕石は、印刷工場のトタン屋根に穴をあけてしまいました。

▲中国の吉林に落下した隕石雨　1976年に隕石雨となって、大小たくさんの隕石が落ち、その総量は 4トンにもなりました。

▲美濃隕石落下の光景　1909年７月24日、岐阜県に落下したときのようすを、目撃証言にもとづいて描いたものです。黒雲の中から、バラバラと、たくさんの隕石片が落ちてくるのが見えたといいます。

▶拾われた美濃隕石　全部で29個が見つかり、全体で14.3キログラムの重さになりました。

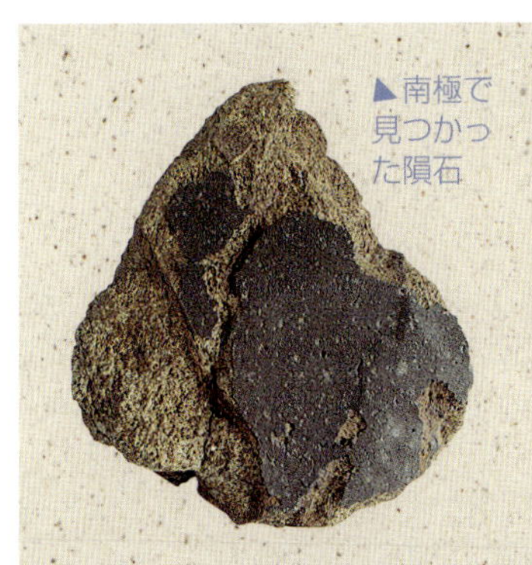

▲南極で見つかった隕石

隕石の宝庫

南極では、氷の移動によって、昔落ちた隕石が、１か所にかき集められるため見つけやすく、すでに数万個もの隕石が発見されています。中には、月や火星からやってきた隕石さえ含まれています。

▲南極での隕石さがし

宇宙からの使者

地上に落ちてくる隕石の数は、はっきりしていませんが、年に2万個ぐらいになるかもしれないといわれています。
ふつう隕石は、石だけでできた「石質隕石」と、鉄のかたまりの「隕鉄」、石と鉄のまざりあった「石鉄隕石」の3種類に分類されます。
このうち、一番数が多いのが“石質隕石”で、ふつう“隕石”とだけよばれるのはこのタイプの石でできた隕石のことです。

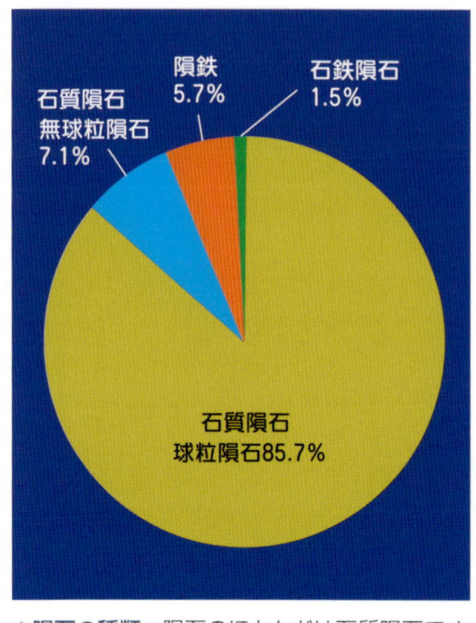

▲**隕石の種類**　隕石のほとんどは石質隕石ですが、隕石にも小さなつぶつぶを含んだ“球粒隕石”と、含まない“無球粒隕石”があります。

◀**長井隕石**　地上の石にくらべると、ズシリと重みを感じるのも隕石の特徴です。

▲**隕石の特徴**　表面が高熱でとけた黒い膜フュージョンクラスト（溶融皮膜）でおおわれ、その内側は、明るい灰色か、茶色みをおびています。地面に落ちたとき、われることもあります。

▲**隕石の内部**　最も数の多い、石質隕石の中の球粒隕石とよばれるものの内部には、鉄の小さなつぶがチカチカ光って見えることがあります。磁石にもわずかに反応します。

▲**日本の隕石落下地**　これからも落下したり、昔のものが発見されたり、その数はふえていくことでしょう。(2017年現在)

▶**国分寺隕石**　駐車場のコンクリートの固い地面に落ち、われてしまいました。

石鉄隕石と隕鉄

隕鉄は、鉄とニッケルの合金でできた鉄のかたまりなので、石質隕石とはすぐ区別できます。地球上の自然界では、見られない合金ですが、大きな特徴は、ふつう次のページのようなウィドマンシュテッテン模様をもつことです。これは、宇宙で700度くらいの熱い状態から、数千万年もの長い時間をかけてゆっくりゆっくり冷やしていったときできる、八面体の結晶模様で、地球上の鉱物にはない隕鉄独特のものです。

一方、石と鉄のまざりあった石鉄隕石は、太陽系が誕生したころ、直径が10キロメートルくらいまで成長した“微惑星”とよばれる、小さな天体の表面の岩石部分と、中心部の鉄のコア（核）のさかいめのまざりあった部分が、ほかの小天体などと衝突してこわれ、放りだされたものらしいのです。

▲**在所隕石**　東京の五藤隆一郎さんが大切に保管されている、高知県に落下したこの隕石は、日本で見つかった、唯一の石鉄隕石です。石鉄隕石は数が少なくめずらしいものです。

▲**石鉄隕石の断面**　黄色っぽいのがカンラン石の結晶で、白っぽいのが金属鉄の部分です。太陽系ができあがったころ、無数にあった小天体たちの中では、重い鉄分が中心部にしずみ、軽い岩石が表面にうかびました。その中間で、石と鉄がまざりあったのがこの部分らしいのです。

▲**玖珂隕鉄**　美しい八面体の結晶模様ウィドマンシュテッテン模様は、隕鉄にしか見られないものです。

隕石の記念碑

隕石はふつう、落下した場所や発見された地名で登録され、その名でよばれます。落下地に記念碑が建てられることもあり、右は上の写真の重さ６キログラムの玖珂隕鉄（山口県）の発見地に2004年に建てられた記念碑です。

▲玖珂隕鉄の記念碑

隕石たちのふるさと——小惑星帯

地上に落ちてきた隕石の、宇宙でのもともとの軌道は、大火球となって飛行するときの経路のようすからわかります。その結果、隕石のほとんどは、火星と木星の間にある“小惑星帯”のあたりからやってきていることがわかりました。隕石は、たとえば、小惑星どうしが衝突したりして、その破片が飛びちり、小惑星帯からはずれて飛行するうち、地球にぶつかってきたものらしいのです。

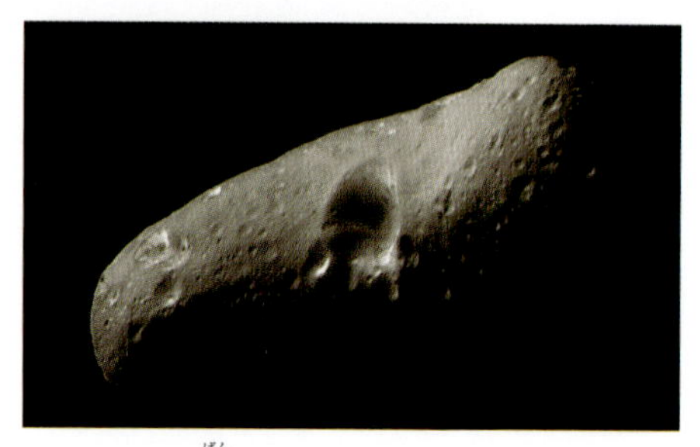

▲小惑星433番エロス 衝突によってできたクレーターのような、穴ぼこがたくさんあります。重力が弱い天体なので、破片はすぐ飛びだしていってしまいます。（150ページ参照）

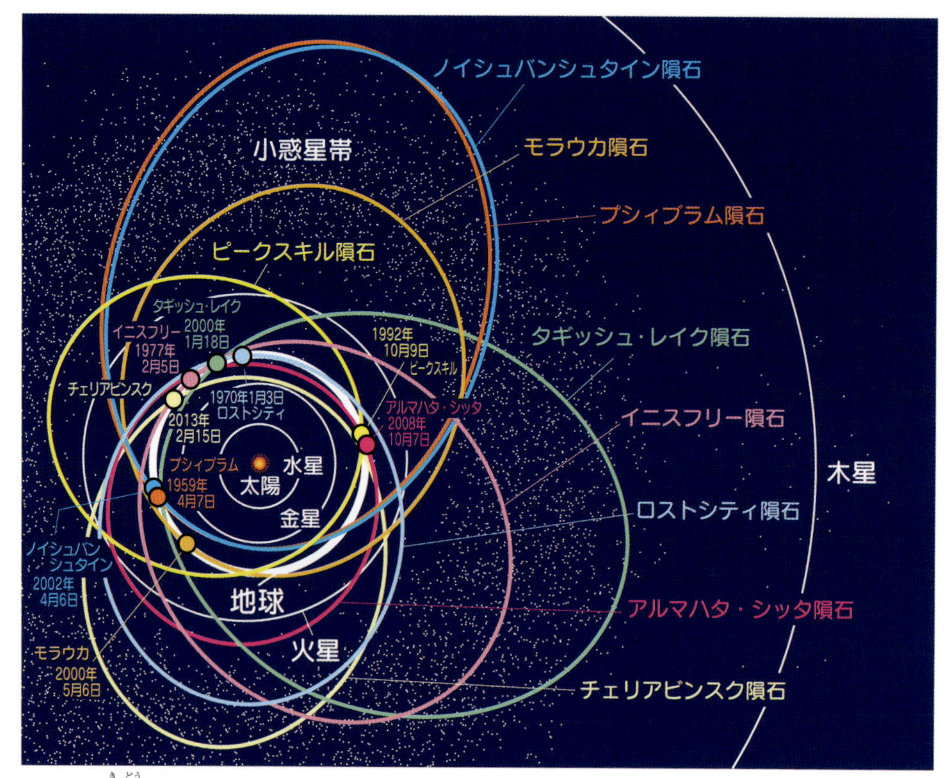

▲隕石の軌道 大火球が飛んだ経路やスピードをくわしく調べると、太陽系空間ではどんな軌道を描いてまわっていたか、正確に知ることができます。これまで見つかっている隕石のほとんどは、小惑星帯からやってきたものばかりとわかっています。

▲原始太陽系星雲　およそ46億年前、太陽系が誕生したてのころには、無数のチリが集まりくっつきあって次第に大きくなり、隕石の母体ができあがりました。これらは、さらにくっつきあい、大きさが数キロメートルほどの微惑星に成長し、現在の小惑星たちはその生き残りとみられています。（想像図）

▶衝突する小惑星　太陽系の中では大昔から、天体どうしの衝突がくりかえされてきました。今でも、小惑星どうしが激しく衝突し、こわれたり、破片が飛びちったりする事件が起こっているようです。（153ページ参照）（CG）

太陽系の化石天体

石質隕石のうち、つぶつぶを含む球粒隕石の中には、"炭素質球粒隕石"とよばれるものがあります。この種の隕石は、太陽系の誕生のころの歴史がつまったタイムカプセルのような「始原的な隕石」として興味深いものです。つまり、太陽系最古の化石天体というわけです。
それによれば、宇宙にただよっていた、原始太陽系星雲のもとになった分子雲は、今から45億6700万年前ごろから収縮をはじめ、その200万年後のころにチリのつぶが瞬間的に熱せられてとけ、冷えたしずくコンドルールができました。
炭素質球粒隕石を詳しく調べると、そんな太陽系誕生のシナリオが見えてくるのです。

▲球粒隕石コンドライトの顕微鏡写真 太陽系が誕生したころの、さまざまな物質が、そのままとじこめられているのが球粒隕石です。光るつぶつぶをコンドルールといい、その球粒組織をもつ球粒隕石はコンドライトともよばれています。

▲アエンデ隕石 メキシコで見つかったもので、太陽系が誕生したころからまったく変化していない炭素質球粒隕石です。太陽系最古の天体といってよく、これらの小天体が合体して微惑星となり、さらに微惑星どうしが衝突合体して、地球のような惑星ができたのです。

▲アエンデ隕石の内部 直径1～2ミリメートルのごく小さな丸いつぶつぶが、コンドルールとよばれる球粒組織です。これらの始原的な隕石の中には、太陽系誕生のきっかけとなった、いわば、太陽の前の世代の赤色巨星や、超新星爆発でできたチリなども含まれています。

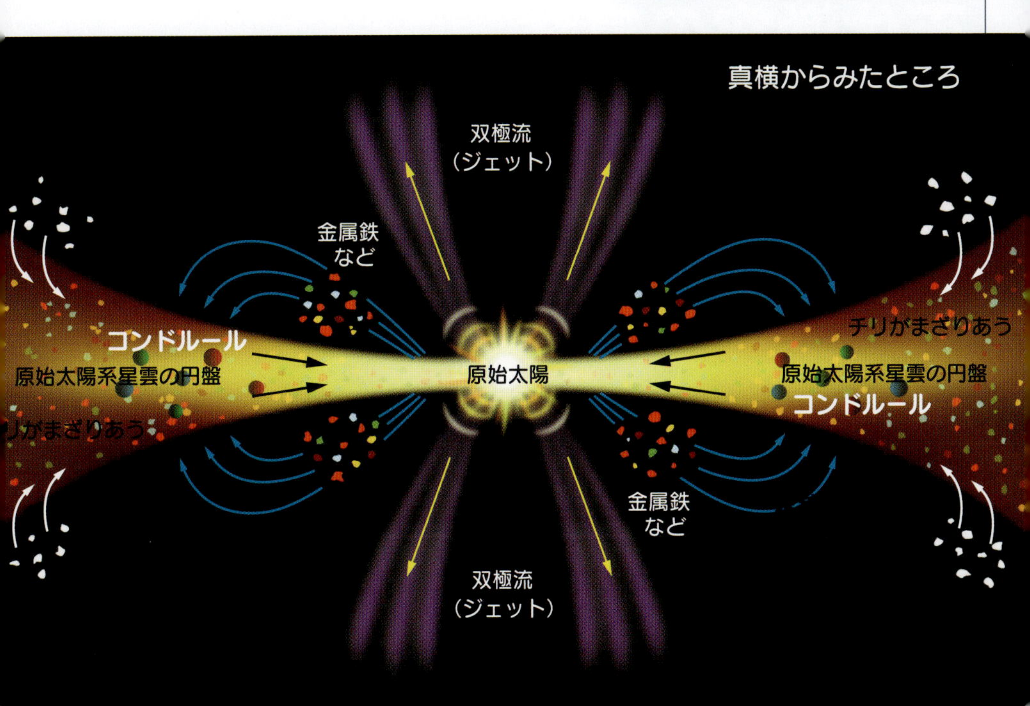

▲炭素質球粒隕石ができるようす　太陽系が誕生したころの、原始太陽系星雲のガスやチリが、円盤からふきだす、冷たいジェットに吹き飛ばされ、再び落ちてくるということを何度もくりかえすうち、コンドルールや黒っぽい細かな物質とまざりあい、かたまって始原的な炭素質球粒隕石となったようなのです。上の図は、平たい円盤状にうずまく原始太陽系星雲を真横から見たようすです。こうしてできた、炭素質球粒隕石たちが寄り集まってくっつきあい、大きさが10キロメートルばかりの“微惑星”を無数につくりだしました。その微惑星たちを引きよせて、ひときわ大物へと成長したのが、地球のような惑星たちというわけです。この間、たった2000万年ぐらいしか、かからなかったというのですから、太陽系はすごい早わざで、できあがったことになります。

隕石と太陽

熱いガスの球である太陽は、隕石とは似ても似つかぬものですが、成分はとてもよく似ていて、太陽の一部を冷やすと隕石ができるのです。ともに原始太陽系星雲から生まれたものだからです。

▲隕石

▲太陽

天体激突の痕跡

隕石孔

望遠鏡で月面を見ると、天体が衝突してできた無数の丸い穴“クレーター”があるのがわかります。月ばかりでなく、水星や火星、小惑星などにでさえクレーターはあり、もちろん、地球上にも天体衝突によるクレーターはあります。

▶**ウルフクリーク・クレーター**　西オーストラリアにある直径900メートルの美しいクレーターです。30万年前の天体衝突でできたものです。

▲**アリゾナの隕石孔**　アメリカにある直径1.2キロメートル、深さ180メートルの大クレーターです。今から２万5000年前のころ、直径25メートル、重さ６万トンもの隕鉄が秒速15キロメートルのスピードで衝突してきたものです。クレーターは、衝突天体の20倍くらいの大きさになります。

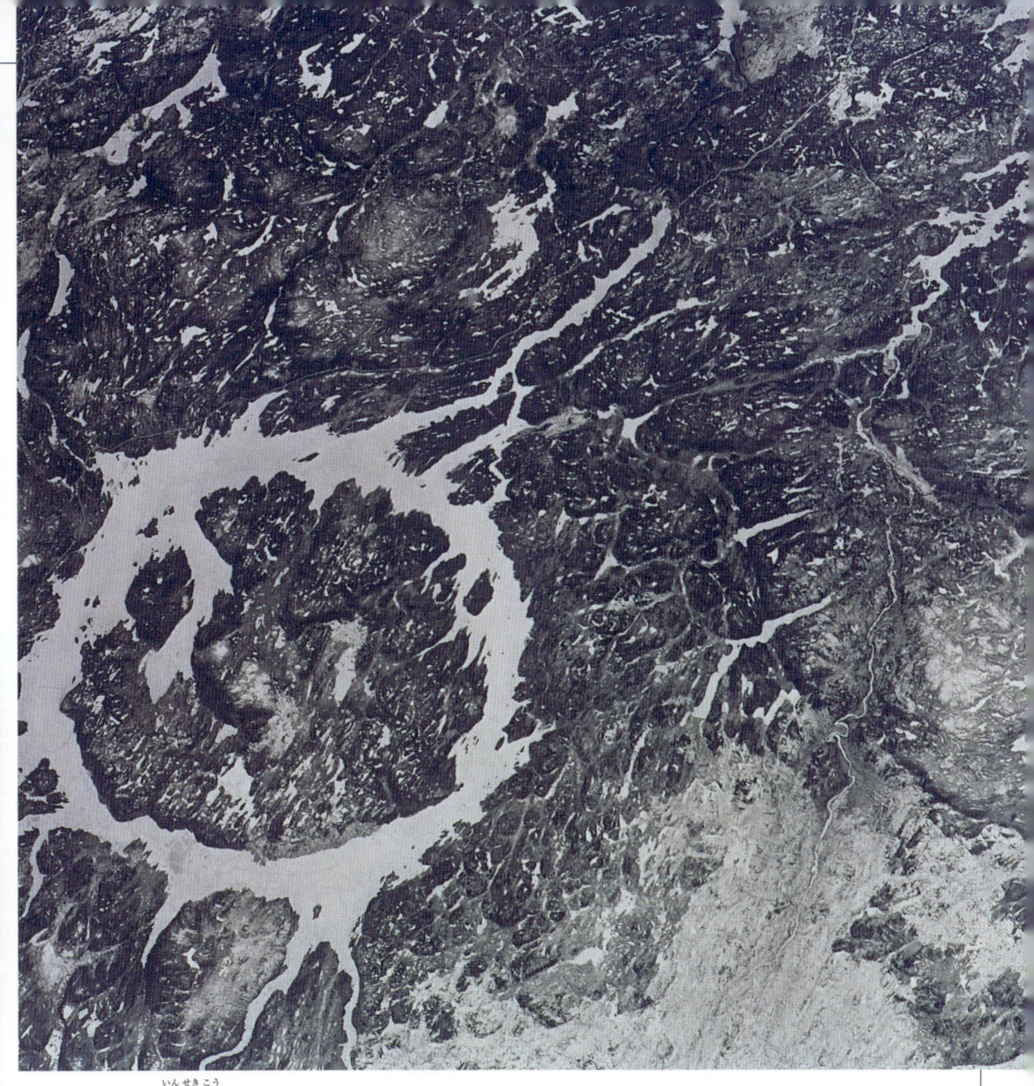

▲マニコーガン隕石孔　カナダにある、直径70キロメートルもの大クレーターです。今から、２億年前の巨大な隕鉄の衝突でできました。この天体からもたらされたニッケル鉱山が近くにあります。地球は浸食と風化などで消えるためクレーターは180か所しか見つかっていません。

▶吉林隕石の落下　1976年に中国の吉林省に多数落下した隕石雨では、最大のものは深さ６ｍもの穴をつくり、人びとをおどろかせました。

恐竜を絶滅させた大衝突 ——— 巨大隕石

今から6500万年前の、白亜紀の終わりごろ、突然といっていいくらい、それまで全盛をほこっていた恐竜たちが姿を消してしまいました。

恐竜絶滅の原因は、さまざまにいわれていますが、直径十キロメートル大の天体が衝突し、地球環境が激変してしまったからではないかともいわれています。

▲シューメーカー・レビー第９彗星の衝突痕
木星面に大きなクレーター状の痕ができました。

◀ツングースカの森林破壊　1908年６月30日の朝、10キロメートル上空で、50メートルのプール大の小天体が突入してきて爆発したのが原因で、地球にはないイリジウムという金属が発見されて天体衝突説がたしかなものとなりました。

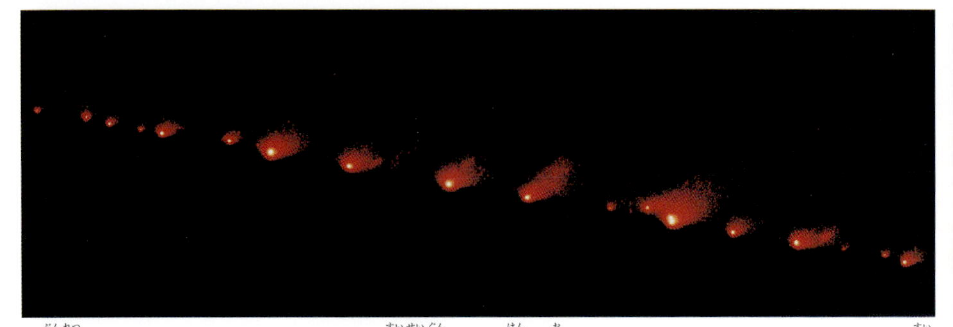

▲分裂したシューメーカー・レビー第９彗星群
1994年の７月、21個にも分裂した彗星の破片たちが、次々に木星に衝突していくという、大事件が起こりました。１キロメートル大の小さな彗星でも、衝突のエネルギーはすさまじく、地球よりも大きな衝突痕ができたほどでした。

▲**恐竜たちの絶滅**　6500万年前に、直径10キロメートル大の小天体が衝突、舞いあがった大量のチリに地球全体がつつまれ、気候が激変したのが原因といわれます。このような天体衝突を、地球は何度も体験、そのたびに生物を絶滅させたり進化させたりするきっかけをつくりました。(CG)

地球防衛軍の活躍

ふつうの流れ星や大火球、隕石の落下は、地球への天体の衝突としては、たいして心配はいりません。しかし、もう少し大きな小惑星や彗星の衝突となると、そんなわけにはいきません。
そこで、地球にぶつかってくる小惑星や彗星を、いちはやく見つけだし、衝突をふせごうというプロジェクトが、世界中で動きだしています。
つまり、そんな危険性のある天体たちに、ロケットを撃ちこんで爆破してしまったり、衝突する軌道からそらしたりしてしまおうというわけです。

▲NEATプロジェクト　直径１キロメートル大の小惑星を、根こそぎ見つけだすため、毎晩、世界中でいくつかのプロジェクトチームが小惑星の発見や監視を続けています。

▲地球をかすめた大火球　1972年、アメリカで目撃された大火球で、運よく地球の大気にはじき飛ばされ、再び宇宙へ出ていってしまいました。重さ1000トンもあるこの隕石が、もし地球に激突していたら、核爆発以上の大事件となっていたかもしれないといわれています。

▲地球に衝突する危険な小天体　6500万年前に、恐竜たちを絶滅させてしまった天体ほどの大物でなくても、地球に近づいてくる数百メートル大の小天体は、今もたくさんあります。そんな地球接近天体たちの監視を続けているのが、リニアーやニートプロジェクトなのです。現在わかっている小天体の地球へのニアミスは、直径320メートルの小惑星アポフィスが、2029年の４月14日に地上３万キロメートルのところを、かすめて通りすぎることです。（CG）

▲大津波の発生　もし、直径数百メートル大の小惑星が、太平洋に落下すると、日本の沿岸部は、数百メートルもの高さの大津波におそわれるかもしれません。地震がなくても、そんな津波の発生だってあるのです。とりあえず、危険な天体は見つかっていないので心配ありません。（CG）

生命の宅配便屋さん

地球上には、生命があふれています。いったい、どこからやってきたのでしょうか。もともと、地球上で誕生したのかもしれませんが、彗星や隕石、流星などによって、宇宙から運ばれてきたものとする説もあります。
彗星の本体である核には、水や生命のもとになる有機物が含まれています。隕石中にも、流星のチリの中にさえ、そんなものが含まれ、今もそれらが、地球に送りこまれつづけているらしいのです。

▲火星の生命 火星から地球にやってきた"火星隕石"の中に、バクテリアの化石を思わせるようなものが、見つかっています。天体どうし、生命の素材は、今でもやりとりされているのでしょうか。

◀マーチソン隕石 水や生命のもとになる、有機物が含まれているのがわかっています。

（143ページ参照）

▲火星から来た隕石 南極で見つかったこの隕石は、1600万年前に火星を飛び出してきて、宇宙をさまよったあげく、1万3000年前に地球に落下してきたものです。電子顕微鏡で調べたところ、毛髪の100分の1より細い上の写真のような微生物状のものがあるのがわかりました。

▲地球へ生命をもたらした衝突　彗星の氷の中には、生命を誕生させるもとになる成分が、たくさん含まれています。地球上の生命も、かつて地球に衝突した、彗星や小惑星たちによってもたらされたのかもしれません。（想像図）

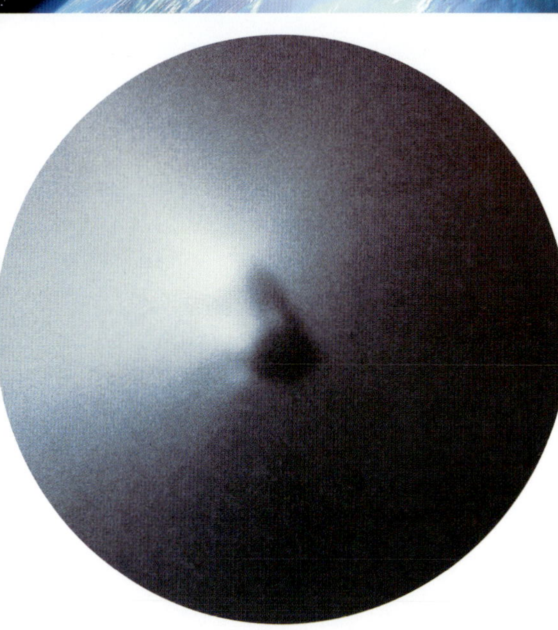

◀ハレー彗星の核　15×８キロメートルのじゃがいものような形をしていて、真っ黒な表面をしています。おもに、80パーセントの水と15パーセントの二酸化炭素、５パーセントのチリでできていて、太陽にあたためられた側からはげしいジェットのように、それらが噴出しているのがわかります。

銀河の世界

私たちの太陽系の属する“銀河系”は、およそ2000億個もの星が、渦巻くように群れる星の大集団です。宇宙には、銀河系と同じような星の大集団“銀河”が、それこそ、数えきれないほど浮かんでいます。その銀河たちは、広大な宇宙のあちこちで群れをつくり、衝突して合体変身したり、姿なき暗黒物質ダークマターにあやつられたり、宇宙の進化の流れの中であきれるほど活発でさまざまな姿態を見せてくれています。

▲渦巻銀河ＮＧＣ4013　銀河系と同じような渦巻銀河を真横から見たもので、私たちの銀河系も遠くからは、こんな姿に見えることでしょう。

▶りょうけん座の子もち銀河M51　大小二つの銀河が仲よく手をつなぐように見えるところからこの名がある美しい渦巻銀河です。

天の川の正体

銀河

夏の夜には、頭上に輝く七夕伝説の織姫星ベガや、牽牛星アルタイルのあたりから、南の地平線に近いさそり座やいて座にかけて流れ下る、光の帯のような天の川の光芒を目にすることができます。
天の川は、とても淡く、明るい街中ではほとんど見えませんが、高原など、夜空の暗い場所でなら、肉眼でもはっきり見ることができます。一度はそんな所へ出かけ、目にしてほしいものです。
昔の人びとは、その正体について、あれこれ神話がらみで考えましたが、無数の星の集まりと見やぶったのは、初めて望遠鏡を向けた、ガリレオでした。

▲天の川はミルクの道　ギリシャ神話では、大神ゼウスが赤ん坊だったころ、母親ジュノの乳首を強くかんだため、ほとばしり出た乳が星空に流れ、天の川になったといわれます。(ルーベンス画)

▲夏の天の川　南の地平近いいて座から頭上まで、天の川がひときわ明るく幅広く、立ちのぼるのを肉眼ではっきり見ることができます。

▲冬の天の川　夏の天の川にくらべると、はるかに淡くかすかなものですが、夜空の暗く澄んだ場所でなら、肉眼でも見ることができます。

▲南半球で見た天の川　オーストラリアなど南半球へ出かけると、いて座付近のひときわ明るく幅広い天の川の輝きを頭上に見ることができ、びっくりさせられることでしょう。夜空の暗く澄んだ場所では、頭上のその明るい天の川の輝きで、地面に淡く物影ができるほどです。

▶天の川の正体　肉眼では、光の雲のようですが、双眼鏡や望遠鏡では、無数の星の集まりであることがわかります。天の川は、遠くにある星ぼしの光が、おりかさなって見えるものなのです。

渦巻く星の大集団——銀河系（天の川銀河）の姿

天の川とか、銀河などとよばれる光の帯をつくるおびただしい微光星の群れの正体は、いったい何なのでしょうか。

じつは、私たち地球の属する太陽系は、およそ2000億個もの星ぼしの大集団の中にあり、その星の大集団のことを“銀河系”とか“天の川銀河”とよんでいます。

はるか遠くから、その銀河系の姿をながめてみると、中心部が凸レンズ状にふくらんだ平たい円盤状に、つまり、あのUFOのような形に、無数の星が渦巻くように見えることでしょう。

夜空をひとめぐりする天の川の光芒の正体は、銀河系の姿を、私たちが内側からながめているものだったのです。

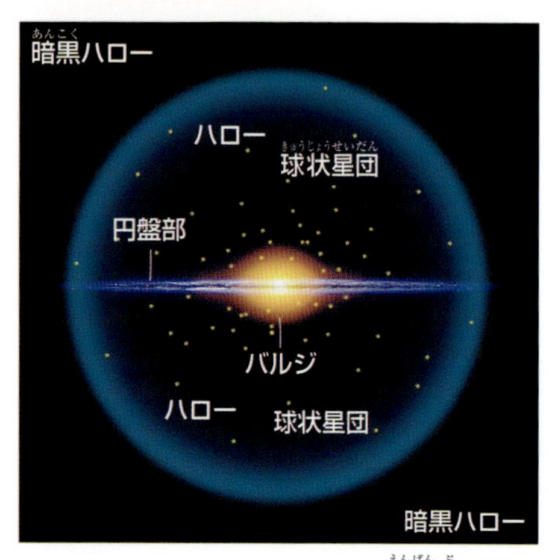

▲**銀河系のつくり**　渦巻く平たい円盤部だけでなく、その周囲を丸くつつみこむようなハロー部など、銀河系の広がる範囲は見える部分より、はるかに大きいものです。(CG)

▲**おおぐま座の渦巻銀河M101**　真上からながめると、銀河系もこんな渦巻状に無数の星が集まった姿として見えることでしょう。

▲**かみのけ座の渦巻銀河NGC4565**　渦巻く平たい円盤状の銀河系を真横から見ると、天の川の見え方に似た細長い姿をしています。

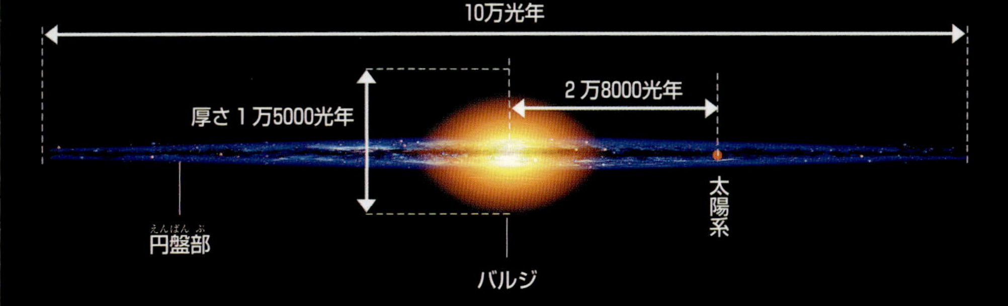

真横から見た銀河系（天の川銀河）

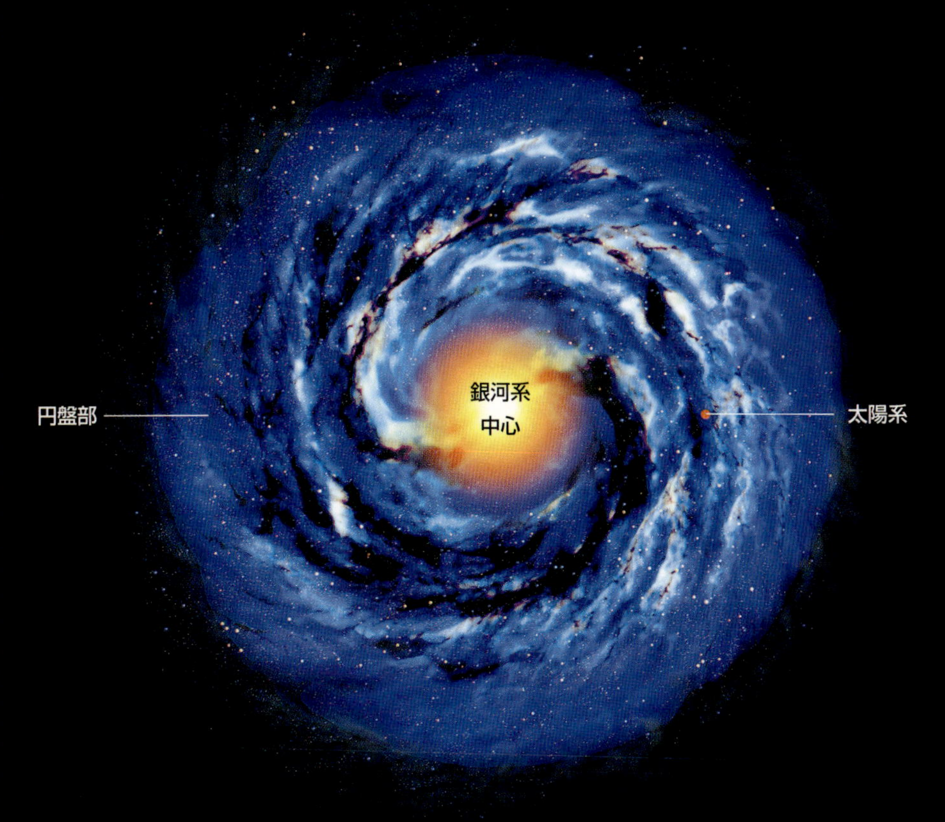

真上から見た銀河系（天の川銀河）

▲銀河系の構造　真横から見た銀河系と、真上から見たときの銀河系の姿を描いたもので、前のページにある渦巻銀河M101とNGC4565にそっくりなことがわかります。私たちの太陽系は、銀河系の中心から、およそ2万8000光年も離れた渦巻の腕に位置しています。（CG）

多彩な天体たちの大集団 ―― 銀河系天体

平たい円盤状に、2000億個もの星ぼしが集まって渦巻く銀河系の中には、じつにさまざまな天体が含まれています。そのほとんどは、太陽と同じしくみで、自ら光と熱を放って輝く恒星ですが、目に見えるものばかりとはかぎりません。恒星の誕生のもとになる暗黒星雲のような冷たいチリやガスの集まりもあれば、太陽より、はるかに年老いた球状星団のような星の大集団もあります。つまり、すべての天体たちは、銀河系の中で一生をおくることになるというわけです。

▲**土星**　太陽は、惑星たちをひきつれ、太陽系を形づくっています。他の恒星にも、似たような惑星系をもつものが多くあります。

▲**プレアデス星団**　誕生して間もない、5000万歳くらいの星たちの群れです。若い恒星たちの集まり“散開星団”は、天の川ぞいに多くあります。

▲**へび座の散光星雲M16の中心部**　星を生みだす材料となる冷たいガスやチリの集まり“星間分子雲”は、銀河系内に広くただよっています。

▲**球状星団M15**　銀河系の平たい円盤部の外側には、100億歳をこえるような年老いた星の大集団“球状星団”がいくつも浮かんでいます。

▲おおぐま座の渦巻銀河M81　宇宙に浮かぶ無数の銀河系と同じ星の大集団"銀河"の中でも、銀河系と似て、星の誕生や死のドラマが、似たような素材をもとにくりひろげられています。このM81銀河にも、地球と似たような文明を築いている宇宙人がいるかもしれませんね。

恒星たちの大移動 ── 銀河系内の星

星座を形づくっている星ぼしは、銀河系の中でも太陽のごく近くにあるものばかりですが、数十年や数百年で位置を変えたりして、星座の形が変わってしまったりするようなことはありません。しかし、だからといって、星座の形が、永遠に変わらないというわけではありません。銀河系の回転につれ、星ぼしはみんな動いているからです。

▲バーナード星の移動　距離６光年のところを、秒速108キロメートルのスピードで太陽に近づいており、10年間にこんなに位置が変わりました。

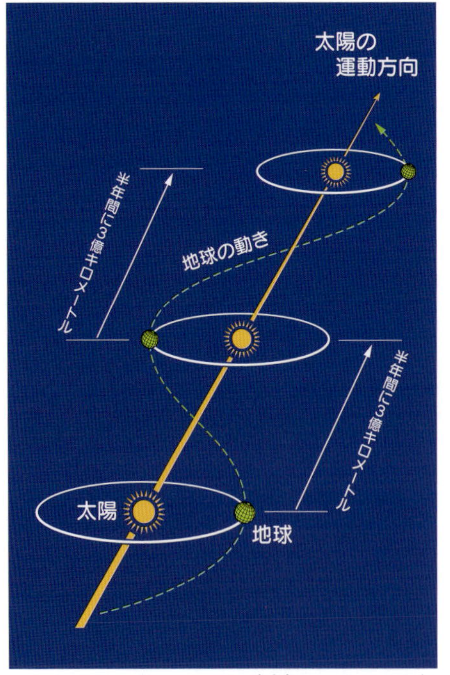

▲太陽系の移動　太陽は、地球など太陽系の家族全員をひきつれ、ヘルクレス座の方向へ秒速約20キロメートルのスピードで移動しています。その移動距離は、１年間で６億キロメートルにもなります。私たちがその動きを実感することはありませんが、私たちが銀河系の中の"宇宙の旅人"であることは事実です。

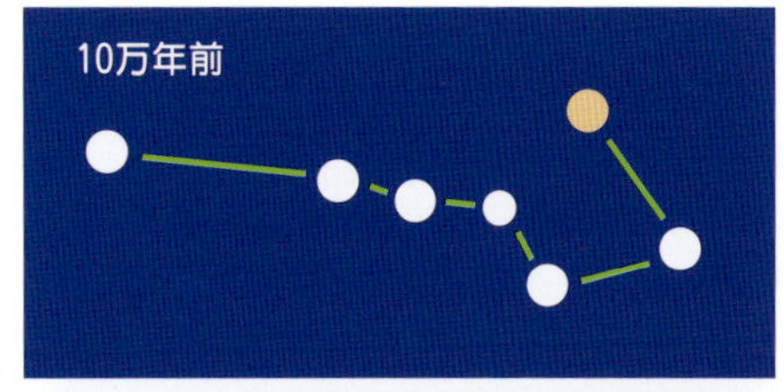

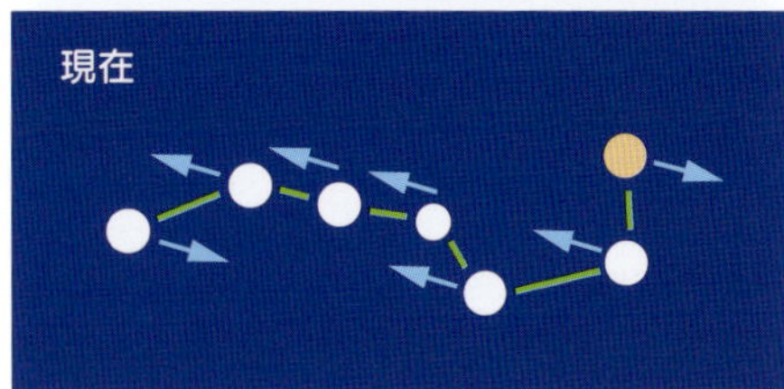

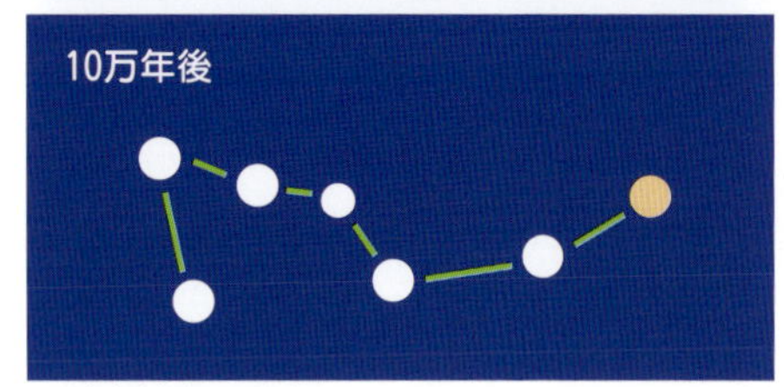

▲北斗七星の変形　いつまでも夜空にじっと輝いている星はひとつもなく、みんな思い思いの方向に動いています。ただ、あまりに距離が遠いため、すぐにはその動きがわからないだけなのです。しかし、10万年単位くらいでみると、北斗七星などの形もこんなに変わってしまうのがわかります。

▲さんかく座の渦巻銀河M33 銀河系全体の回転でみると、私たちの太陽系は、銀河系の中心から2万8000光年離れたところを、秒速220キロメートルのスピードで、およそ2億5000万年かけてひとめぐりしています。

▶銀河系内での太陽の動き 円盤状の銀河系の中での太陽の動きは、回転木馬のように、上下に波うつようにまわっています。円盤部を上から下に、あるいは下から上に横切るとき、円盤との衝突で太陽系内に異変の起こることが、あるかもしれませんね。(CG)

わが銀河系の渦の巻き方 ―― 渦巻銀河

私たちの銀河系は、真上からは渦巻く円盤状に、真横からは、中央のぷっくりふくらんだ凸レンズのように見え、銀河系が、大まかには二つの部分からできていることがわかります。
つまり、中央のふくらんだ“バルジ”とよばれる部分と、そのまわりの“渦状腕”とよばれる、平たい円盤部がとりまいているものというわけです。これだけでは、すばらしく美しい渦巻銀河の姿をイメージしてしまいがちですが、天の川の見え方のようすを詳しく調べてみると、私たちの銀河系は、じつは中央のバルジがラグビーボールのように細長くのびた“棒渦巻銀河”のタイプらしいのです。

▲銀河系の渦の巻き方 私たちは、銀河系の渦巻を直接見られませんが、中央が棒状にのびた“棒渦巻銀河”なのかもしれません。（CG）

▲エリダヌス座の渦巻銀河NGC1309 遠くにも小さな渦巻銀河たちの姿が見えています。

◀ポンプ座の渦巻銀河NGC2997 中心部から、太い渦巻の腕２本がのびているのがわかります。

▲渦巻銀河ＮＧＣ7427　渦巻銀河の中心部バルジの形をよく見ると、どれもいくらか棒状の構造をしているのがわかります。とくに、はっきりした棒状をもつものは、“棒渦巻銀河”とよばれています。私たちの銀河系も、どうやらその棒渦状のものらしく、太陽系は、棒渦巻銀河の細長いバルジからのびた、腕の１本に住んでいるのかもしれません。自分の住む家の中からは、家の外観を見ることができませんが、赤外線や電波の目を使うと、銀河系の外観が推測できるのです。

銀河系のお伴たち ―― 大小マゼラン雲

地球のまわりをめぐる月のように、銀河系にも、周囲をめぐる伴銀河が二つあります。初めて世界一周を果たしたポルトガルの航海者マゼランにちなんで名づけられた、大マゼラン雲と小マゼラン雲です。

南半球の夜空に浮かぶ、天の川のちぎれ雲のような光芒を、荒海に乗り出した大航海時代の船乗りたちは、どんなイメージで見あげたのでしょうか……。

▲小マゼラン雲と大マゼラン雲 暗い場所でなら肉眼でもぼんやり雲のように見えます。

▲小マゼラン雲 大マゼラン雲の半分くらいの不規則銀河で、距離20万光年のところを、およそ25億年がかりで銀河系の周囲をめぐっていますが、やがて銀河系にのみこまれてしまうとみられています。左側の球状星団ＮＧＣ104は、ずっと手前１万5200光年のところにあります。

▲大マゼラン雲　距離16万光年のところにある不規則銀河で、小マゼラン雲とは、2億年前のころ衝突しそうになったことがありました。この銀河の中では、さかんに星が生まれていて、矢印の巨大な散光星雲タランチュラ星雲の近くでは、1987年に肉眼で見える超新星も見られました。

▶南半球で見た天の川と大小マゼラン雲のようす　夜空の暗く澄んだ場所でなら、天の南極の近くに天の川のちぎれた部分のように浮かぶ大小マゼラン雲（画面右下）の姿がよくわかります。日本から見えないため、天文ファンたちのあこがれの天体となっています。なお、最近の研究では、大小マゼラン雲は天の川銀河（銀河系）の周囲をめぐっているのではなく、たまたますぐ近くを通過中の小銀河たちで、やがてはるか遠くへ飛び去ってしまうものとする説も出されています。

巨大ブラックホール

銀河系中心

平たい円盤状に2000億個もの星が渦巻く銀河系の中心は、いて座の方向２万8000光年のところにあります。
その銀河系の中心には、一体何があるのでしょうか。最近の観測では、銀河系中心部には、太陽440万個分もの質量をもつ、超巨大ブラックホールがドンと腰を落ちつけているらしいといわれます。
いて座A*(いて座Aスターと読みます)と名づけられた、この超巨大ブラックホールの重力はすさまじく、銀河系の中心に近よってきて群がる恒星サイズのブラックホールを、次々にのみこんで肥大化しており、まさにモンスターとよぶに、ふさわしい存在となっているらしいのです。

▲**銀河系中心方向の天の川**　凸レンズ状に中心部がふくらむ銀河系の中心が、いて座の方向にあるため、この付近の天の川が、ひときわ明るく幅広く見えます。ただし、チリやガスのため、中心部は直接には見えず、中心部のようすは、電波や赤外線などで、さぐることになります。

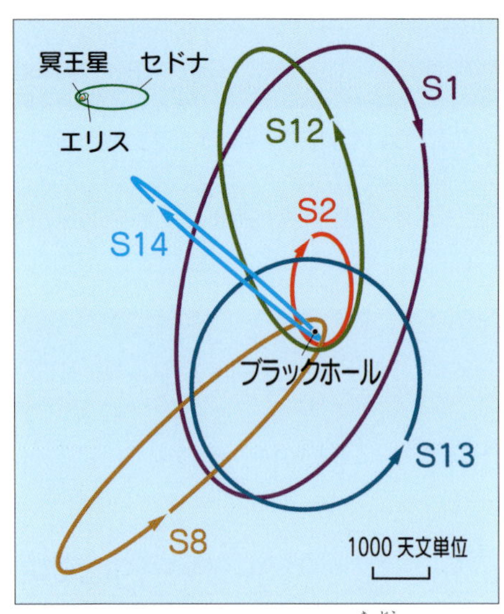

▲**いて座A*をめぐる天体たちの軌道**　天の川銀河（銀河系）の中心には超巨大なブラックホール「いて座A*」がひそんでいるらしいことが、周囲をめぐる天体たちの軌道からわかります。

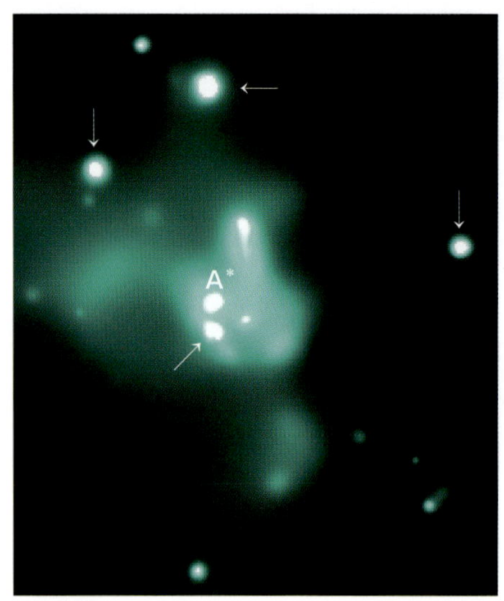

▲**ブラックホールだらけ**　いて座A*の周辺に、恒星大のブラックホール（矢印）が、４個見つかりました。銀河系中心近くには、１万個ものブラックホールがかき集められているらしいのです。

▲うみへび座の棒渦巻銀河M83 銀河系のような銀河中心には、かならず超巨大ブラックホールがあると考えられています。このたしかに存在しているのに、見えない超巨大ブラックホールの激しい活動が、銀河のこれからの進化に、大きな影響をあたえることになりそうなのです。

▲X線でながめた銀河系の中心方向 400×900光年の範囲を写しだしたもので、銀河系中心部周辺の超高温で光り輝くガスの中には、恒星の死骸ともいえる白色矮星や中性子星、ブラックホールなどが数多く存在しています。これらは、数十億年かけて中心部に移動してきたもので、これから数十億年のうちに、中心部の超巨大ブラックホールにのみこまれてしまうことでしょう。

銀河系をあやつるダークマター――銀河系

銀河系のふくらんだ中心には、超巨大ブラックホールが腰を落ちつけています。平たい円盤部の腕には、星を誕生させる材料のガスやチリが大量にあり、若い星が集まっています。そして、銀河の周辺広くハローがとりまいています。
しかし、それら全部を合わせても、銀河系の渦巻の回転運動をうまく、説明できないのです。また、目に見えない黒幕、ダークマター(暗黒物質)が、周辺にひそんでいるらしいのです。

▲おとめ座のソンブレロ銀河M104 中南米の人たちがかぶる帽子の形に似ているので、このよび名があります。中央を横切る暗黒帯は、星を誕生させる材料となる、星間物質の集まったものです。

▲かみのけ座の黒眼銀河M64の中心部 渦巻銀河の中ほどにいちじるしい暗黒部があり、望遠鏡で見ると、人間の目を思わせることから、こんなよび名がつけられているものです。およそ、1億年前のころ、周囲をめぐっていた伴銀河が、M64にとりこまれてしまったらしいのです。

▲銀河系の腕の回転　渦巻の回転は、内側も外側も、同じことがわかっています。これは、銀河を広く取りまくように、目に見えない暗黒物質ダークマターがあって、銀河中心と同じくらいの重力の影響をおよぼしているためらしいのですが、その正体はまったくわかっていません。（CG）

▲天の川　宇宙には、光でも電波でも、まったく観測されない暗黒物質「ダークマター」が、存在しているらしいことがわかっています。銀河の回転をはじめ、宇宙のいたるところでその影響力がみられ、宇宙は、謎のダークマターに支配されているといってもいいくらいなのです。

銀河の解体

宇宙には、私たちの“銀河系”とよく似た星の大集団“銀河”がたくさんあります。
銀河系も他の銀河も、恒星やさまざまな天体の大集団であることにかわりはなく、よその銀河の中でも銀河系と同じように、新しい星が生まれたり、年老いた星が生涯を終えて消えていったりしています。
そんな銀河たちが、どんなもので成りたっているのか、おもだった成分を分解してみることにしましょう。

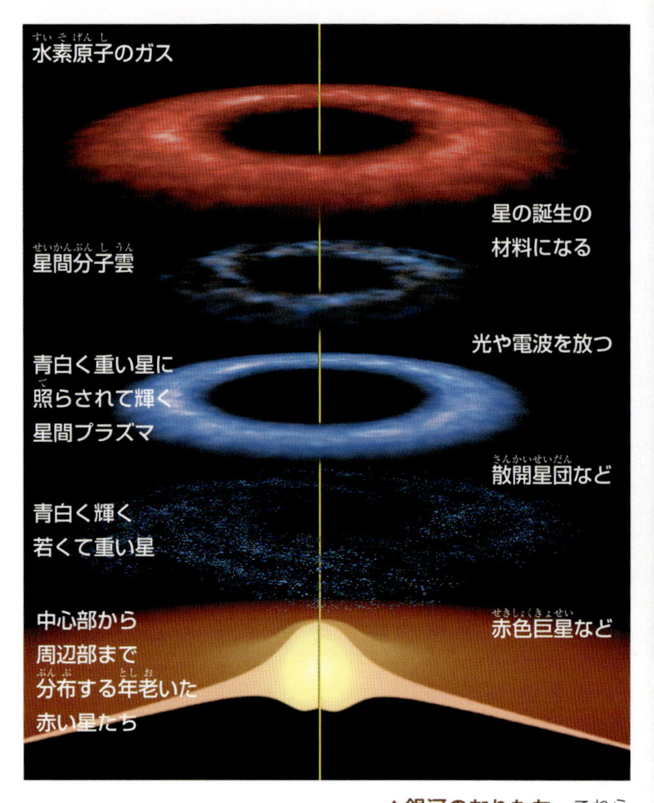

▲**銀河のなりたち**　これらの成分を、全部組み合わせると、次ページのアンドロメダ座大銀河M31の姿のような、銀河となって見えることになります。（CG）

◀**りょうけん座の渦巻銀河M51**　左は赤外線で見たもので、右は目で見たときの姿です。225ページにもこのM51の写真があります。

▲アンドロメダ座大銀河M31　230万光年のところにある、私たちの銀河系の隣人といっていい身近な渦巻銀河です。銀河系に含まれるのと同じ天体すべてがあって、似たものどうしといえます。もちろん、目に見えない暗黒物質ダークマターもはるか広くとりまいていることでしょう。

多彩な銀河たちの分類 ――銀河の種別

宇宙にあるのは、形が美しい渦巻銀河ばかりではありません。むしろ、形がはっきりしない、大マゼラン雲のような“不規則銀河”や細長いラグビーボール形の“楕円銀河”、“矮小銀河”とよばれる、ごく小さな銀河などの方がずっと多いくらいなのです。1926年、アメリカの天文学者E・ハッブルは、それらの銀河の形から、楕円銀河、レンズ状銀河、渦巻銀河、棒渦巻銀河、不規則銀河の５種類にわけ、下のような、“音叉型”の分類図をつくりました。ハッブルは、時間とともに、分類図の左から、右へ形を変えていくと考えましたが、現在では、それぞれの銀河の形は、誕生したときの条件のちがいによるものと考えられています。

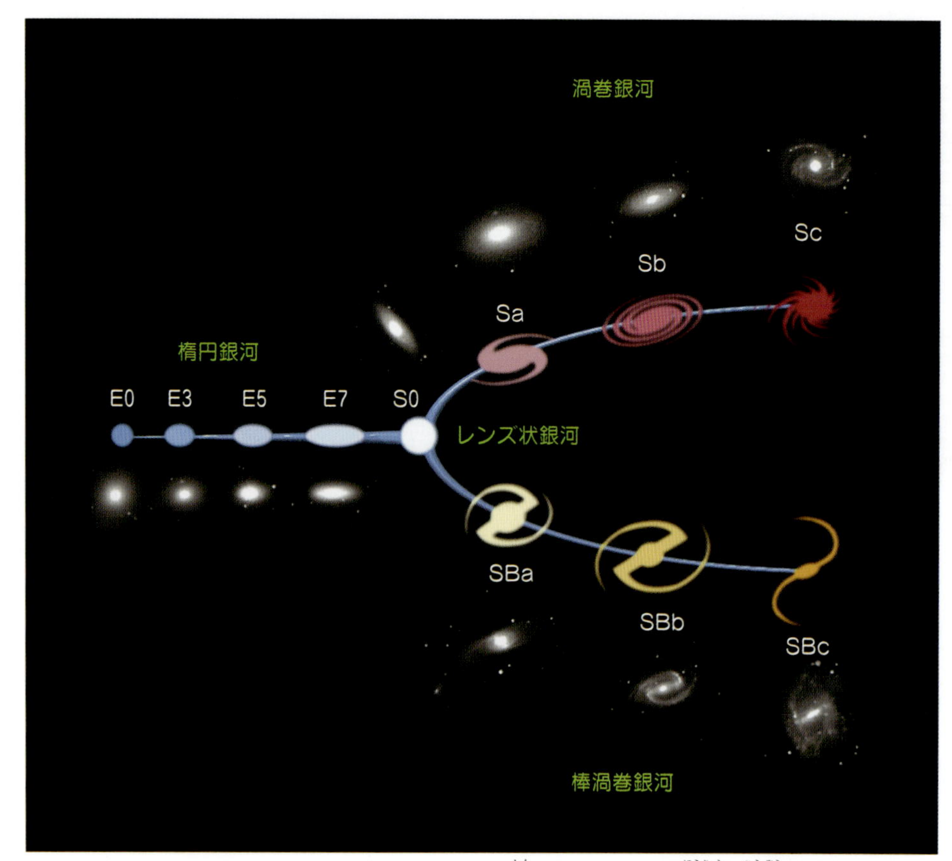

▲**ハッブルによる銀河の分類**　楕円銀河は、渦巻銀河のような構造のない楕円形のもので、音叉のわかれ目のS０がレンズ状の銀河です。中心核をつらぬくような棒状の構造をもつのが、棒渦巻銀河です。このほか、特定の形をもたない、不規則銀河Ｉｒが加えられることもあります。

▲矮小楕円銀河M110　アンドロメダ座大銀河M31の周囲をめぐる小さな伴銀河で、ラグビーボールのような形の星の集団です。

▲渦巻銀河ＮＧＣ6946　美しい渦巻の腕にそったたくさんの赤い散光星雲などが見え、銀河系によく似た姿の銀河といえます。

▲レンズ状銀河NGC5866　渦巻の腕のない中心のバルジ部分だけのような形をしていて、星の誕生の材料となるガスをもっていません。

▲棒渦巻銀河NGC1300　中心から棒のようにのびた腕をもつ銀河で、銀河系もこんなタイプの銀河なのかもしれないといわれます。

なぜ渦巻く？　銀河回転

渦巻銀河の渦状の腕の中にある星は、240ページのダークマターのところでお話ししたように、銀河中心からの距離の遠い近いに関係なく、みんな“同じスピード”でまわっていることがわかっています。すると、当然、一周する距離が長くなる外側ほど、ひとまわりする時間が長くかかってしまうことになります。つまり、渦巻銀河の回転は、ＣＤ盤のように“かたい回転”をしているのではなく、中心に近いほど周期が短い“やわらかい回転”をしていることになるわけです。
だとすると、数回転するうち、渦巻の腕はゼンマイのようにぐるぐるに巻きついてしまいそうですが、そんな銀河はひとつも見あたりません。これは一体どうしてなのでしょうか……。

▲渦巻銀河ＮＧＣ4622の腕　細かな枝わかれはありますが、たいていのものは太い２本の腕が渦巻くように見えています。この渦巻ができる理由はまだはっきりしませんが、下の密度波理論を支持する結果が、最近の観測で得られています。（251ページ上も参照）

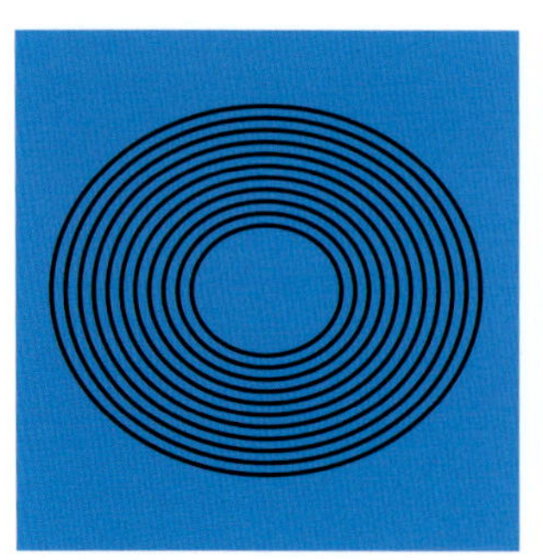

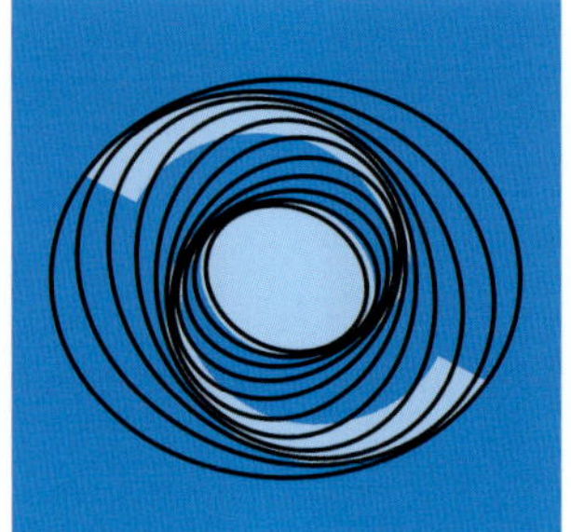

▲渦巻の腕のできるわけ“密度波理論”　きまった銀河の中では、物質どうしが力をおよぼしあって、“密度波”とよばれる目に見えない渦巻の形をつくり、回転しながら伝わっています。その密度波がぶつかったところでは、衝撃波とで明るい星ぼしが誕生し、目に見えない密度波の形を明るく浮かびあがらせることになります。こうして、銀河の姿が、渦巻くように見えるというわけですが、輝いている腕の部分も、密度の濃い波が通りすぎると、星の誕生も少なくなって、やがて消えてしまいます。渦巻の明るい部分は、密度波が回転するにつれて、つぎつぎに移りかわっていくというわけです。渦巻がぐるぐるに巻きついて見えないのはこのためです。

▲渦巻銀河NGC1232　エリダヌス座にあるこの美しい渦巻の姿も、目には見えない“密度波”の回転によってもたらされたもので、密度波を通過したばかりのガスの温度がよりあたたかく、すでに密度波が通過してしまったところのガスは、温度が下がってしまっています。密度波がまるで波のりするように回転していくため、次々に腕のガスを明るく浮かびあがらせていくというわけです。ただし、密度波は不変ではなく、生まれては消えるというふうに絶えず変化し続けており、それにつれ渦巻の形も変わるらしいのです。

▶棒渦巻銀河NGC6744　南半球のくじゃく座にある、複雑な腕をもつ銀河です。

棒渦巻のできるわけ

棒渦巻銀河

渦巻銀河のうち、中央のふくらみバルジから長い棒がのび、その先から渦巻の腕がのびているものを“棒渦巻銀河”とよんでいます。私たちの銀河系も、このタイプかもしれないといわれだしています。この棒構造は、円盤部が、重力的により安定した棒状になったものですが、棒が消える場合もあり、時には、二つの渦巻銀河が衝突して、お互いの潮汐作用でその中心が引きのばされ、一時的に棒構造ができることもあるようです。

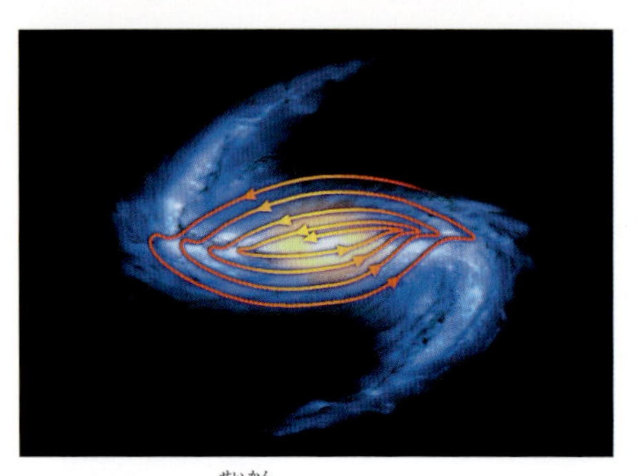

▲**棒渦巻銀河の星間ガスの流れ**　渦巻銀河の腕にそって回転しているガスやチリは、棒構造に衝突すると、中心部に向かって落ちていきます。

▲**エリダヌス座の棒渦巻銀河NGC1300**　美しい典型的な棒渦巻銀河のひとつで、中心部のバルジの大きさも、ごく平均的なものといえます。回転のスピードもそんなにはやくなく、渦巻銀河が形づくられる途中で、一時的により重力的に安定した棒構造になったとみられています。

▲棒渦巻銀河ＮＧＣ1097　246ページの"密度波理論"のように、渦巻銀河も棒渦巻銀河も、中心のバルジからのびる棒が、長いか短いかのちがいはあっても、渦巻くその波動の部分でたくさんの星が生まれ、渦巻の姿が浮かびあがって見えるという点では同じしくみのものといえます。

たよりないミニ銀河たち――矮小銀河

宇宙には、形がはっきりしない“不規則銀河”や細長い形の“矮小楕円銀河”“矮小銀河”などとよばれる銀河たちが、あちこちにやたらとあります。

“矮小”というのは、小さいという意味ですから、大型の渦巻銀河にくらべると、とるにたらないといってもいい存在のミニ銀河たちです。じつは、この種の銀河たちが、衝突合体をくりかえして、大きな銀河ができあがったと考えられていますので、なりは小さいながら、宇宙では“銀河のタネ”といっていい、あんがいに大切な存在らしいのです。

▲インディアン座の不規則銀河ＩＣ.5152　銀河系の周辺には、この種のたよりない矮小銀河たちが100個以上も見つかっています。

▲いて座の矮小不規則銀河ＮＧＣ6822　中央に棒状らしい構造も見られますが、渦巻はなく、じつにあやふやな形をしています。しかし、見えている部分の外側に、ハローがかなりひろがっており、宇宙の初めのころできたこれらの小さな銀河も、あんがい複雑な構造をもっているようです。

◀**若い矮小銀河**　おおぐま座の方向、4500万光年のところにある小さな銀河で、年齢わずか５億歳という若さです。この銀河は、水素とヘリウムばかりで、重元素が少なかったため、これまでずっと星がつくられてこなかったのではないかと考えられています。なお、成長期の銀河は、この種のミニ銀河を絶えずのみこみ続け、それらが銀河の回転によって長くひきのばされ、246ページの密度波理論とは別の渦巻構造の腕をつくる場合もあるようです。

▲**アンドロメダ座の矮小楕円銀河M32**　大型の渦巻銀河M31のまわりをまわりながら、やがてM31にのみこまれてしまう運命のミニ銀河です。

▲**しし座の矮小銀河Ｉ**　古い星ばかりのこのかすかな銀河は、60万光年の近さにあります。遠くにあるミニ銀河は、見つけられそうにありません。

銀河の弱肉強食 ——— 巨大楕円銀河

大きな銀河の中には、渦巻の腕をもたないものもあります。楕円状に丸みをおびただけの“巨大楕円銀河”です。
銀河系のような渦巻銀河では、今も活発に星が生まれていますが、楕円銀河には星の誕生のもとになる星間物質がなく、年老いた星ばかりというのが実態です。
楕円銀河は、渦巻銀河が衝突合体したのか、あるいは、小さなミニ銀河だけを喰らって、大きく肥え太ったもので、今では新しい星をつくりだすことができない、年老いた星の大集団らしいのです。

▲ヒクソンコンパクト銀河群 うみへび座の方向、3億光年のところにあるこのミニ銀河の集団も、やがてはひとつに合体して、より大きな銀河へと姿を変えていくことでしょう。

▲ろ（炉）座銀河団の二つの巨大な楕円銀河
おとめ座銀河団とほぼ同じ6000万光年のところに群れるもので、左上がＮＧＣ1377、右下がNGC1407です。銀河の混みあった“銀河団”の中央に、この種の巨大な肥え太った楕円銀河が、腰を落ち着けている例が多く見られます。

▲おとめ座の巨大楕円銀河M87　私たちの銀河系が属するおとめ座銀河団の中央に、どっかり腰を落ち着けているのが、この巨大楕円銀河で、銀河系の100倍もの重さがあります。そして、中心には、銀河系中心にある巨大ブラックホールよりさらに大きな、太陽の重さの30億倍もの超巨大ブラックホールがあるとみられています。一体どれほどの銀河たちを取り喰らって、でっぷり肥え太ったというのでしょうか。巨大楕円銀河の中には、いくつかの銀河をのみこんで、消化中というようなものもあり、宇宙もどうやら弱肉強食といえる世界のようなのです。

最強の宇宙放送局 ―― 電波銀河

目では、そんなに変わって見えないのに、電波望遠鏡で見ると、強烈な電波を放ってその様相が一変する銀河があります。次ページにあるケンタウルス座の巨大楕円銀河ＮＧＣ5128がそのよい例で、強力な電波源ケンタウルス座Ａともよばれるこの活動的な銀河核からは、激しい電波ジェットが放たれています。

この種の銀河の中心核には、巨大なブラックホールがあって「電波ジェットをつくりだすエンジンの原動力」になっているとみられています。

▲国立天文台の野辺山45メートル電波望遠鏡　長野県の八ヶ岳山麓の静かな環境で、さまざまな天体からやってくるかすかな電波に聞き耳を立てています。

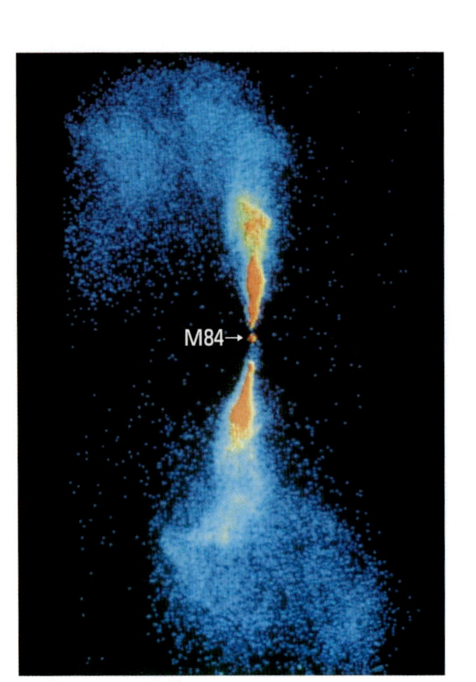

▲M84の電波画像　中央の活動する銀河核から、激しいジェットが上下両方向に数十万光年の長さに達してのびており、そのようすを電波望遠鏡でとらえたものです。

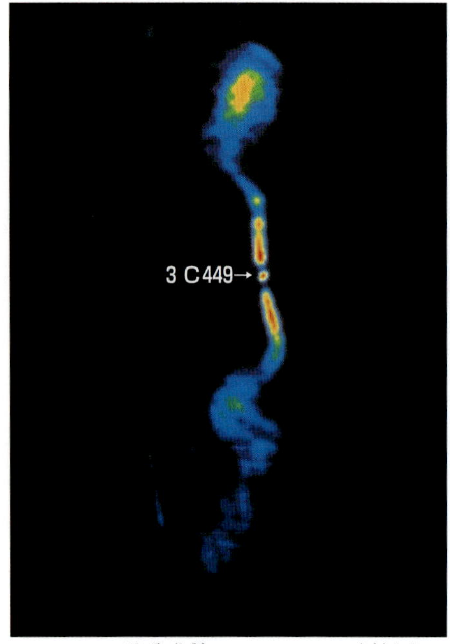

▲3 C449の電波画像　光ではほんの中心部が見えるにすぎませんが、電波では銀河の両方向に、数百万光年におよぶジェットが、激しく噴出しているのがわかります。

▲ケンタウルス座の電波銀河NGC5128
中央の暗黒帯は、巨大楕円銀河にのみこまれている小さな銀河らしく、ここからは強い電波が放たれています。

▶ケンタウルス座の強力な電波源A　上のNGC5128が放つ、最強ともいえる電波のようすで、電波ジェットは100万光年のはるか遠方までのびています。

宇宙の交通事故 ―― 衝突銀河

宇宙には、銀河がたくさんあります。しかし、宇宙は広いので、銀河どうしがぶつかりあうなどということは起こりそうにないように思えます。

ところが、実際には、宇宙は思いのほか混雑していて、銀河どうしが衝突しあう光景はあちこちで見られ、けっしてめずらしくないのです。

宇宙の交通事故ともいっていい、銀河どうしの激しい衝突が起こると、銀河はくっつきあって合体してより大きな銀河になったり、形が大きくゆがんだりして、大変身してしまうことになります。

いいかえれば、衝突合体しながら、宇宙は今も変化し続けているというわけです。

▲銀河衝突のシミュレーション　二つの銀河が出あいがしらに、接近するようすを描いたもので、数十億個もの恒星たちが放り出され、昆虫のヒゲのようにのびています。（CG）

◀からす座の触角銀河　ＮＧＣ4038とNGC4039の二つの渦巻銀河が衝突し、外に放り出された星ぼしが、まるで昆虫の触角のアンテナのように細長くのびて見えるところから、こんな名前でよばれています。次ページ左上はそのアップです。

▲触角銀河ＮＧＣ4038と4039の中心部　前ページ左下の、衝突銀河の中心部をアップしてみたものです。衝突のショックで、まるでピカピカ火花が散るように、青白い星の大集団があちこちに誕生しているのがわかります。私たちの天の川銀河も、お隣りのアンドロメダ座大銀河Ｍ31にひきよせられており、30億年後には衝突し、吸収合併されてしまう運命にあります。

▲渦巻銀河NGC2207（下）とＩC2163
１億3000万光年のところにある、大小二つの渦巻銀河が出あいがしらに大衝突する直前のようすです。この二つは、やがて衝突合体して、より大きな楕円銀河になることでしょう。

◀車輪銀河A0035-34　10億年前、渦巻銀河の中を、右側の小さな銀河が、通りぬけてしまったため、渦巻銀河の内側に、衝撃波による津波が起こり、車輪のような姿になってしまいました。

銀河の綱引き合戦――銀河の潮汐作用

スポーツとしての綱引き合戦の大会が人気を集めていますが、宇宙でも、銀河どうしが接近してお互い強い影響をおよぼしあっている光景があちこちで見られます。さしずめ、宇宙で最大スケールの綱引き合戦といえるものですが、強い重力による潮汐作用で、相手のガスや星を外に投げとばしたり､星の誕生ラッシュを起こさせ、銀河の姿をねじ曲げたり、なかなかのエキサイティングぶりです。

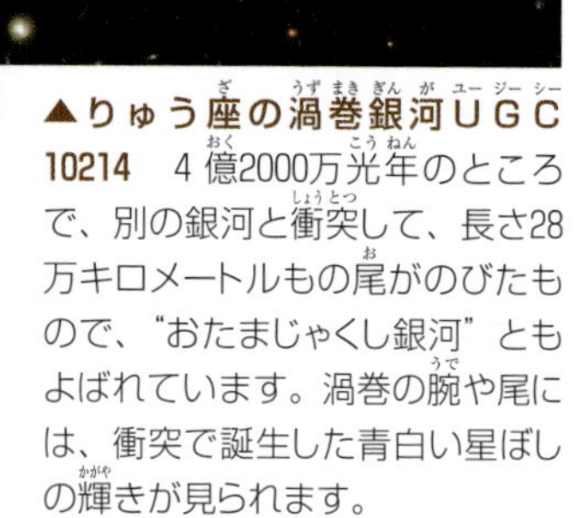

▲りゅう座の渦巻銀河ＵＧＣ10214　4億2000万光年のところで、別の銀河と衝突して、長さ28万キロメートルもの尾がのびたもので、“おたまじゃくし銀河”ともよばれています。渦巻の腕や尾には、衝突で誕生した青白い星ぼしの輝きが見られます。

◀ほうおう座のカルテット銀河グループ　1億6000万光年のところで、7万5000光年のせまい範囲内にまとまった四つ子のカルテット銀河たちも、やがてはおたがいひきつけあって合体し、より大きな銀河へと成長していくことでしょう。こんなようすを目にしていると、現在の宇宙は完成したものではなく、進化の途中にあることが実感されます。

▲ペガスス座のステファンの五つ子
1877年にフランスの天文学者ステファンが発見した銀河集団で、２億7000万光年のところにあります。おたがいの重力による相互作用で、銀河の姿が変形してしまっています。

▶相互作用をおよぼしあう銀河ＮＧＣ 4676　二つの銀河どうしの引っぱりあいで、ともに大きく変形しているのがわかります。

銀河の大変身

衝突合体

銀河どうしの衝突は、いわば、宇宙の交通事故のようなものですから、車がこわれて変形してしまうように、銀河どうしも無傷ではいられません。

小さな矮小銀河などは、より大きな銀河に引き寄せられ、次々に衝突して合体していくことになります。私たちの銀河系も、こうして大きな渦巻銀河に成長してきたものと考えられています。

そして、さらに大きな渦巻銀河どうしの合体なら、巨大楕円銀河への変身の道のりをたどることになります。

▲**うみへび座の衝突銀河ＥＳＯ510-G13**　１億5000万光年のところにある、さしわたし10万光年の楕円銀河を真横から見たもので、銀河の中央に横たわるチリの暗黒帯物質がゆがむようすから、別の銀河と衝突し、その銀河をのみこもうとしているところだとわかります。のみこまれているのは、ガスを大量に含んだ矮小銀河とみられています。

◀巨大楕円銀河ＮＧＣ1316（前ページ上の写真）　ろ座銀河団の端のあたり、距離7500万光年のところにあるもので、数十億年前のころ、渦巻銀河どうしが衝突して合体、巨大な楕円銀河に変身したものです。複雑な構造のチリと赤い星の星団がみられるのがその証拠で、このほか、以前にこの銀河にのみこまれたいくつかの複数の銀河たちの星間物質が、これらの構造をつくるのにからんでいるとみられています。

▶ケンタウルス座のポーラーリング銀河ＮＧＣ4650A
１億3000万光年のところにある、環をもつ土星によく似た銀河ですが、今から、10億年くらい前、楕円銀河に衝突した渦巻銀河が、バラバラに分解、その中にあった青白い星ぼしが、楕円銀河のまわりを、リング状にとりまくようになったものとみられています。まるで宇宙のシャンデリアを思わせるような光景ですね。こんな銀河どうしの大衝突のときでも、内部の恒星どうしの衝突は意外に少なく、おたがい、スルリと身をかわし通りぬけてしまいます。

銀河の人口大爆発 ――― スターバースト

人類の人口爆発が、地球に激しい環境変化をもたらしつつあるのに似て、宇宙でも、爆発的な星の誕生“スターバースト”が、あちこちの銀河で起こっています。そのガスの熱風や、まき散らされた重い元素が、銀河の範囲をはるかに越えてもれ出し、銀河間の環境に大きな影響を与え、変化をもたらしているようです。

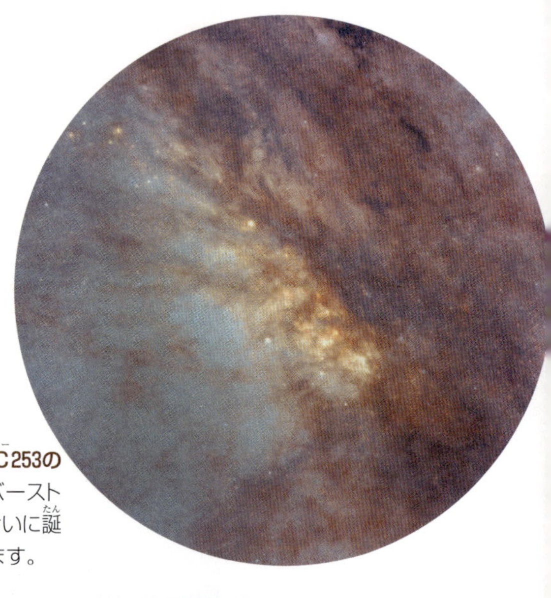

▶ちょうこくしつ座の渦巻銀河ＮＧＣ253の中心部　下の銀河の中心部のスターバーストのようすで、重く短命な星たちがいっせいに誕生し、次々に超新星爆発を起こしています。

◀ちょうこくしつ座の渦巻銀河ＮＧＣ253　スターバーストは、銀河の中心核のごくせまい300光年もない範囲内で、重量級の星たちが、１万個とか10万個とか、ぎゅうぎゅうづめの状態で、いっせいに誕生する現象です。そんなところでは、あまりのまぶしさに、目をあけていられないことでしょう。

▲おおぐま座の不規則銀河M82
中心核のあたりでは、重い星たちがつぎつぎに超新星爆発を起こしており、その熱風が銀河の外に赤く吹き出しています。

▶おおぐま座の銀河M81　上のM82と、1200万光年のところで接近してのすれちがいが、細長い不規則銀河M82の中心核で起こっているスターバーストのひきがねとなりました。

M82

M81

銀河中心の大食漢――超巨大ブラックホール

強力な重力で、なんでものみこんでしまう大食漢ブラックホールからは、光さえぬけだせません。光が出てこれないのですから、その姿は見ることができませんが、周囲におよぼす影響力のようすから、姿なき存在は知ることができます。

ブラックホールには、太陽の数十倍くらいの“恒星質量ブラックホール”と、数百万倍以上の“超大質量ブラックホール”の二つのタイプがあり、銀河中心には超巨大ブラックホールが存在しているようです。

▲楕円銀河ＮＧＣ7052の中心部　多くの銀河の中心にある超巨大ブラックホールは、多数の恒星質量大のブラックホールたちが、合体してできたものかもしれません。

▲楕円銀河NGC4261の中心部　中心には、太陽12億個分の大質量がつまっています。銀河中心にひそむ、超巨大ブラックホールは、母体の銀河の大きさによって左右されるらしく、大きな銀河のブラックホールは、それなりに大きいようです。

◀銀河の衝突と合体NGC7814　より大きな銀河となり、巨大なブラックホールを生みだすことになります。

活動銀河の中心核　激しいジェットが噴出する活動銀河の中心核には、例外なく超巨大ブラックホールが腰を落ちつけているようです。１光年ぐらいのごく小さな中心核から、これほどの莫大なエネルギーを放出できるエンジンは、超巨大ブラックホールしか考えられないのです。（想像図）

宇宙の大噴水 ―― 宇宙ジェット

生まれたばかりの原始星から銀河の中心核まで、宇宙はいたるところに激しいジェットを吹き出す天体ばかりで、この宇宙は、いたるところ、大噴水だらけといっていいくらいです。
手あたり次第に物をのみこむばかりのはずの、あの大食漢のブラックホールでさえ、ジェットを飛ばしているというのですからあきれてしまいますね。

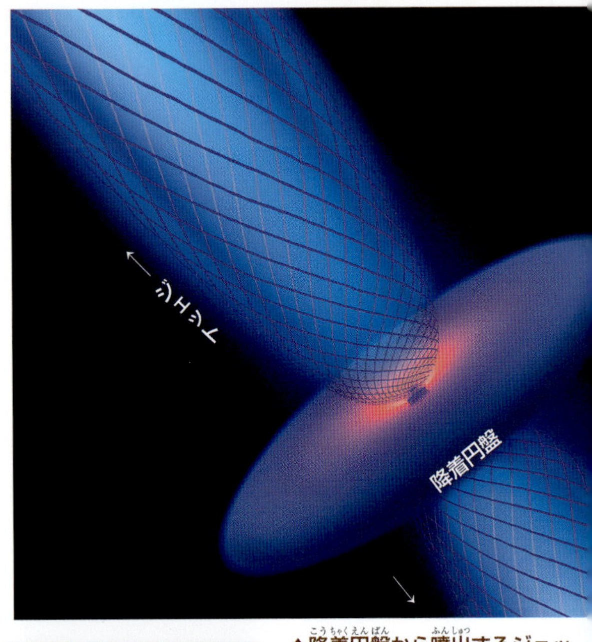

▲降着円盤から噴出するジェットのイメージ ブラックホールの周囲をめぐる降着円盤から落ちこんでくるガスの一部は、外向きのらせん状の磁力線の流れにそって、遠心力で加速され、上下両方向に吹きとばされます。直線的に、長くのびた細くするどいジェットがつくりだされるというわけです。（想像図）

◀巨大楕円銀河M87のジェット 中心部には、太陽の30億倍の重さの超巨大ブラックホールがあって、その周囲から噴出する細いジェットが、数千光年もの長さにのび、さらに、1万光年ほどの電波ジェットも放っています。

▲銀河の中心にひそむ超巨大質量ブラックホールとジェット　銀河の中心核にある超巨大ブラックホールは、周囲の物質をどんどん貪欲にのみこんでいきます。しかし、一部ののみこまれそこなった物質は、磁力線の流れにのって、激しいジェットとなって噴出していきます。ところで、のみこむ一方のブラックホールだと、自分自身の銀河そのものものみこんでしまいそうな気にさせられますが、ブラックホールは“満腹”になると活動しなくなり、銀河全部をのみこんでしまうようなことはないとみられています。なんとも奇妙なふるまいをするのがブラックホールですね。

宇宙の姿

宇宙という言葉は、中国の大昔の百科事典『淮南子』によれば「四方上下これを宇といい、往古来今これを宙という」とあります。つまり、広がる空間が“宇”であり、将来へ絶え間なく流れている時間が“宙”だというのです。現代天文学が明らかにした時空の概念を、たった二文字でいいあらわしたおみごとな言葉というわけです。その私たちが住む“宇宙”の実態とは、いったいどんなものだというのでしょうか。

▲おとめ座銀河団　光年は、距離とともに時間もいいあらわしています。遠くを見ることは、昔の宇宙を見ることにもなるわけです。

▶ろ座銀河団（次ページ）　遠くの宇宙を見ると、たくさんの銀河が群れ集まっています。昔の宇宙は、まだ狭く混んでいたのです。

群れたがる銀河たち ―― 銀河群

宇宙に浮かぶ銀河の分布を調べてみると、銀河たちが、群れをつくりたがるように集まっているのがわかります。

私たちの銀河系も、すぐ隣のアンドロメダ座大銀河M31やさんかく座の渦巻銀河M33などとともに、直径およそ300万光年のひろがりの中に大小50個ほどの銀河が群れ集まる“局部銀河群”のグループを形づくっています。つまり、ローカルな銀河群というわけです。

▲しし座の銀河群　渦巻銀河や棒渦巻銀河、楕円銀河などがグループをつくって集まっています。

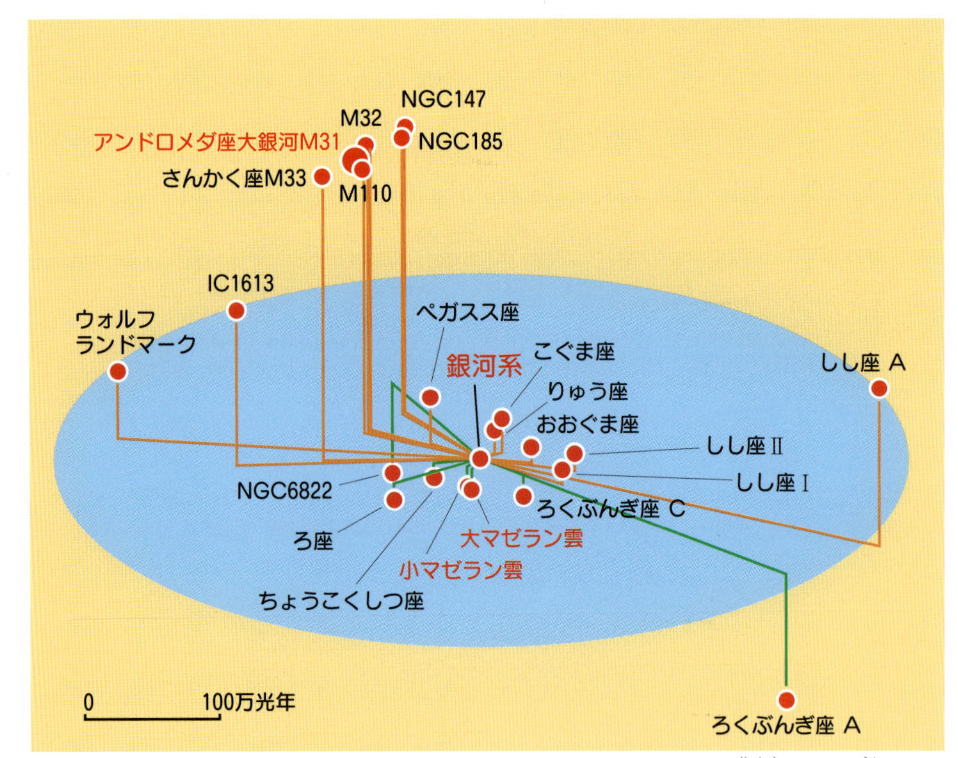

▲局部銀河群のメンバーたち　銀河系を中心に、位置を示したものです。主要なものは、銀河系とアンドロメダ座大銀河M31で、ほかにさんかく座の渦巻銀河M33や大小マゼラン雲などの不規則銀河、矮小銀河などの小物を含めて、50個以上でローカルな銀河群をつくっています。

▲**M81銀河群**　おおぐま座の方向およそ1200万光年のところにあるもので、その中心的な存在の二つの銀河M81（下）とM82（上）などが見えています。銀河群の中に含まれる矮小銀河は、小さくて見えないので、このグループに含まれる銀河の数は実際には、もっと多いことでしょう。

銀河の大団体

私たちの銀河系は、アンドロメダ座大銀河M31などとともに、ローカルな“局部銀河群”とよばれる銀河のグループをつくっています。
ところが、視野を大きくひろげて見わたしてみると、私たちの局部銀河群は“おとめ座銀河団”とよばれる、さらにスケールの大きな銀河の大団体に所属している、ローカルな一銀河群にすぎないことに気づかされます。

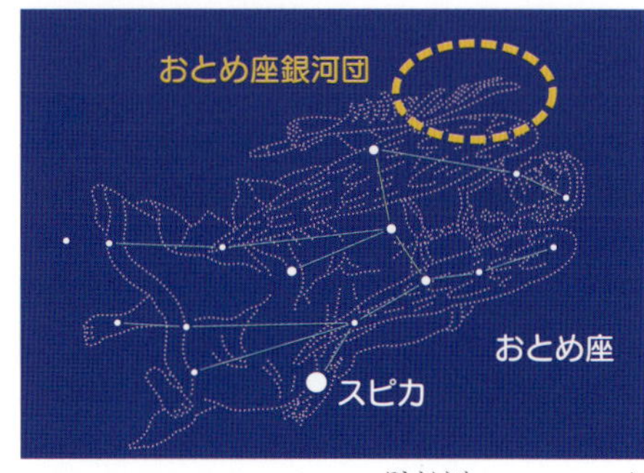

▲**おとめ座銀河団**　小さな望遠鏡でも、この付近に群れるたくさんの銀河を見ることができます。

▲**おとめ座銀河団**　6000万光年のところにあるおとめ座銀河団の中心部付近です。1300万光年の範囲に2500個の銀河が群れ、団長さん的にどっかと腰をすえているのは、巨大楕円銀河M87です。私たちの局部銀河群のグループは、おとめ座銀河団に引き寄せられるような動きをしてます。

▲ヘルクレス座銀河団　それぞれの銀河は、秒速数百キロメートル以上のスピードで動いているのですが、銀河団が解散してしまうようなことはありません。目に見えない正体不明のダークマター（暗黒物質）が、銀河団のとりまとめ役として働いているためらしいのです。

最大スケールの銀河集団 ——— 超銀河団

群れをつくりたがるような銀河たちのうち、150万光年くらいの範囲に、10個くらいまでの銀河が集まっているものを“銀河群”とよび、1000万光年くらいの範囲に、50個以上の銀河が密集しているものを“銀河団”とよびます。
ところが、もっと広く、1億光年くらいのスケールで見ると、いくつかの銀河群や銀河団が、つらなりあって“超銀河団”とよばれる、さらに、大きな集団を形づくっているのが、宇宙のあちこちに見られるのです。私たち銀河系も、おとめ座銀河団を中心とする、“局部超銀河団”に含まれているというわけです。

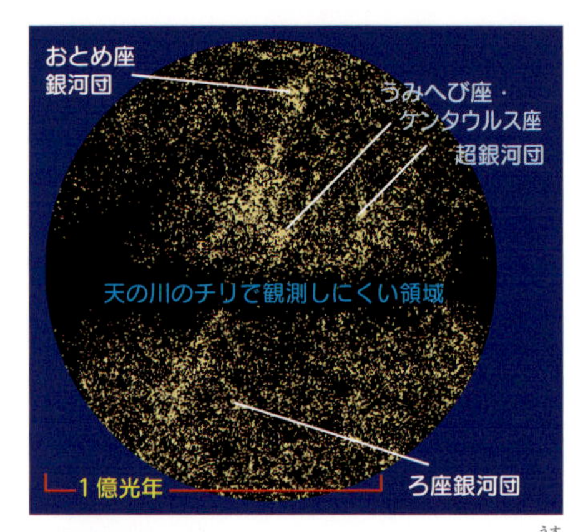

▲局部超銀河団　おとめ座銀河団を中心に、薄い円盤部とその周囲を丸くとり囲むハローからなる局部超銀河団のひろがりは、およそ1億光年ほどです。上は銀河ひとつずつをプロットしたものです。

▲ケンタウルス座銀河団　距離は1.5億光年。銀河団全体は、目に見えない熱いガスのボールの中につつみこまれているのがふつうです。

▲くじゃく座Ⅱ銀河団　距離1.9億光年のところにあります。銀河団の中心には団長格の巨大楕円銀河があるのがふつうです。

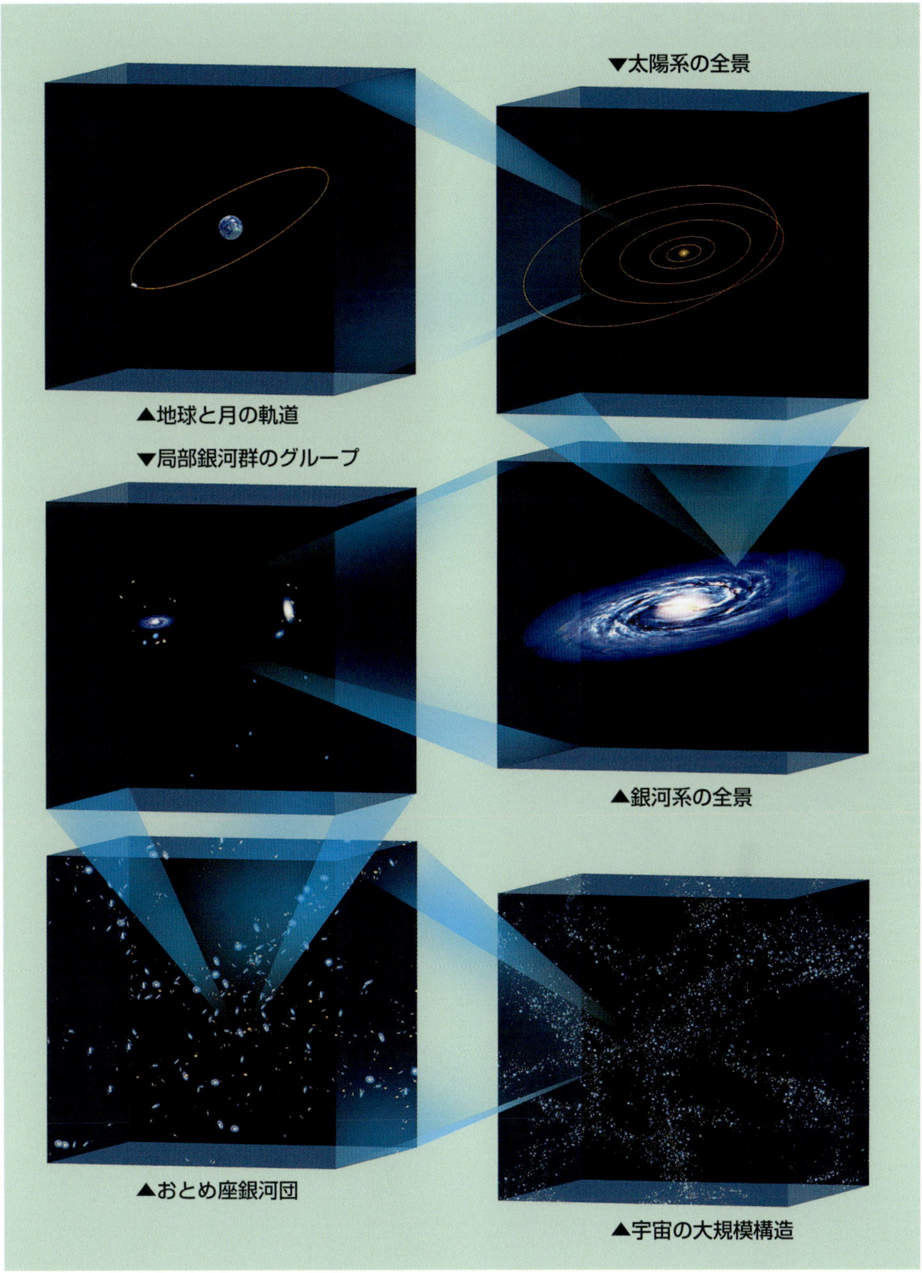

▼太陽系の全景

▲地球と月の軌道

▼局部銀河群のグループ

▲銀河系の全景

▲おとめ座銀河団

▲宇宙の大規模構造

▲宇宙の階層構造　太陽のような恒星の大集団が銀河をつくり、その銀河たちが寄り集まって、銀河群や銀河団をつくり、銀河団どうしが超銀河団を形づくるというふうに、宇宙は、小さなまとまりから、次第に大きくなっていく"階層構造"で成り立っているのがわかるでしょう。

ひしめきあうバブル――宇宙の大規模構造

銀河群や銀河団、さらに超銀河団など、宇宙には、銀河が混みあってつらなる部分がある一方で、銀河のないボイドとよばれる大きな空洞があちこちにあります。銀河たちは、直径１億光年前後にふくらむ、洗剤の泡のような“ボイド”のまわりに膜をつくるように、おしあいへしあいしながら、宇宙の大規模構造を形づくっているのです。

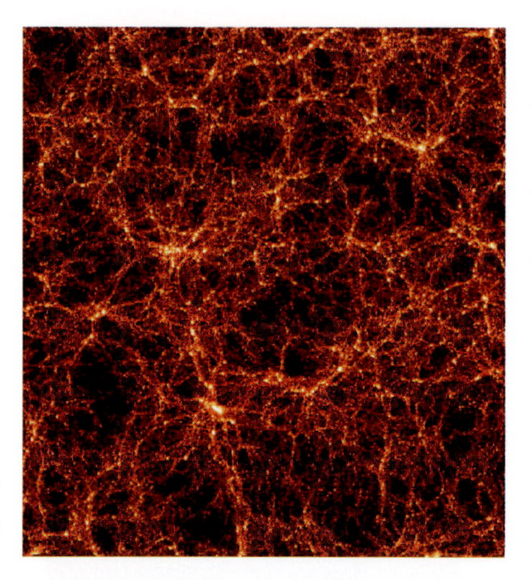

▶**宇宙の泡構造のシミュレーション**　コンピュータで描いた宇宙全体の構造で、超空洞ボイドと超銀河団などが、網目のようにつらなっていることがわかります。

▲**宇宙の大規模構造**　銀河たちは、なぜ巨大な泡の膜をつくるように分布しているのでしょうか。それは、宇宙が誕生したころ、物質の濃いところと薄い部分ができ、泡（バブル）のように広がりふくらんでいき、その膜面上の濃い部分が、銀河になったらしいのです。（CG）

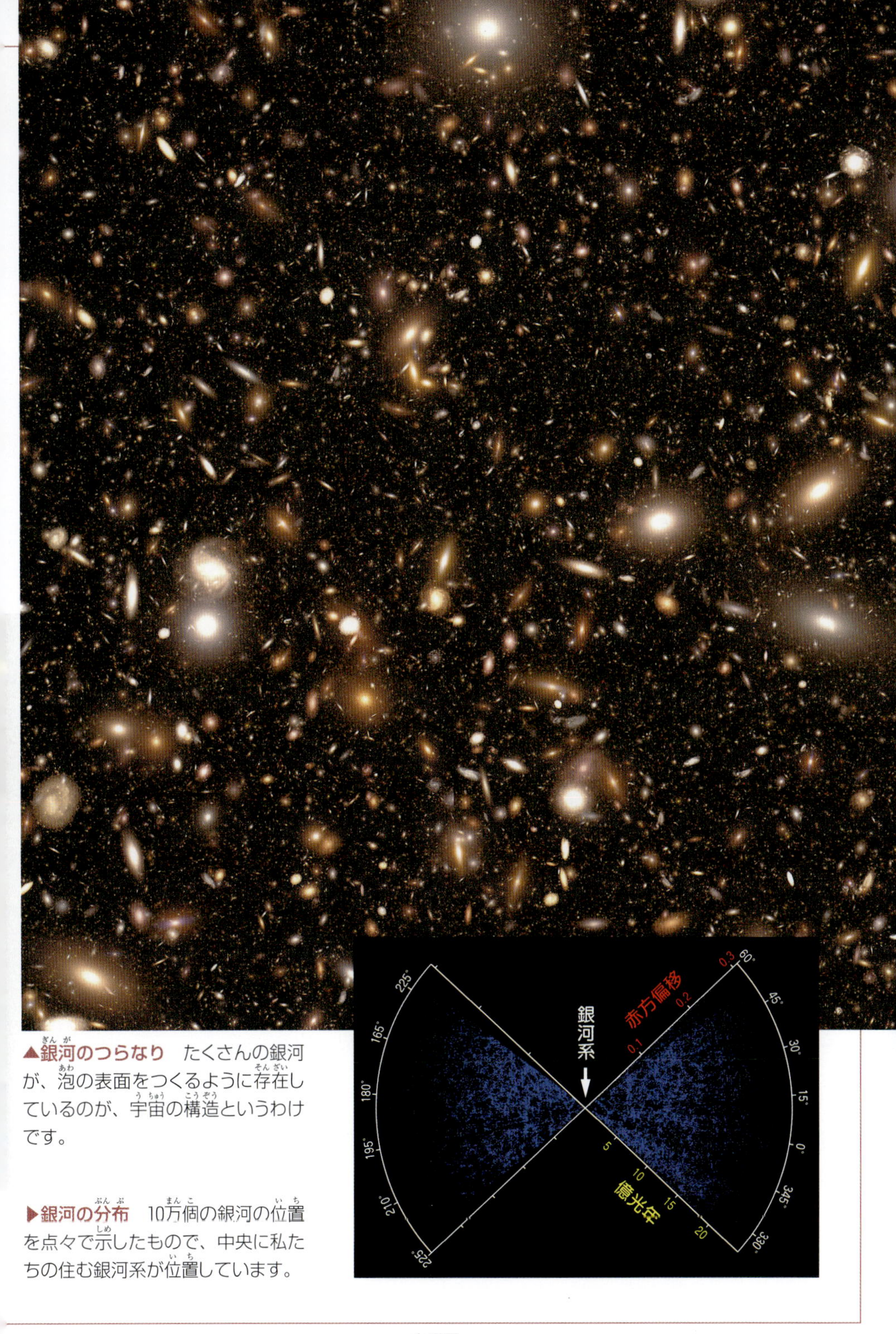

▲銀河のつらなり　たくさんの銀河が、泡の表面をつくるように存在しているのが、宇宙の構造というわけです。

▶銀河の分布　10万個の銀河の位置を点々で示したもので、中央に私たちの住む銀河系が位置しています。

ゆがめられた宇宙像

重力レンズ

有名なアインシュタイン博士の“相対性理論”では、たとえば、星や銀河系など、重力の強い天体、つまり、“重力源”があると、そのまわりの空間は、トランポリンの上に石ころをのせたときのように曲がり、そこを通る光も曲がって進むとされています。非常に遠くにある天体と同じ方向に銀河や銀河団などの大きな重力源があると、その天体がいくつもの像にわかれたり、ゆがんで変形して見えることがあります。このように“重力”が、まるで凸レンズのようにはたらくことを“重力レンズ”といい、私たちは、しばしば、実像でないゆがめられた宇宙の姿を見せられることになります。

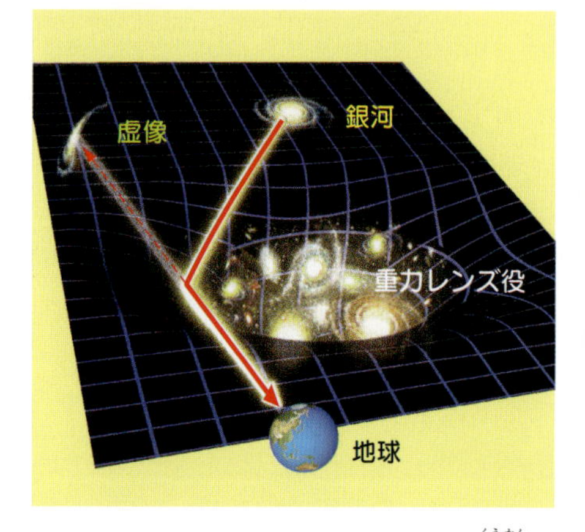

▲曲げられる光　銀河団などのまわりの空間はゆがんでいて、その近くを通る光も、そのゆがみにそって進むことになります。次ページ上の図と見くらべてください。

▲銀河団にある重力レンズ像　多くのカーブした光が、まるでクモの巣のように見えていますが、20億光年のところにある巨大銀河団エーベル2218が重力源となり、さらに遠くの銀河の光を曲げてしまったものです。重力レンズによって、私たちはありもしない姿を見せられているわけです。

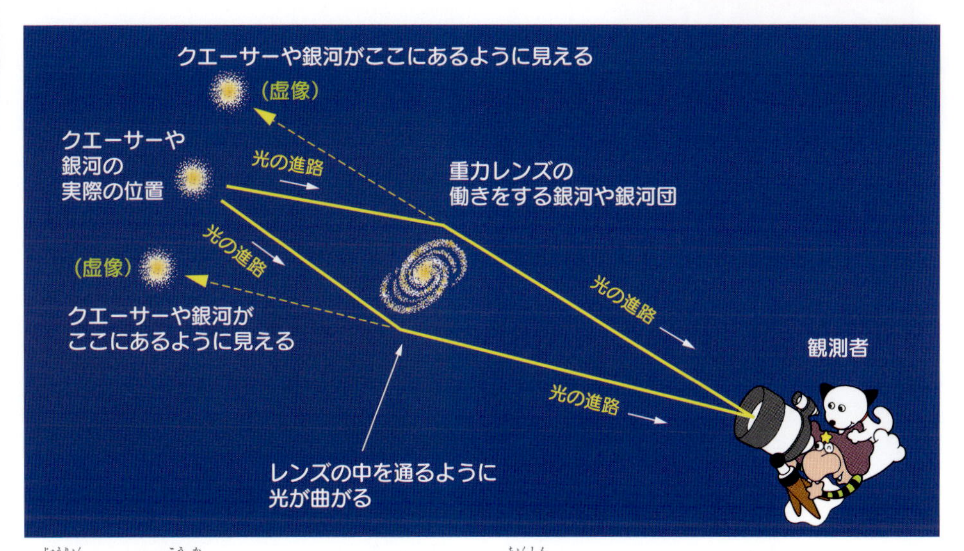

▲重力レンズの効果　たとえば、はるか遠くにある活動銀河核クエーサーと、私たちの間に重力源となる銀河や銀河団があるとします。すると、直進するはずの光も、曲げられた進路にそって進むため、私たちには、クエーサーの虚像がいくつも見えたり、ゆがんだ姿となって見えるわけです。

▲アインシュタイン博士と相対性理論　ドイツ生まれの物理学者アルバート・アインシュタイン博士(1879-1955)が、1916年に発表したのが、「一般相対性理論」です。空間と時間の性質をまとめたもので、科学的な宇宙論のはじまりとなりました。

▶重力レンズの効用　遠くの小さな淡く暗い天体の光も、自然の天体望遠鏡ともいえる重力レンズで明るく見え、宇宙の初期の天体を調べたりするのに役立ってくれます。

星でない化け物星 ――― クエーサー

数ある奇妙な天体の中で、クエーサーはその最たるもののひとつといえます。ちょっと目には小さな星のようにしか見えないのに、私たちの銀河系の100倍から1万倍もの激しいエネルギーを放っているのです。もちろん、これは、クエーサーが数十億光年から百億光年という遠方にあるためですが、いいかえれば、誕生間もないころの宇宙が激しいエネルギーを放つ化け物のようなクエーサーという天体を生みだしたことも物語っていることにもなるわけです。

▲明るいクエーサー　130億光年もの遠方にあるクエーサーが、星のように見えているのは、ケタはずれの明るさをもっているからです。

宇宙で、最初に生まれた第一世代の星たちは、太陽の数百倍も重く、そのため非常に明るく輝いて、たちまちのうちに超新星爆発を起こし、つぶれて、ブラックホールになっていったと考えられています。宇宙の花火大会といってもいいような時代で、それらのブラックホールたちが次々に衝突して合体し、最終的に、太陽の重さの10億倍もの超巨大質量ブラックホールに成長、宇宙で最初の天体クエーサーにあんな大エネルギーを供給したのだろうと考えられています。

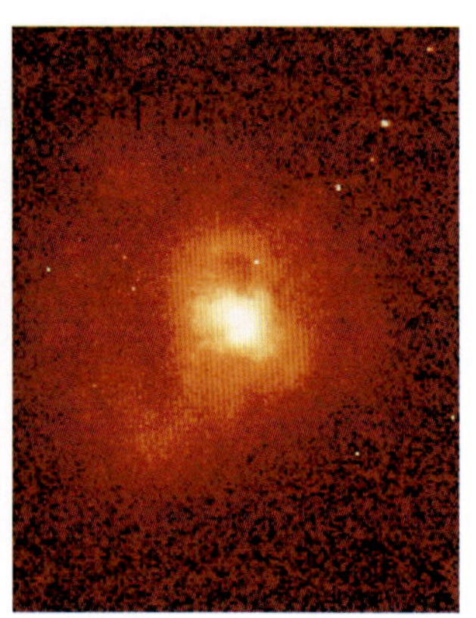

▲クエーサーの正体　アップすると、合体しつつある若い渦巻銀河や合体し終わった楕円銀河の非常に活動的な明るい中心核が、星のように見えます。そこには、超巨大なブラックホールがあって、そこから放出されるエネルギーが、クエーサーを明るく輝かせているというわけです。

▲クエーサー　宇宙が誕生してわずか10億年後には、大質量ブラックホールやその周囲をめぐる降着円盤をもつ遠方クエーサーが、すでにできあがっていたことがわかっています。クエーサーは、直径１万光年よりせまい領域から、銀河系の何百倍ものエネルギーをふきだし、輝いています。

老化する宇宙

オギャーという元気な産声とともに、この世に誕生した以上、誰だって歳をとり、やがては老化への道をたどることになります。
宇宙だって、その例外ではありません。時間も空間も、物質も何もない“無”の状態から、プランクサイズとよばれる、極微の大きさでポロリとこの世に生まれ出た宇宙は、直後に、インフレーションを起こして急膨張、開放された真空のエネルギーは、熱エネルギーに転化、光に満ちたビッグバンの大爆発となって成長をはじめ、現在のような姿となったのです。広がり続ける宇宙もやがては老化、無へと、とろけていくことでしょう。

▲クエーサーPKS2349　宇宙の子供時代には、爆発的に星が生まれ、膨大な超大質量ブラックホールができて、光り輝くクエーサーのエネルギー源になっていました。

▲若い銀河たち　ビッグバンから60億年間の、宇宙がまだ若かったころには、できたての銀河たちが、せまい宇宙の中で盛大に衝突や合体をくりかえし、まるで花火大会のようでした。

▲かみのけ座銀河団　あれほど活発だった銀河の合体や巨大ブラックホールの活動も、宇宙がひろがるにつれ沈静化し、今や宇宙は、ひどく退屈な中年の時代に入ったといわれます。

▲渦巻銀河ＮＧＣ7742　宇宙が中年の時代に至ったとはいえ、銀河中心では、ブラックホールが周囲のガスやチリをのみこみ続け、星も思いのほか生まれており、まだまだ元気といえます。

▶渦巻銀河M100　まだ、元気な様相を見せているとはいえ、歳とともに銀河たちの輝きは次々と消え失せ、ひたすら広がり続ける宇宙は、暗く冷たい死の世界へ向かうことになります。

4つの力の枝わかれ

宇宙が生まれたとき、世の中をとりしきる“力”は、たった一種類でしたが、それが、生物の進化と同じように、枝わかれしながら4種類になり、現在は、人間であろうと、星であろうと、銀河や銀河団、さらにこの宇宙でさえ、これらの4つの力に支配されているのです。では、どうすれば、それらの力を、もとどおりにひとまとめにできるのでしょうか。力の“統一理論”のナゾ解きが進められています。

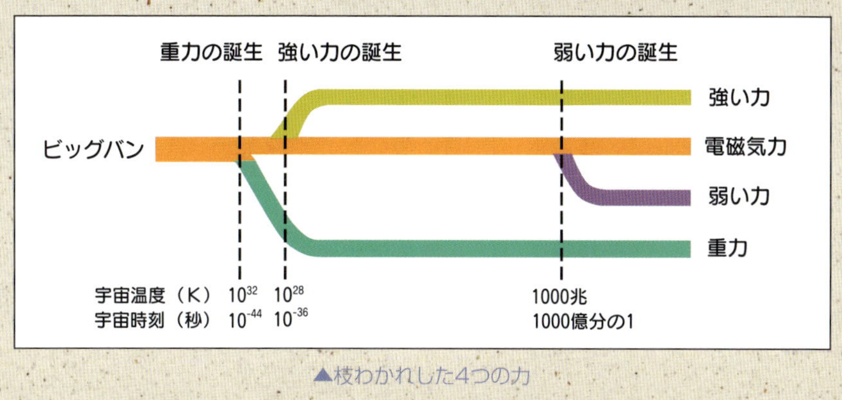

▲枝わかれした4つの力

お歳はいくつ？――宇宙の年齢

「お歳はいくつ……」と聞かれれば、小さな子なら、指三本を立てて「三つ」などと答えることでしょう。大人なら「20歳になりました」とか「今年もう91歳になりました」などと答えることでしょう。それもこれも、自分の誕生日がわかっていての話といえます。

宇宙にも始まりがあったのですから、当然、その誕生日から数えて、今、一体何歳になっているのかが気になるところですが、2001年に打ち上げられたWMAPウィルキンソン・マイクロ波非等方性探査衛星が、高い精度で、原初の温度分布の全天地図を描き出すことに成功、宇宙の年齢が、今、138億歳前後であることをつきとめました。

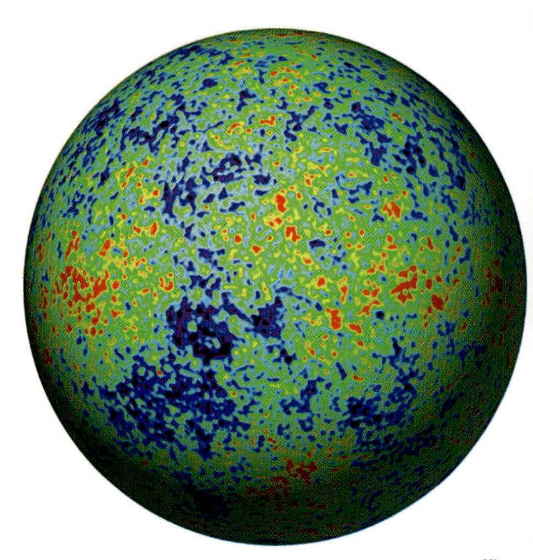

▲誕生38万年後の宇宙　マイクロ波観測衛星WMAPによって観測された宇宙が誕生してから38万年後ころの温度分布のムラで、赤は温度が高く、青は低い部分です。

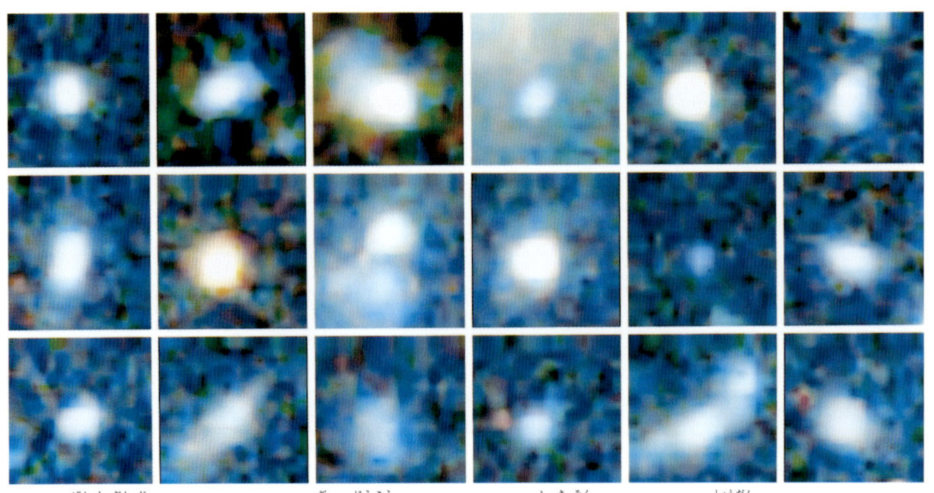

▲青い原始銀河たち　ヘルクレス座の方向、およそ110億光年のところにある小さな銀河たちの姿です。宇宙がまだ非常に若かったころ、これらの不規則な小さな星の集団、"原始銀河"たちが、衝突と合体をくりかえしながら、より大きな銀河へと成長したらしいのです。

▲ディープ・フィールド　はるか遠くの銀河をとらえて見ることは、宇宙が誕生したてのころの銀河の姿を見ることになり、ひいては、宇宙の年齢を知ることにもつながります。これは、100億光年以上の深宇宙に群れる、宇宙がまだ若くせまかったころの若い銀河たちの姿です。

無からこぼれ出た宇宙 ——— 宇宙の始まり

有名なアインシュタインの相対性理論は、空間や時間、重力が働く大きな宇宙のナゾ解きをするのに役立ちます。
一方、原子やもっと小さな極微の世界のことは、“量子論”という法則に支配されています。つまり、現在、どんどん膨張している宇宙を、逆に昔にさかのぼっていくと、宇宙のことは、それはそれは、小さな世界の話となり、宇宙の始まりのころのようすは、量子論の活躍する場となるのです。
その量子論によれば、宇宙は、時間も空間も物質もなんにもない“無”の状態から、ポロリと出てきて、原子よりはるかに小さな小さなサイズから、あっという間もない短時間のうちに、1000万光年を越えるほど広がる、“インフレーション”とよばれる急激な膨張を起こし、誕生することになったといわれます。つまり、元手なしのタダ同然でできたわけですから宇宙をつくるほど安あがりなこともないといえるわけですよね。

▼無からの誕生 量子論によれば、宇宙のもととなった“無”という状態は、私たちがイメージする何も無しというのではなく、たえず物質が生まれたり消えたりをくりかえす、“真空のエネルギー”に満ちあふれた、相当に躍動的でエキサイティングな世界だといわれます。そんなミクロの世界では、素粒子がめったに通りぬけできない、エネルギーの壁を“トンネル効果”でスルリと通りぬけてしまうことがあり、そんな宇宙のタネのひとつが、一気にインフレーションの急膨張を起こし、私たちの住む宇宙の始まりとなったとされます。

▲誕生から38万年後 温度も4000Kまでさがり、宇宙が見わたせるような「晴れあがり」のときをむかえました。

▲宇宙の誕生 ビッグバンとよばれる大爆発が起こり、超高温、超高密度の火の玉のような宇宙が誕生しました。

▶インフレーションで一気にふくらむ

▶重力波 インフレーションの証拠となる重力波もキャッチされています。

▶宇宙の始まり 無のゆらぎから生まれ出ました。

▲138億年後の現在の宇宙
少なくとも一つの銀河に、私たち生命が存在し、宇宙はなおもスピードアップしながら広がり続けています。

▲誕生から50億年後
空間は広がり続け、温度も下がっていき、星や銀河、星団がつくられ、宇宙には物質もふえてきました。

火の玉宇宙の誕生 ――ビッグバン

量子論でいう“無”の状態の世界から、トンネル効果でポロリと出てきた、原子よりもはるかに小さな極微の宇宙のタネは、自らが秘めていた真空のエネルギーによってインフレーションを起こし、一気に膨張しました。そして、そのインフレーションが終わるころ開放された真空のエネルギーは、水が氷になるのにも似た、相転位を起こして熱エネルギーに転化、宇宙は高いエネルギーの光に満ちた大爆発ビッグバンを起こし、火の玉宇宙となって膨張をはじめ、現在、なおふくらみ続けているというわけです。

火の玉宇宙論

火の玉宇宙論のアイデアを思いついたG・ガモフは、水爆の開発にたずさわりながら、水爆の巨大な火の玉がふくらんでいくようすを目にして、宇宙もこれと似たようにして誕生したにちがいないと考えたのでした。

◀ジョージ・ガモフ（1904～1968）

▲エーベル2199銀河団　G・ガモフは、宇宙を構成している元素の水素やヘリウムの存在量をうまく説明するには、超高温の火の玉となって宇宙が誕生しなければならないと、主張しました。宇宙は永遠不変のものとする定常宇宙論者のライバル、F・ホイル博士は、「宇宙が大爆発ビッグバンで誕生したなんて、くだらない説だね」とこれを批判しました。ところが、そのネーミングがかえって大うけして“ビッグバン”のよび名が定着したのでした。

▲宇宙の誕生　私たちの宇宙は、超高温、超高密度の火の玉ビッグバンで誕生しました。現在の宇宙のすべての物質をつくる素材は、このすさまじい火の玉から生まれ出てきたものです。ビッグバンによって、倍々ゲームのようにして大きくなっていく宇宙では、密度の凸凹のゆらぎも一挙にひきのばされ、成長していきますので、銀河や銀河団、宇宙の大規模構造などが、次々にできあがっていくことになります。ところで、ビッグバンの大爆発といえば、つい、宇宙の特別な場所で起こったもののような気にさせられるかもしれませんが、この大爆発には中心となるような特定の場所はなく、あらゆる場所で起こり、このため宇宙空間そのものが膨張し続けているというわけです。もちろん、膨張しているのは宇宙空間だけで、それにつれ銀河どうしの距離はひらいてはいきますが、銀河そのものが膨張してふくらむようなことはありません。

第二のインフレ時代 ―――― 宇宙の加速膨張

ビッグバン以前のインフレーションの急膨張にくらべれば、宇宙の直径が数センチメートルほどの火の玉になったビッグバン以後の膨張のしかたは、ゆるやかといえるものですが、現在の宇宙空間は、ひたすらふくらみ続けています。ところが、よくよく調べてみると、膨張のスピードは一定ではなく、最近アクセルがかかったように、そのスピードが速まってきているらしいのです。つまり、今の宇宙は、第二のインフレーション時代に入っているというわけです。

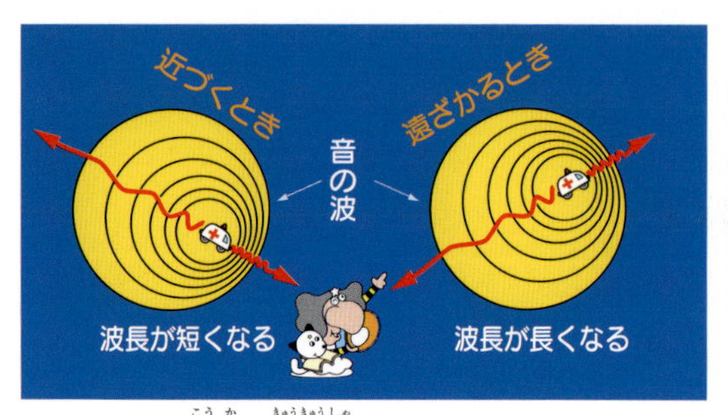

▲**ドップラー効果**　救急車が遠ざかるとき、サイレンの音が間のびして低く聞こえたことはありませんか。これは、音の波長がのびるためで"ドップラー効果"とよばれています。天体からくる光もこれと同じで、遠ざかる光は、波長がのびて下のような赤方偏移が起こるわけです。ただし、空間が膨張し、空間を伝わる光波をひきのばすため、下の銀河の赤方偏移の大きさは"音のドップラー効果"の値とはちがったものになります。

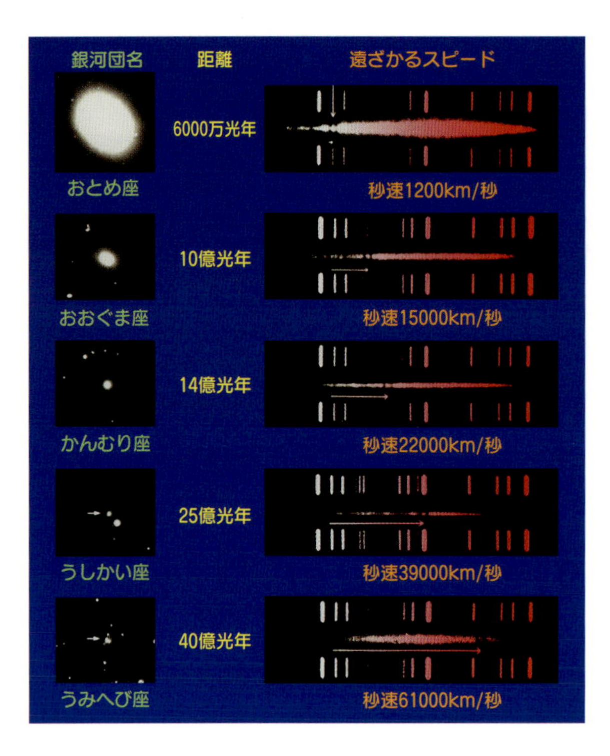

◀**赤方偏移**　遠くの銀河から届く光を調べてみると、遠くにある銀河ほど、速いスピードで私たちから遠ざかっているのがわかります。このことから、現在の宇宙が、どんどんふくらんでいることは、すぐに理解できますが、だからといって、私たちの銀河系を中心に、他のすべての銀河が動いていると早合点してはいけません。他の銀河から見ると、逆に銀河系の方が遠ざかっていくように見えるはずだからです。つまり、膨張する宇宙では、どの銀河から見ても、すべての銀河が自分から遠ざかっているように見えるのです。では、どうして遠い銀河ほど、速いスピードで遠ざかっているとわかるのでしょうか。それは、銀河のスペクトルを調べるとわかるのです。速いスピードのものほど、上図のドップラー効果と同じように赤い方へ光の波長がひきのばされて見え、この現象が"赤方偏移"です。

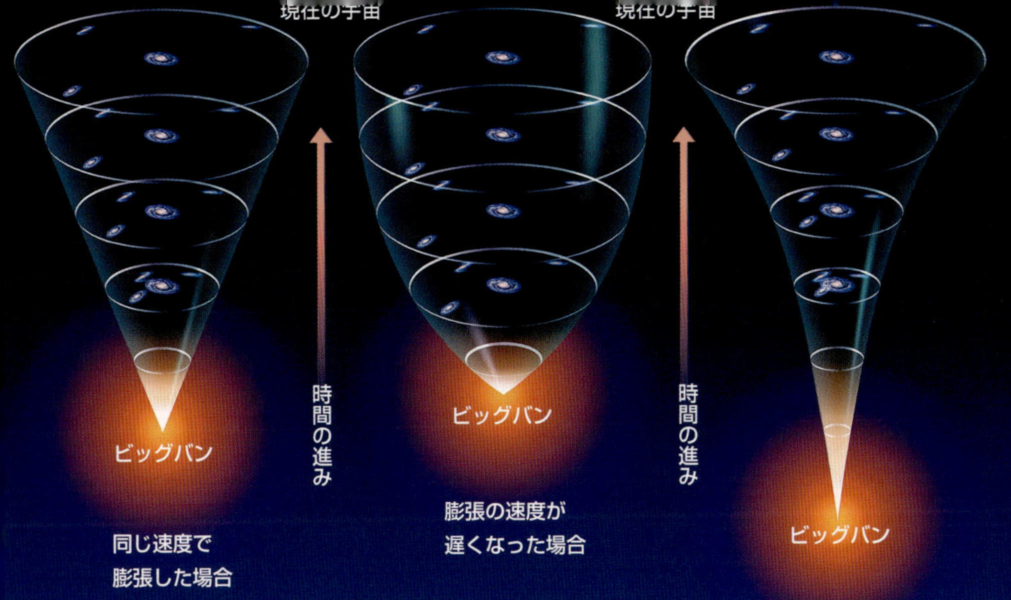

▲宇宙の加速膨張　「遠い銀河ほど、速いスピードでわれわれから遠ざかっている」という“ハッブルの法則”によって、赤方偏移のようすを調べると、銀河までの距離がわかることになります。遠い銀河の距離の測定には、このほか明るさがほぼ一定の宇宙の灯台のような役割をはたしてくれていること座ＲＲ型変光星や、Ｉａ型超新星などの見かけの明るさの強弱などが利用され、大いに役立ってくれています。それらの距離の推定方法によれば、なんと、現在の宇宙が、第二のインフレーション時代に入ったかのように、膨張のスピードに加速のアクセルがかかっていることが、明らかになったのです。宇宙が物質でできているのなら、引っぱるだけの力の重力のため、膨張にはブレーキがかかって減速されるはずです。なのに、それを逆に反発加速させる“斥力”（右のコラムにあるアインシュタインの宇宙項）という、わけのわからないエネルギーがあるというのは、一体どうしたことなのでしょうか……。

膨張宇宙と宇宙項

アメリカの天文学者Ｅ・ハッブルは、ケフェウス座デルタ星型の変光星による距離測定の方法で、遠くの銀河ほど速いスピードで遠ざかっているという、驚くべき事実を発見しました。宇宙の膨張を知ったアインシュタインは、自分の一般相対性理論の、宇宙がつぶれてしまわないようにと無理に式につけ加えた反発力、“宇宙項”なるものが必要なくなったと思い「生涯最大の失敗」と言ってそれを式から取り去ってしまいました。ところが、第２のインフレーションが、明らかになって、今、再び、その宇宙項の存在が見なおされているのです。

▲Ｅ・ハッブル

宇宙の電子レンジ ——— 宇宙背景放射

宇宙は、無限大ともいえるエネルギー、つまり、火の玉の熱い温度をもつビッグバンの大爆発で誕生しました。以来、宇宙は、ひたすら膨張を続け、広がるにつれ、温度も下がり続けてきました。
ビッグバンの大爆発から、38万年たつころには、宇宙も透明に晴れあがり、２億年もたつと、もう星や銀河ができはじめました。そして、宇宙が膨張するにつれ、全体の温度はますます下がり、現在は絶対温度でおよそ３K、つまりマイナス270度まで下がってしまっています。これが“宇宙背景放射”とよばれるものです。

▲ビッグバン宇宙の証拠の発見　1965年にＡ・ペンジアスとＲ・ウィルソンは、ビッグバンの余熱が宇宙全体にまだわずかに残っていることを、このアンテナで偶然発見しました。彼らの見つけた３K背景放射（−270度）こそ、宇宙がビッグバンの熱い火の玉で誕生したことのなによりの証拠となるものでした。

▲暗く冷えてしまった宇宙　ビッグバン後の宇宙は、膨張とともに急速に冷えていき、38万年もたつと霧が晴れるように透明になり、電磁波は自由に宇宙を進めるようになりました。私たちが見あげる星空も、まだわずかな余熱に満たされているとはいえほぼ真っ暗に見えます。

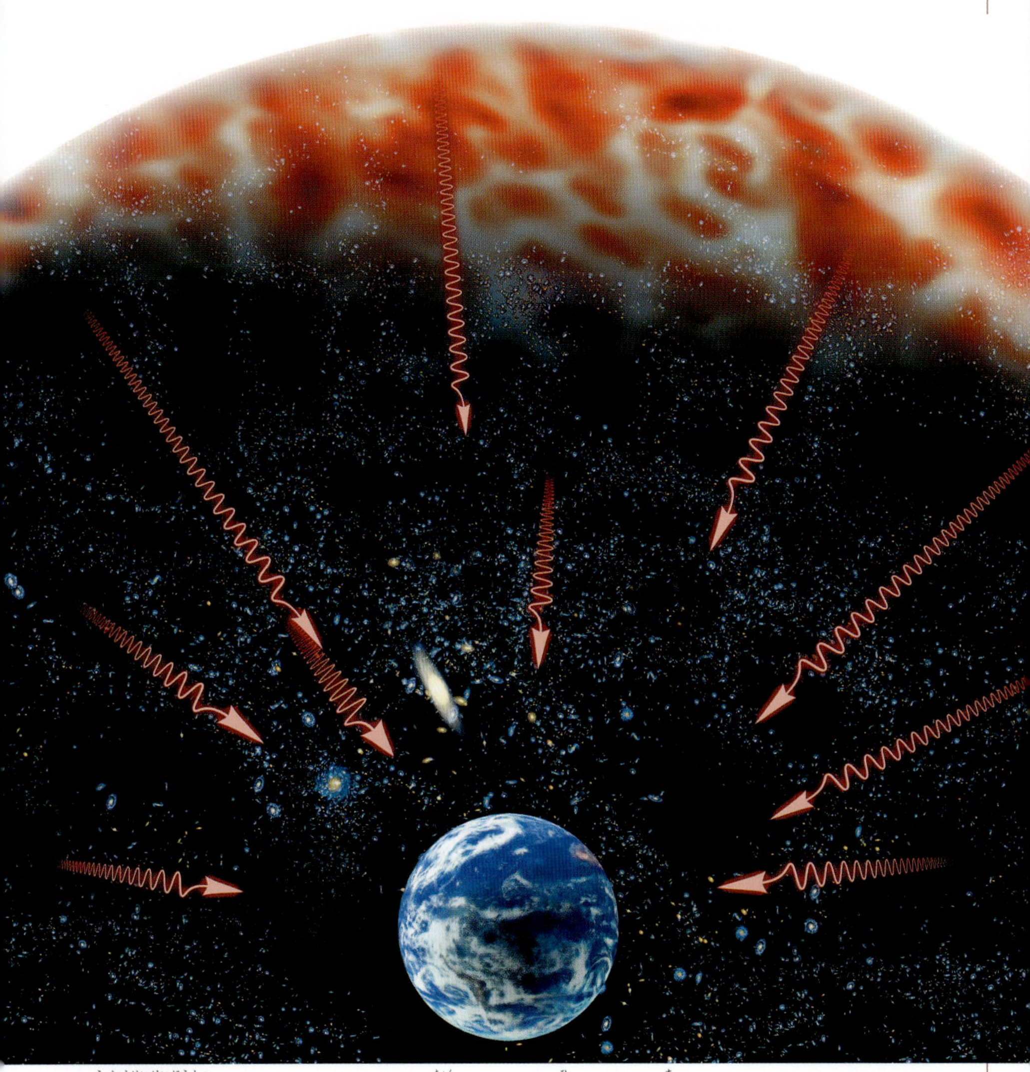

▲3K宇宙背景放射のイメージ　ビッグバン直後の熱い宇宙は、不透明でまるで深い霧の中にでもいるような世界でした。温度が4000度より低くなった38万年後のころから、それが一気に透明に晴れあがり、以後、光はひたすら直進し続け、138億年かかって私たちのところまで到達してきたのです。ただし、その旅の途中で、光はエネルギーをすっかり失い、現在では、絶対温度−273度より、ほんの少し高めの、3Kにまで冷えた弱い間のびした“電波”となって、宇宙のどの方向からもやってきているというわけです。いいかえれば私たちは、まるで“宇宙の電子レンジ”の中に住んでいるようなものなのです。もちろん、心配はご無用です。宇宙背景放射は、すこぶる弱く、地球の大気もしっかりガードしてくれていますので、危険なマイクロ波によって、私たちがチンと料理されてしまうようなことはないからです。

欠陥品だった宇宙

宇宙のゆらぎ

ビッグバン当時の余熱とされる３Ｋの宇宙背景放射は、いいかえれば“宇宙の体温”といっていいものですが、どの方向を測ってみてもぜんぜんゆらぎが見られないのです。

もし、宇宙が、まったくムラのない完全無欠のツルツルののっぺらぼうな“製品”だったら、私たちが、今、目にしているような千変万化の“宇宙の風景”など、何もできてくるはずがないことになります。

そこで、大気圏外に宇宙背景放射探査衛星ＷＭＡＰやプランク衛星を打ち上げて、詳しい宇宙の体温測定をすることになりました。するとどうでしょう。宇宙は、わずか10万分の１のゆらぎながら、ムラムラのある“欠陥品”として生まれたことが明らかになったのです。

▲**現在の宇宙のながめ**　宇宙が、わずかとはいえ密度のゆらぎをもったささやかな“欠陥品”として生まれてくれたおかげで、その後、そのゆらぎがタネとなって、宇宙の膨張につれ、物質を引き寄せ、138億年の進化の中で銀河や銀河団をつくりだし、現在、私たちが目にするような、凸凹だらけのバブル（泡）構造の宇宙ができあがってきたというわけです。

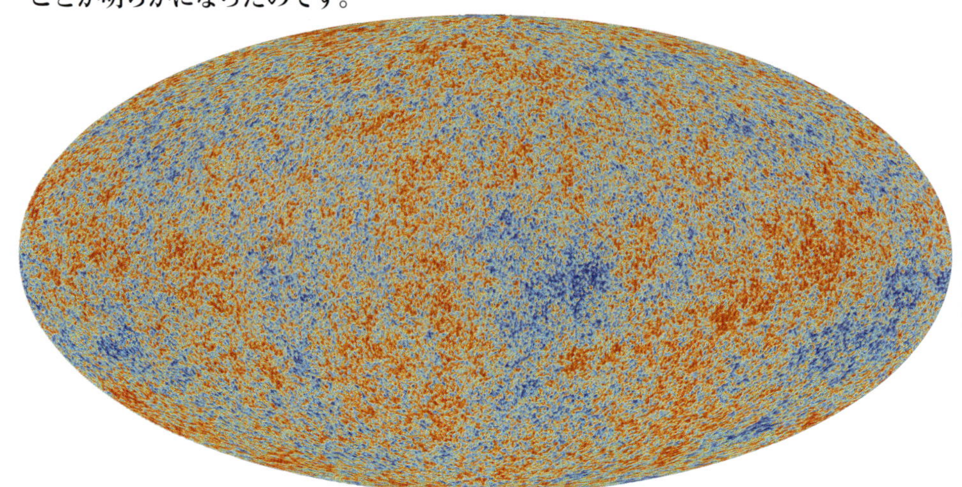

▲**プランク衛星がとらえた宇宙誕生初期のゆらぎ**　宇宙がビッグバンで誕生して38万年後、宇宙が晴れあがってきて光が直進で走るようになりました。この全天図は、宇宙背景放射探査衛星プランクがとらえた、そのころの宇宙全体の体温のゆらぎのようすです。青い部分は温度の低いところで、赤いところが高い部分ですが、その温度差はわずか10万分の１度しかありません。

▲宇宙背景放射のゆらぎと宇宙交響楽　宇宙が生まれて38万年たつころまでは、超高温高密度だったため、そのころの宇宙は陽子、電子、光子が衝突し混ざりあう“プラズマ”の状態となっていました。濃霧に深々とつつまれたように混沌として、見通しがきかない世界だったのです。しかし、そんな中でも、温度にはムラムラはありましたので、宇宙がパッと明るく晴れあがるまでは、インフレーションのゆらぎをタネにした、そんな陽子や電子、光子のプラズマの濃淡の大気の中で、とてつもなく低い音が鳴り響いていたといわれます。宇宙背景放射の温度分布は、誕生して38万年しかたっていないころの宇宙が奏でていた交響楽の音がこだましているようすを、温度のゆらぎとして映しだしているというわけです。宇宙の産声のなごりといっていいのかもしれませんね。

宇宙をあやつる黒幕 ——ダークマター

夜空を見あげると、美しい星ぼしの輝きが目に入ります。望遠鏡でのぞき見ると、遠くの銀河などが見えてきます。そこで、つい、目にできるそんな“光り物”たちによって、宇宙が成りたっているのだという気にさせられてしまいます。

ところが、渦巻銀河の回転のしかたや、銀河団をまとめて支配する重力など、観測事実のすべてをうまく説明するには、見える天体たちの10倍以上もの見えない物質“ダークマター”がなければなりません。さらに加速膨張する宇宙を説明するには、どうしても未知のダークエネルギーの力をかりなければなりません。どうやら宇宙は、姿を見せない正体不明の怪しい暗黒物質や暗黒エネルギーに支配されている世界らしいのです。

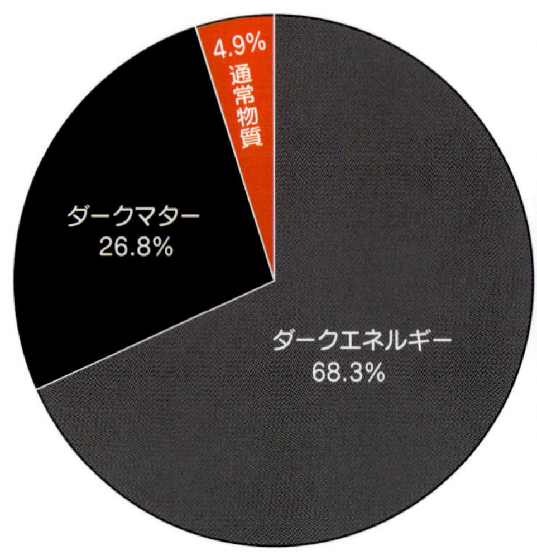

▲**宇宙をあやつるもの** 宇宙の物質やエネルギーには、水素やヘリウムなどの物質はごくわずかで、26.8%が正体不明のダークマター（暗黒物質）で、残り68.3%が正体不明のダークエネルギーだとWMAPによって明らかにされました。

▲**渦巻銀河の回転** 太陽系の惑星たちは、内側のものほど速いスピードでまわっています。しかし、銀河の回転は、内側も外側も同じスピードでまわっています。こんなおかしな回転は、銀河全体をとりまくハローの外側に正体不明のダークマターがあって、重力が影響をおよぼしているとしか考えられません。その“暗黒ハロー”がどれほどの広がりをもっているのかはわかっていません。

▲エーベル1689銀河団と重力レンズ効果　中央の銀河団のまわりに、クモの巣のように円弧状にゆがめられたたくさんの銀河の像が見えています。これらの銀河は、銀河の巨大な重力によってゆがめられたさらに遠くの銀河たちの姿です。これは重力がつくりだした見える像なのですが、宇宙には、自分では姿をまったく見せないで重力をおよぼし、宇宙をあやつっているものがひそんでいるらしいのです。その正体は、小さく見つけにくい大量の天体たち、たとえば星の死骸である白色矮星や超新星のあとに残る中性子星やブラックホールなのかもしれません。あるいは、質量をもつことが最近わかったニュートリノなどの粒子やニュートラリーノ、アクシオンとよばれる理論的に存在が期待されている未発見の粒子たちかもしれません。いずれにしろ、私たちの住む宇宙が、正体不明の大量の暗黒物質ダークマターや、暗黒エネルギーに支配されているというのは少々薄気味悪いことではありますよね。

宇宙の運命

ロシアの数学者A・フリードマンは、アインシュタインの相対性理論が発表されて７年後に、宇宙には特別な場所もなければ、特別な方向もないという、とても民主的な“一様に等方な宇宙”のモデルを考えました。それによれば、宇宙の時空の構造は、曲がりぐあいをあらわす曲率によって、“正”、“負”、“０”の三通りにわけられることになります。
宇宙背景放射WMAPやプランク衛星での温度分布のパターンは、宇宙の曲率がほとんど０、つまり、私たちは、平坦な永遠に広がり続ける宇宙に住んでいることを示していました。

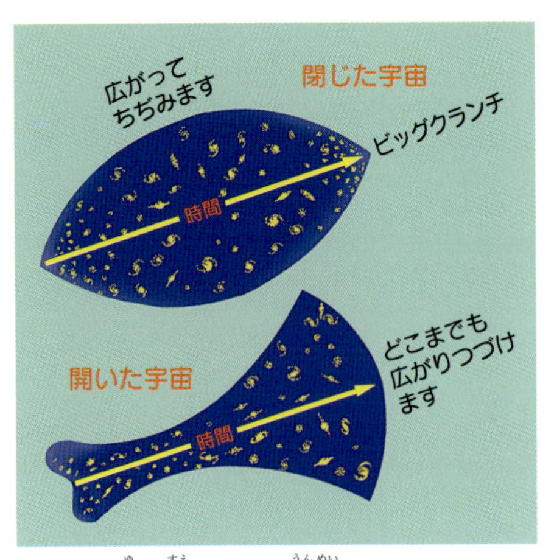

▲宇宙の行く末　宇宙の運命は、大きくわけて二通り考えられます。永遠にふくらみ続けていくのか、あるところで止まって再び収縮しはじめ、つぶれてしまうかのどちらかです。現在では、永遠の膨張、それも加速しながらふくらみ続けていく宇宙と予想されています。しかし、いつかは、スピードが落ち、収縮に転じる可能性だって考えられなくもないのです。

▲宇宙をかつぐアトラス　宇宙が、物質やダークマター、ダークエネルギーをつめこんで、どれくらい重いのかが宇宙の命運を左右するのです。

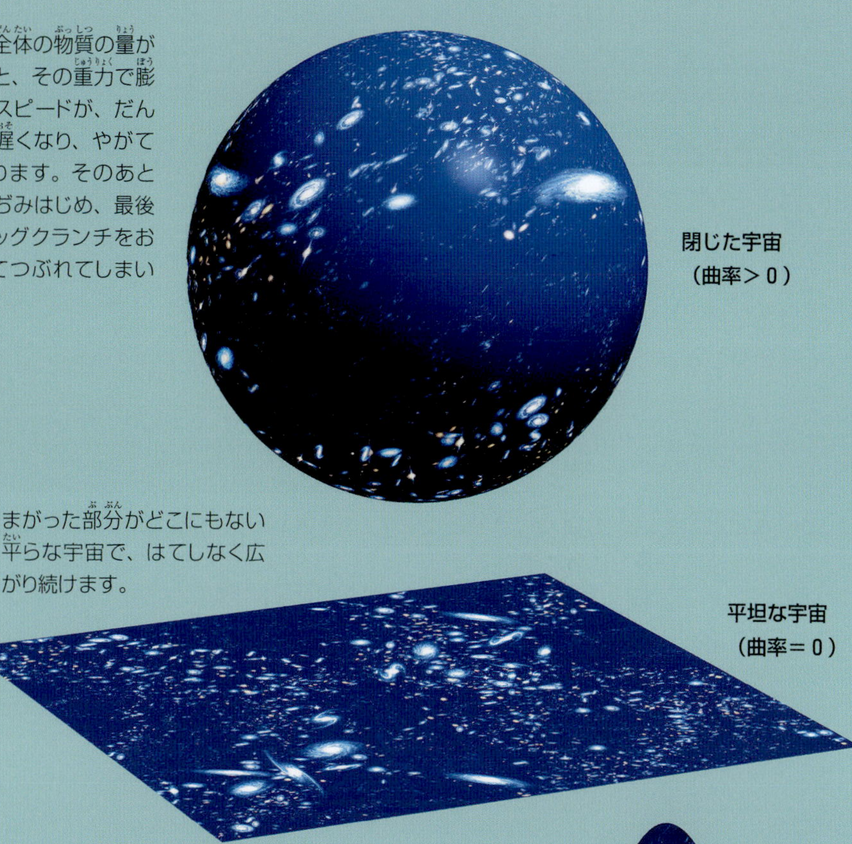

▲宇宙の形　曲率が正の場合は、膨張の始まりのスピードが小さいため、やがて膨張から収縮に転じ、終わりにはつぶれてしまいます。曲率が負だと、膨張のスピードが大きくなりすぎ、宇宙空間は正のときのように丸まらず、そりかえって、双曲的に永遠に膨張し続けます。その中間の曲率０の平坦な宇宙は、負と正の間で果てしなく広がり続けますが、無限の未来には止まります。

宇宙の果てをのぞく

重力波

宇宙背景放射探査衛星WMAPは、宇宙の誕生から38万年後の、宇宙の晴れあがりのころの姿を私たちに見せてくれました。しかし、今のところ、それ以前のことはまるっきり不透明で、光ではまったく見通すことができないのです。
しかし、その不透明なビッグバン直後の宇宙のようすを、のぞき見てみたいと思うのも人情でしょう。
その方法としては、透過力の強い粒子、ニュートリノやさらに他の物質と反応しにくく、スカスカに見通せる重力波を利用するのがよさそうです。

▲国立天文台の重力波検出装置TAMA300　検出されたことのない重力波を"見つける"ために開発されたもので、わずかな空間ののび縮みをとらえるため、鏡を使って、レーザー光線の長さを100キロメートルにもひきのばしてあります。

果てしない宇宙のイメージ

▲中心も端もない宇宙　特別な中心も、特別な方向もない宇宙の姿は、丸い地球の表面をぐるぐるまわるようすでイメージしてみるのもよいかもしれませんよ。

「宇宙の果てはどうなっている……?」気になって夜も眠れないという人が、いるかもしれませんね。「心配ご無用。宇宙の広がりには、限界があるもの、中心とか境界とか、果てはないのだから……」と天文学者たちは、いともあっさり答えてくれます。「宇宙は、どこまでも同じように広がり、宇宙には、特別な場所なんて、どこにもない」という、宇宙の一様な等方性というのが、現代宇宙論のもっとも重要な基本となる"宇宙原理"の考え方なのですから、その答えも当然といえましょう。
つまり、仮に宇宙の果てに立ち、周囲を見わたしたとしても、私たちがいつも目にするような宇宙が、その眼前に同じようにひろがって果てしなく、宇宙のながめは、どこを切っても同じ金太郎の顔があらわれる、あの金太郎飴のようなものというわけです。ただし、宇宙は誕生してから138億年しかたっていませんので、その3倍の私たちが見わたせる410億光年のかなたが、私たちにとっての"宇宙の地平線"であり、"宇宙の果て"ということにもなります。(306ページのマルチバース(多宇宙)も参照)

▲中性子星の連星パルサーによる重力波発生のイメージ　重力波は、一般相対性理論によって予想されている重力を伝える波のことです。空気の濃淡で音が伝わるのに似て、重力波の場合は、時間・空間がわずかにゆらいで、時空のさざ波として伝わるのです。宇宙の晴れあがり以前の混みあった宇宙でも平気で見とおせるニュートリノでは、宇宙が始まってから、わずか１秒後のようすまで見ることができます。ところが、重力波の場合は、ビッグバンの瞬間の重力波が発生したときにまで、さかのぼって見ることができるようになるのです。重力波は、2015年に検出されましたが、重力波は、ビッグバン以外にも、ブラックホールや、中性子星など、小さいのにやたら重い星どうしが連星になっていて衝突したりすると、まわりの時空のゆがみが変化し、重力の波となって伝わるので、見つけられると考えられていました。たとえば、風呂の湯の中で、鉄あれいのようなものを速いスピードで回転させてみると、重力波の伝わり方がイメージできるでしょう。

モノあまりの宇宙

草花や石ころ、人間や動物、昆虫や細菌、そして、夜空の星ぼし……。どうして宇宙には、こんなにたくさんの“物質”が、あふれているのでしょうか。
じつは、ビッグバンのころには、物質と同じだけの“反物質”があって、ぶつかりあっては消えていました。ところが、ごくわずかに物質の方が多かったため、そのバランスがくずれ、宇宙は今のように物質だらけになったといわれています。

▲モノだらけの宇宙　地球にある“物”すべては、ビッグバンのころの“粒子と反粒子間の対称の破れ”によるおかげなのです。

▲えこひいきした宇宙　今の宇宙には、ふつうの物質だけしか存在していません。つまり、地球に降りそそぐ宇宙線の中にある、ごくわずかの新しくできる反粒子をのぞき、これまで反粒子だけでできた反物質、たとえば“反地球”や“反銀河”、“反宇宙人”などというものは、どこにも見あたらないのです。もし、宇宙のはじまりのとき、ふつうの粒子と反粒子の数が完全に同じ量だったら、誕生後10秒で起こったプラスマイナスゼロのぶつかりあいの“対消滅”で、すべてのものが消え去り、この宇宙は光のほか何も残らない世界になっていったはずです。なのに、なぜ、宇宙は誕生したとき対称性が破れるように“物質”の方にえこひいきし、ガスや星、さらには地球の風景などができるようになったのでしょうか。そのナゾ解きが進められています。

▲**銀河たち**　星の大集団、銀河たちの存在も、宇宙の始まりのころに、物質と反物質のバランスが、ほんの少しくずれていたおかげなのです。この「対称性の破れの起源の発見」で、小林誠博士と益川敏英博士は、2008年にノーベル物理学賞を受賞されました。

▶**人類も宇宙人**　宇宙はどこでも似たような物質であふれています。ですから私たち人類と似た宇宙人たちも、あちこちにいることでしょう。

ビッグバン以前の宇宙 ―― 宇宙の再生

「ビッグバン以前に、宇宙はなかったのだろうか」、「宇宙は、永遠に生きながらえられないのだろうか」、「宇宙の時は、いつから流れているのだろうか……」

宇宙のことは、思いめぐらせば思いめぐらすほど、果てしない疑問の渦に巻きこまれてしまいそうです。それは、有名な画家P・ゴーギャンが描いた、「われわれはどこから来たのか、われわれは何者なのか、われわれはどこへ行くのか」という、作品の問いかけに通じるものがあります。

最近、そんな疑問に答えてくれそうな、魅力的な“ひも(弦)理論”が、宇宙論をにぎわせ、話題になっています。物質を構成する最も小さな基本粒子が、じつは、エネルギーに満ちた、極微の輪ゴムのような振動する“ひも”だというのです。

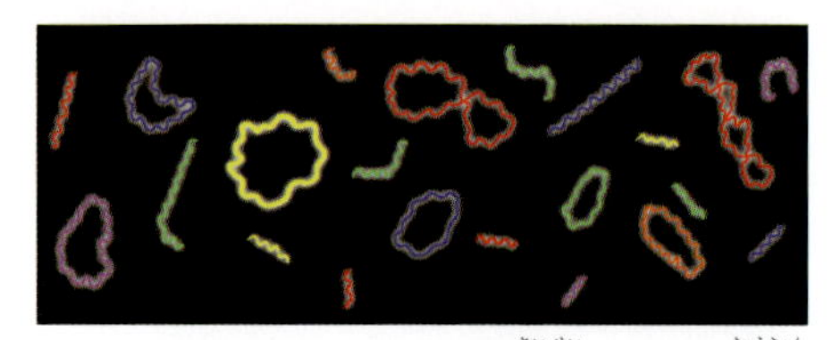

▲ひも(弦)理論による宇宙の再生 物質の究極の小さなものは、クォークのような素粒子でなく、ループ状に閉じた輪ゴムか、あるいは、細長くのびて開いた弾力のある“ひも(弦)”のようなもので、このひものブルブルの振動のし方で、いろいろな素粒子に見えたり、重力をつくったりすることができるというものです。輪ゴムといっても、陽子の100億分の1の、さらに100億分の1の大きさしかないので、とても見ることはできませんが、この極微のモンスターをとりあつかうと、素粒子や宇宙のあれこれのナゾ解きが、無理なく可能になるとされています。高次元のブレーン(膜)でできている私たちの宇宙は、下の図のように何度でも再生し、ビッグバンは、宇宙のはじまりの特異なできごとではなくなり、時さえ始まりも終わりもなく永遠の過去から、永遠の未来に流れ続けている存在ということになるのです。

▲①近づくブレーン(膜) 私たちの宇宙と並行宇宙は、実際には高い次元の空間にただよう三次元の膜どうしで、おたがいすぐそばにあるのに見ることもさわることもできないものです。

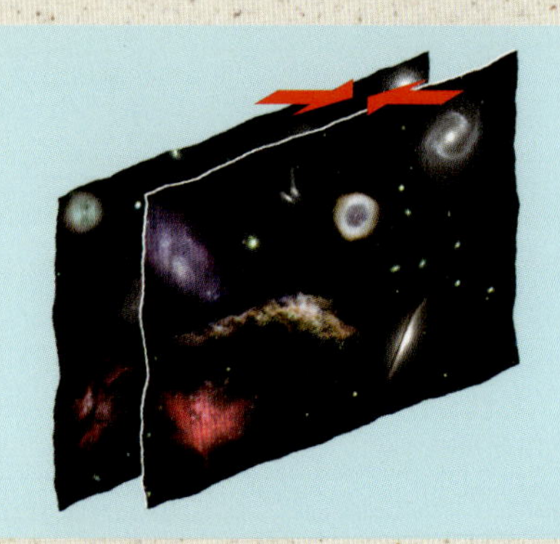

▲②膨張する宇宙 真空のブレーンどうしは、引きよせあい、近づきながらもそれぞれ伸縮自在のゴム膜のように膨張し続けます。これはビッグバン以前に存在した宇宙の姿です。

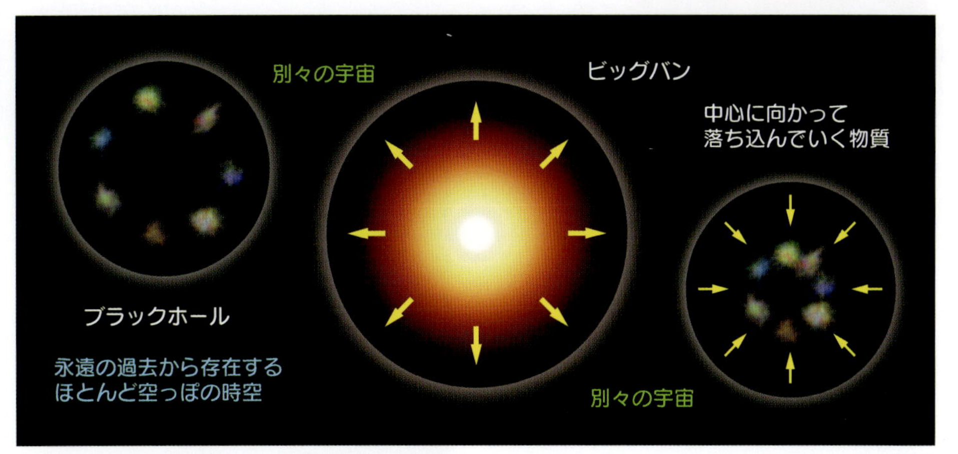

▲プレ・ビッグバン説　“ひも(弦)理論”を宇宙論に応用して登場したのが、下のブレーン(膜)どうしの衝突でビッグバンは何度でもくりかえされているとする“エキピロティック説”です。エキピロティックとは、炎による再生のことで、もちろん、ビッグバンのことを意味しています。同じひも理論から導かれる宇宙論には上のような“プレ・ビッグバン説”というのもあります。宇宙は永遠の過去から存在していたとするもので、ほとんど空っぽだった時空の中で、やがて、密度が高くなった部分が、あちこちでブラックホールとなり、その内部の密度が最大限になると、量子効果で、物質がはねかえって大爆発、これがビッグバンというわけです。時空全体には、いくつものブラックホールができていますので、それぞれが、別の宇宙になり、ビッグバンは、ひとつの宇宙での始まりの通過点にすぎないというわけです。ひも理論は、なんとも奇妙で不思議な気にさせられる説ですが、最近は、この理論なら説明できそうな現象が宇宙で実際にいくつか観測されだしています。宇宙論もますます面白くなってきています。

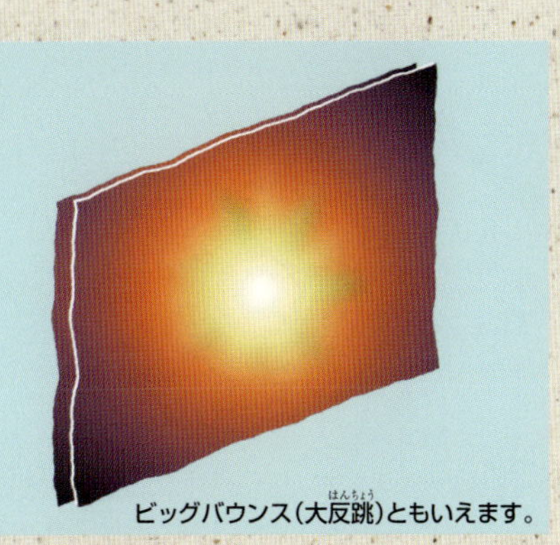

▲③ビッグバン　膜はオーケストラのシンバルのように激しく打ち合わさり、衝突した運動エネルギーは物質や輻射へと変換され、宇宙には再び物質が満たされ、星や銀河が生まれだします。

▲④くりかえされる衝突　はねかえった膜どうしは、離れれば再び近づきはじめ、方向転換するとき、両方の膜は加速的に膨張することになります。新たなビッグバンへ向かう道のりです。

もう一人のあなた――並行宇宙

星空を見あげていて、ふとこんなふうに思ったことはありませんか。

「この広い宇宙に、もう一人の自分が存在しているのではないだろうか……」

たいていの人は「そんなバカな……」と頭をふって、そんな思いを打ち消してしまうことでしょう。

しかし、別の宇宙が、現実に存在して、そこには、あなたと人生まで、そっくりそのまま同じ人が存在しているのではないか……。そんな宇宙論が、ＳＦ小説ではなく、大まじめに論じられ始めています。これが、私たちの宇宙とそっくりな別の宇宙が存在するという“並行宇宙”の考え方です。

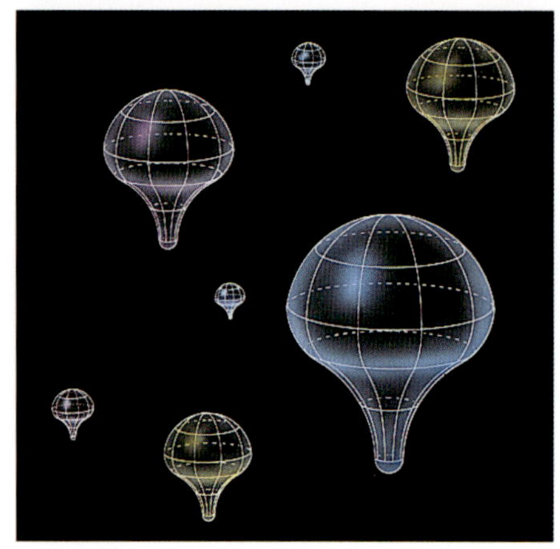

▲多宇宙　それぞれの宇宙は、じつはもっと大きなマルチバース（多宇宙）の一部にすぎないのかもしれません。また、304ページにあるように宇宙が再生するという考えにたてば、いつかまた読者のみなさんに別の宇宙で生まれかわってお会いすることができるかもしれませんよ。

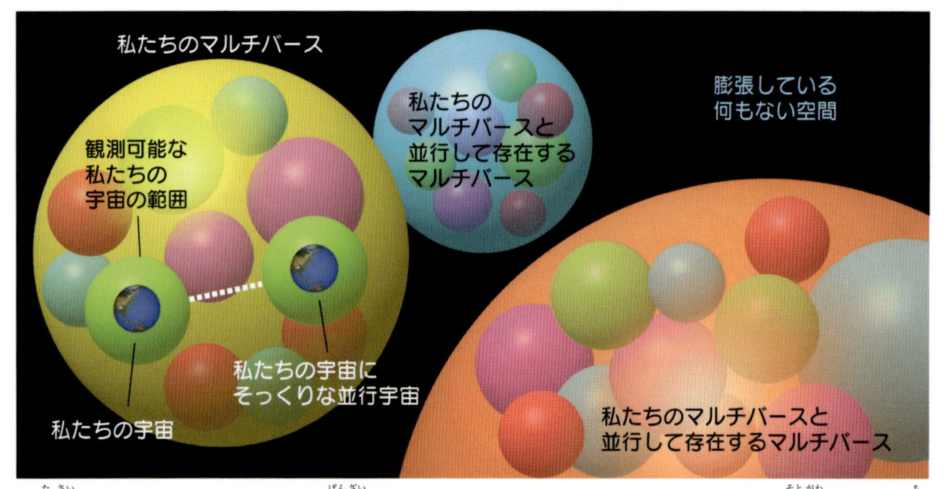

▲多彩なマルチバース（多宇宙）　現在、私たちが見ることのできる最も遠い場所は、410億光年離れたところです。これは、ビッグバン以後に光が移動した距離で、宇宙年齢の138億光年よりも大きいのは、宇宙膨張の効果で距離が３倍もひきのばされるためですが、その外側の宇宙の地平線の向こうにも別の宇宙があって、別のあなたが、そこに住んでいるかもしれないのです。ただし、あまりに遠く、もう一人の自分に出あう前に、あなたの生涯は終わってしまうことでしょう。

▲宇宙の多重発生のイメージ　宇宙は、量子論的なゆらぎの中から、最初のタネとなる極微の宇宙がポロッと生まれ出て、宇宙が10の43乗分の１秒の瞬時の間に、インフレーションで急膨張しているとき、親宇宙から子宇宙へ、子宇宙から孫宇宙へというふうにして、ネズミ算的にたくさんの宇宙が枝わかれしながら生まれるものらしいといわれます。その中には、成長する宇宙もあれば、うたかたのシャボン玉のように消えていくものもあることでしょう。私たちの宇宙は、幸運にも、生き残って成長できた、それらのひとつだったのかもしれません。それなら、私たちが今住んでいるこの宇宙は、特別な存在ではなくブラックホールや銀河、星、生命体を生みだすことのできる、ごくありふれた宇宙のひとつだということになりますね。（CG）

宇宙をさぐる

はるかな宇宙に思いをめぐらせることほど、楽しいことはありません。
それだけでなく、実際に、自分の目で宇宙の姿をながめてごらんになることも、おすすめしておきましょう。
天の川や、アンドロメダ座大銀河M31などは肉眼で見えますし、双眼鏡や望遠鏡があると、月世界や惑星のようす、星雲、星団の姿を、自分の目でたしかめることができ、宇宙がとても身近に感じられるようになります。

▲星空ウォッチングを楽しもう 何百万光年、何千万光年かなたから届いたナマの光を、自分の目でとらえているという感動が味わえます。

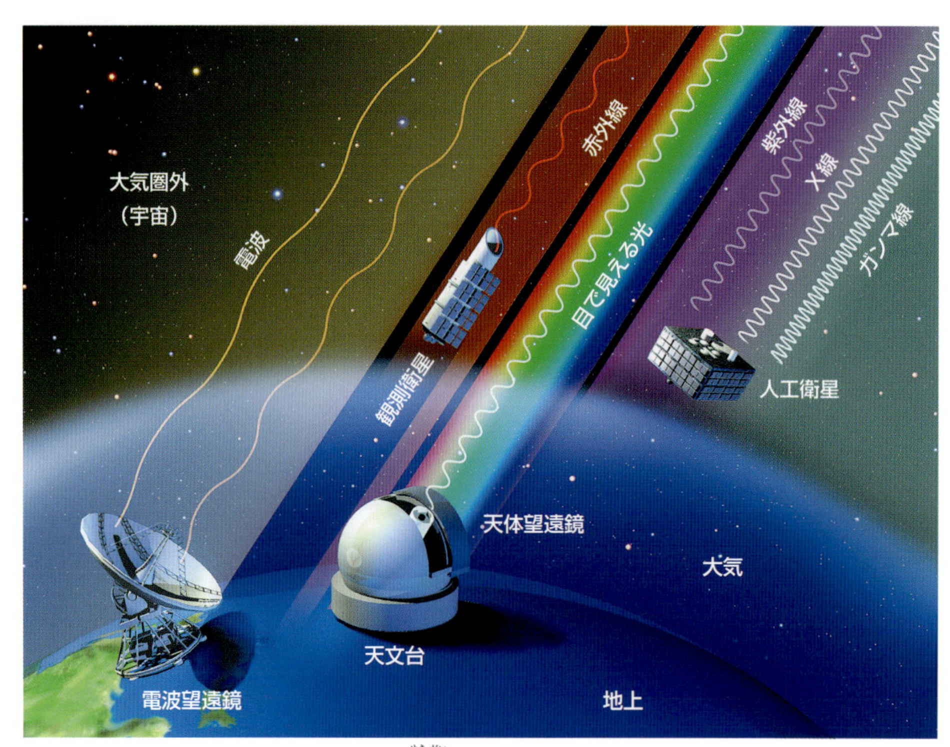

▲宇宙をさぐる 宇宙からは、光や電波、赤外線、X線など、さまざまな情報が届いています。光や電波は、地上でも観測できますが、地球の大気にさえぎられて地上に届かないものもあります。そのため、人工衛星などを打ちあげて、大気圏外での観測もさかんに行われています。

▲ハワイのマウナケア山頂の天文台群　国立天文台の「すばる望遠鏡」など、世界の大天文台は、夜空が暗く大気の澄んだ高山に集中してつくられています。遠い宇宙を詳しく知るには、より口径の大きい望遠鏡が必要で、50メートル級以上の大望遠鏡も計画されています。

▲惑星の世界　太陽系の天体は、直接探査機で出かけ、地質や気象、生命存在のようすなどが詳しく調べあげられることでしょう。(CG)

▲未来の天文台　観測のさまたげになる、厚い大気につつまれた地球をぬけだし、将来は、月にも天文台がつくられることでしょう。(CG)

写真・資料提供

6 : Orion Treasury Project Team
7 : Anglo Australian Observatory(AAO)
13 : NASA/ESA/Hubble Heritage Team(HHT)
14 : Europian Southern Observatory(ESO)/AAO
15 : AAO
17 : AAO
18 : AAO
19 : AAO/Royal Observatory,Edinburgh(ROE)
20 : NASA/ESA/Arizona State University
21 : AAO
22 : NASA/ESA
24 : ESO
26 : NASA/ESA/JPL/Caltech/J.Rho
27 : AAO
28 : AAO
29 : AAO
31 : Caltech/JHU
32 : CFHT
33 : AAO,CFHT
35 : NASA/ESA/D.Figer
38 : NASA/ESA/STScI
39 : SOHO
43 : NOAO/NSF/WIYN
44 : NASA
47 : SOHO
50 : NASA/ESA/HHT
51 : NASA/ESA/HEIC/HHT
52 : NASA/ESA/A.Fruohter/ERO Team,HHT
53 : NASA/JPL/Spitzer
55 : NASA/ESA/HHT
58 : Lick Observatory
61 : AAO
62 : NASA/ESA/J.Morse,
NOAO/AURA/NSF/N.Smith
63 : ESO
64 : AAO
65 : STScI/Hubble Heritage Team
66 : NASA/ESA/R.kirshner
67 : NASA/ESA/HHT
68 : NOAO/NSF/WIYN
69 : ESO
70 : NASA/H.Hester/P.Cowen,
Chandra X-Ray Center(cxc)/ASC
76 : NASA/ESA/R.Sankrit/W.Blair,CFHT
77 : AAO/ROE/Malin/IAC/RGO
78 : NASA/ESA/Spitzer
79 : Caltec/AAO,NASA/ESA
80 : ESO
81 : NASA/ESA/R.Gilliland,NASA/
ESA/M.Romaniello
82 : SOHO
83 : SOHO
84 : SOHO
87 : Swedish Solar Telescope(SST)
88 : NASA/SOHO
91 : NOAO/AURA
92 : SOHO,Royal Swedish Achademy
93 : TRACE,NOAO/AURA
94 : SOHO,TRACE
95 : SOHO
97 : TRACE
98 : SOHO
99 : SOHO
101 : SOHO
102 : NOAO/J.Harvey/GONG/NSO
103 : NOAO/AURA
104 : NASA/ESA/C.R.O Dell
110 : NASA/JPL
111 : NASA/ESA/USGS
112 : NASA
113 : SST,NASA/JPL
114 : NASA/JPL
115 : NASA/JPL
117 : NASA
118 : NASA
121 : NASA
122 : NASA
123 : NASA
124 : NASA
126 : NASA
128 : NASA/JPL/USGS
129 : NASA/JPL/USGS
130 : ESA,NASA/JPL/USGS
131 : NASA/JPL/USGS,ESA
132 : NAS/ESA/MSSS/Cornel
134 : NASA/ESA
138 : NASA/JPL/ESA
139 : NASA/JPL
141 : NASA/JPL/JAXA
142 : NASA/ESA/JPL/JHU-APL

144：NASA/B.Zellner/P.Thomas
145：NASA/JPL
147：NASA/JPL
148：NASA/ESA
149：NASA/ESA
150：NASA/JPL/J.Clarke
151：NASA/ESA/JPL
153：NASA/JPL/HHT
154：NASA/JPL
155：NASA/JPL
156：NASA/JPL/USGS
157：NASA/JPL
158：NASA/JPL/USGS
159：NASA/JPL
160：NASA/JPL
161：NASA/JPL
162：NASA/ESA/JPL/Z.Leray/J.clarker
163：NASA/HHT
164：NASA/ESA/JPL/
Space science Institute（SSI）
166：NASA/JPL/SSI/University of Arizona
167：NASA/JPL/SSI
168：NASA/JPL/SSI
170：NASA/HHT
171：NASA/JPL,KECK/U.Wisc
172：NASA/JPL
173：NASA/JPL/USGS
174：NASA/ESA/A.Sterun/M.Buie
178：NASA/P.Rawlings
186：MPI,NASA/JPL/STARDUST
204：NASA/JPL
209：NASA
210：NASA/JPL/HHT
214：NASA
215：Halley Multicolour Camera Team
216：NOAO/NSF/WIYN
217：NOAO/WIYN/NSF/M.Pierce/J.Jurceric
220：CFHT
222：NASA/STScI
223：NOAO/NSF/WIYN
224：Lick Observatory
225：Malin/IAC/RGO
226：AAO,SIScI/HHT/ESO
227：ESO
228：AAO
229：AAO
230：NASA/CXC/UCLA
231：AAO,NASA/CXC
232：AAO,NASA/HHT
234：NASA/JPL-Caltech/R.Kennicutt/DSS
235：D.F.Malin/Caltech
237：Caltech,Gamini Observatory,AAO
238：NASA/HHT
239：ESO,AAO
240：NASA/ESA/HHT
241：ESO
242：AAO
243：NASA,NOAO,AAO
244：すばる望遠鏡,AAO
245：AAO
247：AAO
248：AAO
249：NASA/ESA/HHT
250：NASA/H.Ford/G.illigoworth/M.Clap/
G.Harting/ACS/ESA,CFHT
251：Gemini obs,NASA/ESA
252：NASA/HHT
253：NASA/HHT
254：CFHT
255：すばる望遠鏡,NOAO
256：NASA/HHT,cFHT
258：NASA/STScI/AURA
260：AAO
261：AAO
263：Caltech
264：AAO
265：Caltech
266：AAO
270：NASA/A.Fruchter/ERO Team
271：NASA/HHT/STScI
272：NASA/HHT/STScI
274：NASA/STScI/AURA
275：NASA,AAO
276：NASA,WMAP Science Team
277：NASA/HDF Team/STScI
280：KPNO/J.Anderson/W.Keel
286：WMAP Science Team
289：NASA/ACS Science Team/ESA
295：NASA/HHT/A.Riess
301：すばる望遠鏡/NASA/C&E

著者紹介

藤井 旭（ふじいあきら）

1941年、山口市に生まれる。
多摩美術大学デザイン科を卒業ののち、星仲間たちと共同で星空の美しい那須高原に白河天体観測所を、また南半球のオーストラリアにチロ天文台をつくり、天体写真の撮影などにうちこむ。天体写真の分野では、国際的に広く知られている。天文関係の著書も多数あり、そのファンも多い。おもな著書に、『星空図鑑』『星の神話・伝説図鑑』『四季の星座図鑑』『星になったチロ』『チロと星空』（ポプラ社）、『宇宙大全』（作品社）、『星座アルバム』（誠文堂新光社）がある。

この本は、2005年にポプラ社から刊行した『宇宙図鑑』を一部修正し、新装版にしたものです。

新装版
宇 宙 図 鑑
2018年4月　第1刷発行　　2023年9月　第3刷

著者　藤井 旭
ブックデザイン　水野拓央（パラレルヴィジョン）
新装版装丁　ポプラ社デザイン室

発行者　千葉 均

発行所　株式会社ポプラ社
〒102-8519　東京都千代田区麹町4-2-6
ホームページ　www.poplar.co.jp

印刷・製本　図書印刷株式会社

ISBN978-4-591-15772-5 N.D.C.440/311p/21cm

写真・資料・協力

NASA／JPL／STScI／AAO／ROE／ESO／ESA／NOAO／AURA Inc／NSF／WIYN／USGS／SOHO／TRACE／MSSS／SST／CFHT／SSI／UMqss／SAO／CXC／GSFC／Lick Obs.／Caltec／Paris Obs.／Gemini Obs.／Max Plank Inc／C&Eフランス／Smithonian Institution／W.Australia Mus.／S.Brunie／P.Parviainen／A.W.Parker／アメリカ大使館／国立天文台すばる望遠鏡／野辺山宇宙電波観測所／宇宙航空研究機構（JAXA）／プラド美術館／ウイング・フォト・サービス／国立科学博物館／仙台市天文台／富山市科学文化センター／広島市こども文化科学館／国立極地研究所／五藤光学研究所／ビクセン／星の手帖社／白河天体観測所／チロ天文台／村山定男／小石川正弘／塩野米松／土井隆雄／加藤一孝／品川征志／川上勇／大野裕明／藤本真克／富岡啓行／秋山光身／中山勝太／遠宮かおり／常松柊人／卞徳培／李元

イラスト
岡田好之　Manchu（C&E）

写真協力
D・F・Malin（DM Images）
J.C.Cuillandre（CFHT）
N.Sharp（NOAO）

CG
加賀谷 穣（KAGAYAスタジオ）